별 너머에 존재하는 것들

Il buio oltre le stelle

별 너머에 존재하는 것들

Il buio oltre le stelle

우주의 95%, 보이지 않는 어둠에 관한 과학 서사

아메데오 발비 지음 | 김현주 옮김 | 황호성 감수

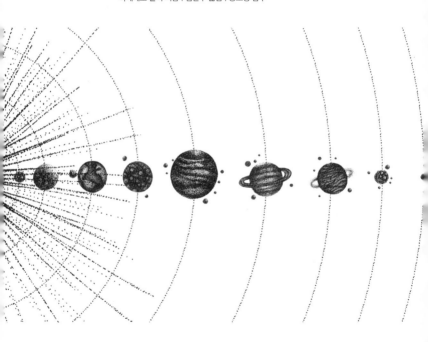

북
인
어
박스

book
in
a
box

Publishing House

별 너머에 존재하는 것들

1판 1쇄 2023년 5월 8일

지은이	아메데오 발비
옮긴이	김현주
감수	황호성
펴낸이	김형필
디자인	김희림
펴낸곳	북인어박스
주소	경기도 하남시 미사대로 540 (덕풍동) 한강미사2차 A동 A-328호
등록	2021년 3월 16일 제2021-000015호
전화	031) 5175-8044
팩스	0303-3444-3260
이메일	bookinabox21@gmail.com

책값은 뒤표지에 있습니다.
ISBN 979-11-976170-6-5 03440

북인어박스는 삶의 무기가 되는 책, 삶의 지혜가 되는 책을 만듭니다.
출간 문의는 이메일로 받습니다.

왜 밤하늘은 어두울까?

황호성 (서울대학교 물리천문학부 교수)

왜 밤하늘은 어두울까? 이상한 질문이라고 할 수 있을 것 같으니, 일단 질문을 바꿔보자. 낮에도 별을 볼 수 있을까? 정답부터 얘기하면 그렇다. 간단한 답으로는, 바로 태양이 별이기 때문에 낮에 별을 볼 수 있는 건 너무나 당연하다. 그러나 질문은 태양 말고 밤하늘에 빛나는 별을 물어본 것일 테다. 이 질문에 대한 답 또한 '그렇다'로, 초저녁과 새벽에 보이는 금성이나 시리우스(밤하늘에서 보이는 별 중 가장 밝은 별로 겉보기 등급이 -1.5등급이다) 같은 일등성을 제외하더라도 가능하다. 실제로 낮에도 별은 하늘에 떠 있지만, 태양 빛이 너무 밝아서 안 보일 뿐이다. 따라서 별이 하늘 어디에 있는지 정확한 위치를 알 수 있다면 망원경으로 볼 수 있는 것은 물론, 밤에 보는 것과 달리 밝은 하늘 배경에 더 밝게 빛나는 별을 볼 수 있다. 햇볕 쨍쨍했던 어느 대낮, 영월 별마로 천문대에서 목동자리에 있는 아크투르스(Arcturus)라는 일등성을 망원경으로 본 적이 있는데, 정말 신비한 경험이었다(보통은 천문대에 낮에 가면 볼 게 없을 거라 생각하곤 하지만, 그렇지 않으니 가까운 천문대에 문의해서 낮에 별을 볼 수 있는 경험을 해보시기를 바란다).

그러면 밤하늘에서 볼 수 있는 별은 몇 개 정도나 있을까? 보통 아주 어둡고 좋은 관측지에서 사람이 눈으로 볼 수 있는 별은 6등급까지로, 그 수는 약 6천 개 정도다. 도시에서는 여러 다른 밝은 불빛(누구에게는 멋진 야경이 될 수 있지만, 천문학자는 이것을 광공해라 부른다)으로 인해 아주 밝은 몇십 개 별밖에 볼 수 없다. 그런데, 지구를 벗어나서 생각해보면 우리가 사는 태양계에 별은 태양 하나뿐이지만(행성들은 스스로 빛을 내는 천체가 아니라서 엄밀하게는 별이라 부르지 않는다), 태양계를 포함한 더 큰 행정구역인 우리 은하에는 별이 무려 1천억 개나 있다. 또한, 우리 은하 밖 우주에는 우리 은하와 비슷한 은하들이 셀 수 없이 많다. 따라서 우주에는 별이 정말이지 무한하게 많다고 할 수 있다. 이렇게 생각을 확장하다 보면 별이 이렇게 많은데, '왜 밤하늘은 어두울까?'라는 질문이 다시 들 수 있다. 물론 가까운 별은 밝게 보이고, 멀리 있는 별은 어둡게 보여서 이상해 보이지 않을 수 있지만, 만약 우주가 너무 커서 우리가 볼 수 있는 별이 거의 무한하다면 어느 쪽 방향을 봐도 별과 만나는 경우가 꼭 생기게 된다. 따라서 어두운 별들이더라도 이런 효과가 누적되면 밤하늘은 별빛으로 가득 차서 꽤 밝아야 할 것이다. 이것은 마치 나무가 빽빽하게 들어차 있는 울창한 숲 한가운데에서 어느 쪽 방향을 봐도 항상 나무를 만나는 것과 비슷하다. 물론, 천문학에 좀 관심이 있는 사람이라면 별빛이 우주의 가스나 먼지를 통과할 때 많이 흡수되기 때문에 그런 효과를 고려하면 밤하늘이 충분히 어둡게 되지 않을까 하는 생각이 들 수 있다. 어느 정도는 맞는 생각이다. 실제로, 별들이 많이 모여 있는 은하수(우리 은하 원반) 지역을 보면 별이 많이 보이는 동시에, 별빛이 먼지에 가려서 많이 안 보이기도 한다. 하지만 은하수 지역이 아닌 곳을 보면 가스와 먼지가 온 하늘을 뒤덮을 정도는 아닌 것으로 알려져 있으므로, 이것만으로는 밤하늘이 어두운 이유를 완전히 설명할 수 없다. 다행인 점은 이런 의문을 갖던 사람이 세상에 우리만 있었던 게 아니었고, 실제로 이 질문은 천문학에서 '올베르스의 역설'이라고 알려진 유명한 문제다. 이 문제의 그럴듯한 답을 가장 먼저 제시한 사람은 놀랍게도 과학자가 아니라 시인 에드거 앨런 포였다. 그는 1948년, 《유레카(*Eureka*)》라는 산문시집에서 "별이 끝없이 늘어서 있다면, 우리 은하처럼 하늘 저편의 밝기는 균질할 것이다. 그 모든 배경에서 별이 없는 곳은 절대 있을 수 없기 때문이다. 그러므로 사방에서 우리의 망원경이 관측한 빈 공간을 이해할 수 있는 유일한 방법은 보이지 않는 배경의 거리가 너무 멀어서 아직 그 어떤 광선도 우리에게 도달하지 못했다고 가정하는 것이다."라고 언급했다. 이것을 현대적 관점의 과학적 언어로 설명하면 다음과 같다. 우리가 빛으로 볼 수 있는 우주는 유한해서(즉, 우주의 시작이 있어서!), 유한한 공간의 별빛을 합쳐보면 어떤 값을 가질 텐데, 그 값이 충분히 작아서 밤하늘이 어둡다는 것이다. 여기서 중요한 점은, 바로 우주가 시작이 있고, 빛의 속도가 유한하므로, 빛으로 볼 수 있는 우주의 한계가 있다는 것이다. 빛이 우주의 나이 동안 달려간 거리, 다른 말로 우주의 지평선에 의해서 결정된다는 것이다. 우리는 이것을 '관측 가능한 우주'라고 부르는데, 실제 우주는 빅뱅에서 무한한 공간으로 생겨나서 지금도 여전히 무한하지만, 우리가 빛으로 관측 가능한 우주는 유한하다고 생각하면 될 것이다. 우주의 시작, 즉 빅뱅을 포함하는 우주론이 보통 과학자 르메트르가 처음 그 생각을 제안한 1927년부터 진지하게 다뤄지기 시작했다는 점을 고려하면, 이보다 거의 80년이나 앞서서 과학자도 아닌 작가가 우주의 시작이라는 생각을 떠올린 것으로, 그 통찰력이 놀랍지 않을 수 없다.

사실, 우리는 왜 밤하늘이 어두운지 또 그 어두운 밤하늘을 밝히고 있는 별과 은하들에 관해서 꽤 잘 알고 있다. 천문학자들은 우주를 연구할 때 거의 대부분 별과 은하가 내는 빛을 망원경으로 관측해서 진행한다. 따라서 빛을 내지 않는 천체는 연구하기가 매우 힘들다. 그런데 놀랍게도 우리 우주의 총 물질 또는 에너지의 양을 측정한 결과, 빛을 낼 수 있는 우리가 아는 보통 물질(수소, 헬륨 등)의 양이 전체 중 겨우 5퍼센트밖에 안 된다는 사실이 밝혀졌다. 즉, 95퍼센트는 우리가 모르는 것으로 우주가 채워져 있다는 것이다. 이 모르는 것 중에서 25퍼센트는 암흑 물질(Dark matter), 70퍼센트는 암흑 에너지(Dark energy)라고 생각하는데, 이름에서 알 수 있듯이 암흑이다(천문학에서 암흑이라는 말은 빛을 내지 않는다는 말로도 쓰이지만, 그 정체를 잘 모른다는 말에도 쓰인다). 어찌 보면 밤하늘 대부분은 어둡고, 별이 하늘의 일부에서만 반짝이고 있는 상황과 비슷하다.

그러나 천문학자들의 관측과 연구 덕분에 우리는 이제 우주의 나이가 약 138억 년이라는 것을 오차가 0.3억 년도 안 되는 수준으로 알고 있을 만큼, 우주에 관해서 꽤 잘 알고 있다. 이렇게 우리가 지금까지 알고 있는 내용을 정리한 것을 천문학자들은 표준 우주 모형(Standard cosmological model)이라고 하는데, 여러 관측 결과를 아주 조화롭게 잘 설명한다. 이 모형은 일반상대성이론을 기본 바탕으로 우주의 나이나 구조, 성분에 관한 것들을 기술하고 있다. 이 모형에 따르면, 우리 우주는 약 138억 년 전에 생겨났다. 이 시작을 빅뱅(big bang) 또는 대폭발이라고 하며, 이때 시공간도 같이 시작됐다. 이 우주 안에는 암흑 에너지, 암흑 물질, 중입자라 부르는 보통의 물질, 중성미자 등이 담겨 있다. 이렇게 정리된 표준 모형을 간단히 람다시디엠 모형(ΛCDM: Lambda Cold Dark Matter, 우주 상수가 있는 차가운 암흑 물질 모형)이라고도 하는데, 바로 우주 상수(또는 암흑 에너지)와 암흑 물질이 이 모형에서 가장 중요한 두 가지 성분이기 때문이다. 이렇게 우리는 우주를 잘 기술할 수 있는 모형이 있을 정도로 우주에 대해서 잘 알고 있는 것 같지만, 가장 큰 문제는 우주를 구성하는 성분 중 가장 중요한 두 가지, 암흑 물질과 암흑 에너지의 정체에 대해서 모르고 있다는 역설이 남는다.

현재까지의 연구 결과에 따르면 암흑 물질은 입자 형태이면서 보통의 물질과 잘 섞여 있으며, 자연계 네 가지 힘(중력, 전자기력, 강한 핵력, 약한 핵력) 중에서 중력으로밖에 상호작용을 하지 않는다. 그래서 어디에 있는지는 아는 것 같아도 빛을 내지 않으므로(즉, 전자기 상호작용을 안 해서) 그 정체를 파악하는 데 어려움이 많다. 이 암흑 물질은 우주를 가득 채우고 있으면서, 중력적으로 인력을 작용해 가스나 별들이 모여 천체의 집단을 형성하게 해준다. 그 결과, 마치 사람의 근육처럼 우주의 여러 가지 구조(은하나 그보다 더 큰 우주 거대 구조)의 뼈대를 지탱해주는 역할을 하는 것으로 알려져 있다. 아쉽게도 우리는 그 근육을 직접 관측할 수는 없지만, 아쉬운 대로 뼈대를 이루는 은하들을 보면서 그 사람의 생김새가 어떨까 상상하는 것과 비슷하게 추정할 수 있다. 이것은 마치 어두운 밤에 가로등 없는 시골길을 달릴 때 먼 곳을 보면 아무것도 보이지 않는데, 띄엄띄엄 놓인 집들의 불빛(즉, 은하)을 보면서 원래 마을의 모습이 어떤지 추측하는 것과 비슷하다. 다만, 이것들을 직접 볼 수 없으니 모형을 세워서 컴퓨터 시뮬레이션에 암흑 물질을 직접 집어넣고 그 분포에 관해서 연구하기도 한다. 프리츠 츠비키(Fritz Zwicky)가 암흑 물질에 관한 개념을 처음 도입한 게 1933년인 걸 고려하면, 90년이나 지났음에도 그 정체를 모르고 있으니 참 답답한 상황이다.

한편, 암흑 에너지는 입자라기보다 어떤 에너지의 형태로 우주 전 공간에 퍼져 있는 것으로 추측되는데, 놀랍게도 밀어내는 힘인 척력을 작용한다고 알려져 있다. 이 척력이 우주가 팽창하고 있는 그 비율을 점점 더 빨라지게 만드는, 즉 가속 팽창을 유발한다고 생각하고 있다. 실제 여러 가지 관측 결과를 잘 설명하기 때문에 암흑 에너지의 필요성에 관해 많은 학자가 공감하고 있으나, 문제는 이 베일에 싸인 에너지가 무엇인지 알 수가 없다는 점이다. 암흑 에너지의 가장 유력한 후보로는 우리가 생각하는 텅 빈 공간, 즉 진공이 정말 아무것도 없는 것이 아니라 진공 에너지라는 것을 갖고 있다는 것인데, 물리학적 개념으로는 좋으나 수학적으로는 계산이 맞지 않는 문제가 있다. 여전히 많은 모형이 제시되고 있지만, 암흑 물질과 마찬가지로 답답한 상황이다.

이 암흑 물질과 암흑 에너지를 보통 암흑 성분이라고 통칭하는데, 이 두 가지 성분의 정체를 아는 것은 21세기 천문학에서 가장 중요한 일이라고 할 수 있다. 암흑 물질과 암흑 에너지에 관한 강연이나 인터넷 영상을 보면 그것들의 정체에 대해서 속 시원하게 알려주지 않는데도 불구하고, 항상 대중의 높은 관심을 받는다. 그만큼 이름에서 풍기는 위압감 때문에 그 열기가 사라지지 않는 것 같다. 언젠가는 이 둘의 정체가 밝혀지는 날이 오겠지만, 그 정체가 밝혀지기 전까지 모든 가능성에 대해서 이리저리 맞춰보는 게 더 재미있을 수 있다. 마치 직소 퍼즐을 다 맞추기 위해서 며칠 동안 낑낑대며 괴로워하는 시간이 지나야 나중에 완성된 멋진 그림을 보면서 그 힘들었던 시간을 추억하듯이 말이다.

다행히 이 책의 저자인 아메데오 발비 교수는 별 너머 저편, 어둠의 속성을 이해하려는 독자들에게 암흑 탐사의 조타수로서 훌륭한 역할을 한다. 일반인들이 암흑 물질과 암흑 에너지에 접근하려면, 중력이 결정적인 거시 세계와 중력이 무시되는 미시 세계가 결합된, 감히 우리가 상상하기 어려운 우주의 시작점을 이해해야 하고, 그 후 방정식 안에서나 존재하는 무수히 많은 우주 시나리오를 고려해야 하는데, 저자는 이를 탁월하게 설명해낸다. 그는 우주론부터 우주 생물학까지 다양한 분야에서 활약 중인 세계적인 명성을 가진 천체물리학자로, 일반 대중을 위한 과학 교양서를 집필하는 것에도 경험이 많다. 그래서 그런지 개념에 관한 직접적인 설명보다 '왜'라는 문제 제기를 통해 과거 천문학자들이 밟았던 생각의 궤적을 이해하도록 하며, 우주의 본질에 다가서도록 돕는다. 어쩌면, 저자의 이러한 글쓰기는 철학보다 더 철학적이고, 역사보다 더 역사적인 추론으로 자칫 메말라 보이는 우주 탐사를 참 서사적이게 하는 면이 있다. 그래서 이 책이 더욱 우아하게 느껴진다. 암흑 물질과 암흑 에너지로 상징되는 암흑 세계를 규명하는 일은, 우리가 여전히 모르는 95퍼센트를 알아가는 매우 중요한 일로서 과학자뿐 아니라, 우리 인류에게도 매우 중요한 과제가 될 것이다. 독자들께서도 어딘가 신비롭지만 기묘하고, 손에 잡히지 않는 암흑 세계를 이해함으로써 드넓은 우주의 신비에 한 발 더 다가서는 기회를 얻기를 바란다.

일라리아와 비올라에게,
내 우주를 밝혀주는 불빛들

우리는 끝없이 펼쳐진 검은 바다 한가운데 고요한 무지의 섬에 살고 있다.

—

하워드 필립스 러브크래프트(Howard Philips Lovecraft, 1890~1937)

모든 것의 90퍼센트는 쓰레기다.

—

시어도어 스터전(Theodore Sturgeon, 1918~1985)

이 책의 한국어판에 짧은 서문을 쓰는 이 순간이 즐겁고, 새로운 독자를 만날 수 있다는 사실이 매우 기쁘다. 이탈리아어 초판이 출간된 지 10여 년이 조금 넘었는데, 이 서문을 쓰며 나는 다시 한번 오늘날의 풍경을 살피고, 과거 우리에게 어떤 중요한 변화가 있었는지 확인할 뜻깊은 시간을 얻었다.

천문학은 항상 어둠에 가려진 우주를 밝히려고 노력해왔다. 최근 수십 년 동안 가장 놀라운 발견 중 하나는 우주에서 직접 관찰할 수 없는 부분이 우리가 생각했던 것보다 훨씬 더 커 보인다는 거였다. 분명히 우주에 포함된 모든 질량과 에너지 중 95퍼센트는, 빛이나 다른 전자기파를 흡수하거나 방출하지 않으므로 '어둡게' 보여서 간접적으로만 조사할 수 있다.

　지난 수십 년 동안 천체물리학자들은 암흑 물질과 암흑 에너지의 본질을 이해하려고 노력해왔으며, 내가 이 책을 처음 썼을 때도, 이 연구의 현황과 보이지 않는 어둠을 향한 연구자들의 열정 어린 희망을 말하려고 노력했다. 그러나 현재 상황은 어떨까? 이 책이 스릴러 소설은 아니므로, 슬프지만 확실한 결론에 도달하지 못했다고 말해도 결말을 망칠 위험은 없을 것 같다. 지금까지 이루어진 모든 관측 결과는 우주의 전반적인 구성에 빠진 무언가가 있음을 계속해서 암시하고 있지만, 우리는 여전히 그것이 정확히 무엇인지 알지 못한다.

　우리가 가진 최고의 이론에 따르면, 암흑 물질은 알려지지 않은 유형의 입자로 구성될 수 있다. 그러나 이러한 입자의 존재에 관한 직접적인 증거를 찾아낸 실험은 아직 없었다. 내가 이 책을 썼을 때 유망해 보였던 수많은 후보가 그 이후로 실패로 결론 나기도 했다. 예를 들어, 내가 2부에서 이야기하는 윔프(WIMP) 입자는 그때보다 오늘날 덜 그럴듯해 보인다. 이론물리학자들은, 이른바 액시온(Axion)과 같은 새로운 입자의 가능성에 관해 생각하고 있지만, 여전히 결정적인 발견은 없다.

　지난 10년간 가장 큰 뉴스 중 하나는 이 책의 초판 발행

1년 후인 2012년에 발표된 LHC 강입자 가속기 실험에 의한 힉스 입자의 발견이었다. 이 일은 입자물리학 표준 모형(Standard model)의 큰 성공으로 받아들여졌고, 우주의 첫 순간에 관한 우리 지식의 일반적인 틀이 매우 견고하다는 점을 확인해줬다. 하지만 동시에, LHC 관측 자료는 초대칭 입자의 존재에 관한 증거를 보여주지 못했으며, 그중에는 암흑 물질의 역할을 할 수 있는 다른 가능성도 더러 발견됐다. 이 부정적인 결과는 분명히 문제가 있어 보이며, 우리가 다른 새로운 해법을 찾아낼 것을 강요한다. 우리 은하 중심에서의 강한 감마선 방출을 포함한 다른 관측 결과들은 암흑 물질이 존재한다는 증거로 해석되지만, 더 많은 확인이 필요하다. 한편, 새로운 입자를 도입하는 것 대신에 중력을 수정해야 할 가능성에 관한 조사도 계속됐다. 그러나 문제는 여전히 해결되지 않았다.

초판 출간 후 최근 몇 년간 또 다른 참신한 발견은, 2015년 라이고/버고(LIGO/Virgo) 실험에 의해 중력파를 첫 번째로 감지했다는 거였다. 이것은 우리가 직접 볼 수 없는 것들을 조사할 수 있는 추가 도구를 제공함으로써, 예를 들어 블랙홀과 중성자별 사이의 충돌 같은 것을 연구할 수 있게 한다. 따라서 우리는 암흑 물질의 본질을 이해할 기회가 한 번 더 있을 것이다.

우주의 가속 팽창을 담당하는 암흑 에너지에 관해서도 우리는 아직 확실한 설명을 하지 못하고 있다. 현재 아인슈타인의 우주 상수는 관측 결과를 해석하는 가장 단순하고 확률 높은 방법이다. 마침 2023년에 유클리드 우주 망원경이 발사된다. 이 망원경은 모든 대안적 가능성을 더욱 자세히 조사할 목적으로 설계됐다. 이와 관련해 개인적으로 큰 기대를 하고 있으며, 향후 몇 년은 암흑 에너지가 무엇인지 이해하려는 우리의 시도에 큰 전환점이 찾아올 것으로 기대한다.

요컨대, 지난 10년은 과학 연구에서 항상 그렇듯이 열정과 실망이 뒤섞인 시간이었다. 진보는 조금씩 일어나며, 자연이 우리에게 드러낼 수 있는 비밀에 귀를 기울이는 데는 시간과 자원 그리고 많은 관심이 필요하다. 이 길은 매우 도전적이지만, 그 과정에서 재미를 느끼며 여전히 새로운 것을 배울 것이다. 이 책을 처음 접하는 독자들께서도 우주의 아름다움과 신비를 느끼고, 그것을 알아내려는 과학의 도전을 흥미롭게 지켜보시기를 기대한다.

— 아메데오 발비

우주에 관한 우리의 지식에는 거대한 공백이 있다. 지난 몇십 년간 천체물리학과 우주론 영역에서 달성한 놀라운 진보를 알고 있다면, 내 말이 과장된 것처럼 들리거나 부당한 비관론으로 들릴 수 있을 것이다. 어느 측면에서는 그런 생각이 정상이다. 우리에게는 놀라울 정도로 효율적이고 관측된 결과들로 충분히 뒷받침되는 우주론 모형, 흔히 **빅뱅**(Big Bang) 모형이라고 부르는 이론이 있으므로. 우리는 인류 역사상 처음으로, 우주의 기원과 그 복합적인 구조 그리고 우주의 진화를 관장하는 체계까지 과학적으로 이해할 수 있는 훌륭한 토대 위에 섰다.

그런데 이런 점을 한번 생각해보자. 현재 우리가 우주의 물리적 특성을 직접적으로 확인한 것은 우주의 전체 성분 중 고작 5퍼센트밖에 되지 않는 아주 작은 일부에 지나지 않는다. 그 외 나머지 95퍼센트에 관해서는 간접적인 지식만 있을 뿐이다. 또 그 95퍼센트가 존재한다는 것도 심증은 아주 강하지만, 정말 있는지 없는지 그 여부를 확실히 단언할 수 없다.

더 큰 문제는 우주에서 우리가 모르는 부분이 하필이면 우주를 구성하는 데 필요한 적어도 두 가지의 거대 성분으로 추정된다는 점이다. 그중 하나는, 우리 몸이나 우리가 직접 경험한 모든 것을 구성하는 원자 물질과 매우 다른 유형이면서도, 어쨌든 어떤 물질의 형태를 갖추고 있는 것으로 추정된다. 가장 그럴듯한 가설에 따르면, 아직 알려지지 않은 유형의 입자로 질량이 있고 우주 구조의 근간을 형성하는 물질이라는 것이다. 은하를 시작으로, 매우 방대한 체계로 무리를 형성하고 우주 곳곳에 펴져 있는 섬우주(Island universe: 은하가 우주에 산재해 있는 모습을 대양에 있는 섬에 비유해 이르는 표현)의 중추를 만들 수 있는 에너지의 형태다. 그리고 또 한 가지 성분이 있는데, 현재는 우주 전역에 매우 균질하게 산재해 있다고 보고 있지만, 최근까지도 실질적으로 눈에 띄지 않고 지나쳤다. 독특한 속성의 중력이 작용하는 이 에너지는 우주 전체의 움직임을 수정해 점점 더 빠른 속도로 우주를 팽창시킬 수 있다.

하지만 알려지지 않은 이 두 성분 모두 **모호**하다는 것이 보통의 시각이다. 이 성분들이 좀체 무엇인지 모르는 데다 빛이나 다른 형태의 전자기 복사 같은 것도 방출하지 않기 때문이다. 한마디로 기존의 천문학적 관측으로는 전혀 보이지 않는 성분들이다. 우주의 보이는 부분에 작용하는 중력의 영향으로만 이들의 특성을 재구성해볼 수 있을 뿐이다. 아주 가능성이 떨어지기는 하지만, 그 어떤 종류의 물질이나 에너지도 이 성분들의 후보로서 배제할 수는 없다.

현대 우주론을 위해 해결해야 할 문제 중 가장 중요하고 급해 보이는 것은 분명 우리 우주의 주요 성분으로 보이는 암흑 물질과 암흑 에너지에 정면으로 맞서는 것이다. 이 두 성분이 조만간 채워지지 않으면, 이제까지 우리가 우주를 해석하기 위해 배경으로 삼았던 물리적 이론 몇 가지에 대한 심각한 의문을 제기할 수밖에 없는 상황으로 몰아갈 수 있는 빈틈이다. 우리는 야간 비행을 하면서 창밖을 관측하는 여행자의 입장이라고 할 수 있다. 우리 아래에 펼쳐진 풍경은 추측만 할 수 있는 것들에 의해 지배되고 있다.

때때로 인공조명은 분명 질서정연하게 무리를 지어 있는 것처럼 보이지만, 그 조명이 내려앉은 땅이나 거대하게 펼쳐진 바다의 어둠은 그렇지 않다. 현재 우주론 연구자들의 상황은 더 좋지 않은데, 비유하자면 땅이나 물의 특성이 무엇인지, 이 두 물질이 정말 존재하는지조차 확신하지 못한다고 봐야 한다.

답은 가까운 곳에 있을 수도, 아직 저 멀리에 있을 수도 있다. 천문 관측의 수준이 점점 더 높아지고 있지만, 관측한 내용을 해석하기가 어려운 경우가 많기 때문이다. 게다가 이러한 문제 해결에 필요한 물리학 이론 자체가 매우 불확실한 상태에 놓여 있다.

반면, 과거가 본보기가 된다면 그래도 낙관적인 자세를 취할 여지가 생긴다. 천문학의 모든 역사는 결국 어둠과의 긴 싸움일 뿐이다. 그리고 어두운 밤하늘 속 비밀을 파헤치는 새로운 방법을 조금씩 터득하면서 우주에 관한 우리의 상상이 점점 더 복잡하고 기이해졌다. 이제 우리는 우주와 천체물리학자들의 연구를 생각하면 일반적으로 떠올리는 별과 성운, 은하의 화려한 영상이 빙산의 일각일 뿐이라는 사실도 잘 알고 있다. 그 반짝이는 표면 아래 온 세상이 묻혀 있고, 그 세상을 밝히려면 힘겨운 연구가 따라야 한다는 것도 알게 됐다. 오랜 시대를 거쳐온 우주의 진화는 완전히 어둠에 싸여 있다. 엄청난 양의 정보는 전파에서 마이크로파, X선, 감마선에 이르기까지 전자기 스펙트럼에서 발생 가능한 모든 주파수를 측정할 수 있는, 점점 더 정교한 수준의 관측 장비를 필요로 하는 경로를 통해 전파되고 있다. 또한, 조사 수단으로 중력만을 이용해서 지금까지 전혀 탐험되지 않은 수많은 정보가 숨겨진 이면을 파헤치기 시작했다.

암흑 물질과 암흑 에너지를 둘러싼 수수께끼는, 예전에는 이해할 수 없었으나 관측 수단이 더 강력해질 때마다 그늘에서 벗어나고 있는 우리 우주의 수많은 모습 중 가장 최근에 나타난 것들일 뿐이다. 이 책은 우주의 어둠에 맞서는 인류의 투쟁과 천문학자와 물리학자, 우주론 연구자들이 수 세기 동안 극복해야 했던 실질적, 개념적인 난관들, 현재까지 얻은 성공과 실패를 비롯해 미래에 관한 희망을 이야기할 것이다.

먼저, 우주의 아주 먼 귀퉁이에서 날아오는 다양한 형태의 전자기 복사 중 가장 파악하기 어려운 것들을 다루면서 시작할 건데, 천문학이 어떻게 맨눈 관측에서 점점 더 정교한 도구를 사용해야 하는 학문 활동으로 변모하게 됐는지, 이 도구들이 어떻게 점점 더 넓어지는 우주의 암흑 지역에서 우리를 끌어내 관측 가능한 범위의 경계로 확장하고 있는지 살펴볼 것이다. 우주론 연구자들이 어떻게 우주 자체의 기원을 설명하고, 우주 전역으로 퍼져 있지만 지금은 발견과 분석을 하려면 아주 세밀하게 측정해야 할 정도로 미미해진 복사인, 그 희미한 빅뱅 화석의 흔적을 재구성할 수 있었는지 알게 될 것이다. 혹은 우주론 연구자들이 아직 그 어떤 별이나 은하도 만들어지지 않았던, 우주 진화의 암흑기를 어떻게 탐험하고 있는지를 알아낼 수도 있다.

2부에서는 빛이 너무 약해 관측이 어려운 무언가로 이뤄진 매우 단순한 것부터 시작해 우주에 존재하는 암흑 물질에 관해 더 많은 것을 살펴볼 것이다. 그다음에는 우리에게 친숙한 원자와는 완전히 다른 유형의 물질도 존재하고, 그 다른 물질이 우주에서 관측되는 거대한 구조물들을 뭉치는 진정한 접착제 역할을 한다는 가설을 세우게 만든 수많은 증거를 검토하는 단계로 넘어갈 것이다. 암흑 물질(Dark matter)이 실제로는 존재하지 않을 가능성과 중력이 우주에서의 거리에 미치는 영향을 우리가 정확하게 이해하지 못하고 있을 가능성을 포함해, 암흑 물질의 기원을 찾는 문제를 두고 제시된 다양한 해법에 관한 생각도 제시해볼 것이다.

마지막으로, 해결되지 않은 문제 중 가장 도전적인 문제, 우주 전체에 퍼져 있으면서 비범한 힘의 특성을 갖는 암흑 에너지(Dark energy)의 존재와 그 형태와 관련된 추측이 가장 많은 문제를 다뤄볼 것이다. 20세기 초, 알베르트 아인슈타인(Albert Einstein, 1879~1955)이 제안했으나 보류됐던 이러한 유형의 성분에 관한 초창기 개념이 수십 년의 시간이 흐르면서 어떻게 변화했는지 알아볼 것이다. 이 개념은 지난 몇십 년 동안 수차례 다시금 유행되다가 최근 우주의 팽창이 가속화되고 있다는 놀라운 사실의 발견을 설명하기 위해 다시 수면 위로 떠오르게 됐다. 암흑 물질의 성질을 파악하려는 시도를 통해 끈 이론부터 추가적인 공간 면적이 존재한다는 이론을 비롯해 우리 우주가 근본적으로 다른 물리적 특성을 띠는 수많은 우주 중 하나에 불과할 수 있다는 가능성에 이르기까지, 이론물리학에서 새롭게 발전한 우주론의 의미들을 다루게 될 것이다.

차례

I

어둠 속을 들여다보며
Scrutando nel buio

II

암흑 물질

Scrutando nel buio

III

제5원소

Scrutando nel buio

I

어둠 속을 들여다보며
Scrutando nel buio

사실, 모두 어둡다.

〈이클립스(Eclipse)〉, 핑크 플로이드(Pink Floyd)

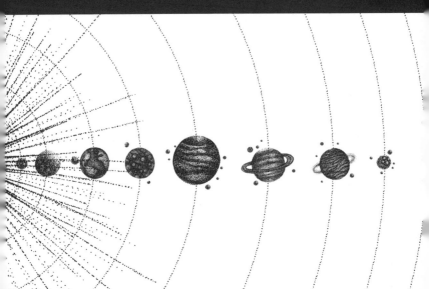

1

낭비되는 광자는 없다

Nessun fotone vada sprecato

내가 아는 사람 중에 별이 뜬 하늘의 모습에 매혹되지 않거나 좋아하지 않는 사람은 단 한 명도 없다. 아주 냉정하며 환상이 없는 사람도 적당한 조건에 놓이면(인공조명과 멀찌감치 떨어져 맑은 밤하늘 아래 섰을 때) 본능적으로 하늘을 향해 시선을 들고 놀라움과 감탄 그리고 그 모든 것의 기원에 관한 의문, 드넓은 우주 앞에 한계가 있다는 생각 같은 여러 느낌과 생각의 흐름이 교차하곤 한다.

그 서정적인 시간이 지나면, 아마도 그중 일부는 아무 일 없었던 것처럼 평소와 다름없는 무미건조한 사람으로 돌아갈 것이다. 하지만 그 외 사람들에게 별이 뜬 하늘의 모습은 말 그대로 인생을 바꾸는 경험이 될 수 있다. 당신도 기회가 된다면 한번 경험하기를 바란다. 어느 맑은 날 밤 여백의 시간을 어떻게 보내야 할지 모를 때 도시에서 멀리 벗어나 하늘을 그저 멍하니 바라보기만 하기를. (나는 가끔 인공적으로 밤을 밝게 만든 것이 단순히 도둑이나 살인자, 맹수를 비롯한 구체적인 위험으로부터 인간을 보호하기 위한 것만이 아닌, 우리가 유한한 존재라는 사실을 냉정하게 상기시키는 일종의 푸닥거리인 게 아닌가 하는 생각이 들곤 한다.)

어린 시절, 일상적인 한 해를 보내는 도시와 아주 다른 환경의 여름 바다에서 밤하늘을 바라보는 것은 의문과 신비의 세계를 내다보는 것을 의미했다. 아마 그 경험이 무의식적으로 성인이 돼서 천체물리학자를 직업으로 삼도록 만든 바탕이 된 듯하다. 천문학도 인류의 유년기에 이와 아주 유사한 방식으로, 이해할 수 없는 광경에 대한 경외심만으로 탄생했을 거다.

고대 우주는 아주 단순했다. 맨눈으로 밤하늘에서 볼 수 있는 우주는 근원적으로 한계가 있었다. 기괴한 신성이나 무시무시한 유령, 혹은 복잡한 신화의 상상이 화두였는지, 옛날 사람들의 환상은 끝이 없었다. 하지만 상상에서 현실로 돌아오면, 눈에 보이는 것에서 멈춰야 했으므로 우주란 전체적으로 상당히 한정적이라는 결론을 내려야 했다. 반짝이는 수많은 점, 즉 별은 무수히 많았다. 밤이 지나는 동안에도 그렇고 계절이 변화하면서 다 함께 무리 지어 이동하지만, 그냥 보기에는 각자의 위치에서 꼼짝도 하지 않고 있는 것처럼 보였다. 그리고 얼핏 보면 다른 점들과 똑같지만, 잠시 주의 깊게 살펴보면 고정된 듯한 다른 별들과 달리 위치가 바뀌고 있는 점들이 있었다. 이 점들은 행성이었고 딱 다섯 개였는데, 바로 수성, 금성, 화성, 목성, 토성이었다. 그 외에는 아주 크고 계속 바뀌는 이상스러운 별, 달이 있었다. 낮에는 주인 행세를 하는 태양이 있었다. 그게 다였다.

맨눈에 보이는 하늘의 별들은 생각보다 적다. 정확한 숫자는 관측 조건에 따라 각기 다르지만, 보기에 가장 좋은 때도 우리의 반구에서는(그리고 반대쪽 반구에서도 같다) 약 3천 개 정도밖에 안 된다. 대부분 별이 우리 은하 주위에 모여 있는 것 같은데, 우리 은하는 가장자리의 윤곽이 불규칙하고 빛나는 띠 형태를 하고 있다. 그 외 밤하늘은 완전히 어둡다. 공간 차원에서 밤하늘을 지배하는 것은 빛이 아니라 어둠이다. 그리고 잘 생각해보면, 천문학의 기원이 되고 우주에 관한 연구를 가능하게 만든 것은 바로 그 별이 빛나는 둥근 천장의 웅장한 광경 속에 펼쳐진 수많은 반짝이는 작은 점이 완전히 어두운 배경과 대조를 이뤄 두드러져 장관을 이뤘기 때문이다.

하지만 고대의 관찰자 중에는 시력에 의존하는 것에서 벗어나 하늘 어두운 부분의 신비로움에 접근할 수 있다고 생각하거나 눈에 보이지 않는 다른 측면이 존재하는지 의문을 품는 사람은 아무도 없었다. 아주 초창기 천문학은 행성의 규칙적인 움직임과 고정된 별의 정확한 위치 측정 같은 그저 밤하늘의 모습에서 계절의 변화를 측정하거나 예측해보는 수준에 지나지 않았다. 그리고 신화와 종교적 측면에 관심을 두는 한편, 방향을 찾거나 시간의 흐름을 측정하는 방법으로, 즉 완전히 실용적인 측면에 관심을 두고 있었다. 물론 눈에 보이는 것을 활용하는 것 외에는 어쩔 수 없었지만 말이다.

초창기 천문학자들을 가장 힘들게 한 것은 분명 그 반짝이는 점들, 어떤 때는 손에 닿을 것처럼 가까워 보이기도 하는 그 점들이 얼마나 멀리 떨어져 있는지 확실하게 알 수 없다는 사실이었다. 반짝이는 점들은 아주 높은 산보다 더 높고 구름 저 너머에 있었다. 그런데 대체 얼마나 높이 떠 있는 걸까? 그리고 무엇 때문에 밤하늘에 매달려 있고 무엇 때문에 움직이는 걸까? 무엇인지 알 수 없는 복잡한 도구에 의해 조정되는 보이지 않는 실에 매달린 상태로 투명한 천구 안에 들어 있거나, 공기보다 훨씬 가벼워서 도깨비

불이나 증기처럼 빙빙 돌고 있는 걸까? 혹시 영혼과 천사에 이끌려 돌아다니는 것은 아닐까, 그도 아니라면 그 자체가 영혼이나 천사가 아닐까? 이런 알 수 없는 의문만 품고 있었다.

하지만 다른 사람들보다 월등하게 영리한 사상가들은 땅과 하늘 사이의 간격을 채우고 인간이 닿을 수 없는 물체와의 거리를 측정하는 방법을 궁리하기 시작했다. 연대기에 따르면 그 뛰어난 사상가 중 선두에 선 사람은 그리스 사모스섬의 아리스타르코스(Aristarcos de Samos, BC 310~BC 230)였다. 기원전 250년경, 일식이 일어나는 동안 지구가 달에 투영되는 그림자의 크기를 관측하던 아리스타르코스는 지구의 반지름과 비례해 달의 반지름을 추정하는 데 성공했다. 그의 계산 결과는 현재 우리가 정확한 값이라고 알고 있는 수치와 비슷한 편이지만, 지구에서 달까지의 거리를 알려면 일단 지구의 반지름을 측정해야 했다. 얼마 후 에라토스테네스(Eratostenes, BC 276~BC 195/194)가 간단하고 독창적인 방법으로 지구의 반지름을 측정했는데, 한 해 중 특정한 시기, 특정 시간에 지구 자오선상에서 서로 멀리 떨어진 두 지점(즉, 남북 방향으로 멀리 떨어진 지점)에 같은 길이의 막대기를 세워두고 바닥에 드리운 막대기의 그림자 길이의 차이를 관측하는 방법이었다. 두 그림자의 길이를 비교하면 지구의 중심에 대해 두 지점이 형성하는 각도를 측정할 수 있고(즉, 두 지점의 위도의 차이), 두 지점 간 지리적 거리를 알면 지구의 반지름을 도출할 수 있다. 실제로 이 측정법은 지구 표면의 곡률을 직접 활용한 것인데, 이런 점을 보면 세계를 일주하는 항해자들이 그 오래전에 지구가 구형이라는 점을 잘 알고 있었음이 드러난다. 고대 사상가들이 근거 없이 계산했을 리는 만무하니까.

아리스타르코스는 지구에서 태양까지의 거리도 측정했고, 이 거리를 바탕으로 태양의 반지름까지 계산했다. 달이 정확히 하늘의 중심에서 빛나고 있을 때 지구와 태양, 달이 이루는 각도를 측정해야 하는 매우 어려운 계산이었다. 그런데 이 각도가 매우 작아서 정확한 측정이 어려웠으므로, 아리스타르코스가 얻은 값은 오늘날의 기준으로 볼 때는 상당히 부정확하다. 하지만 그 측정 방법의 고안으로 달과 태양, 지구의 성질과 이들 간 기하 구조의 관계가 상당히 명확하게 드러났다. 실제로 아리스타르코스는 행성 운동의 중심인 태양과 지구 주위의 궤도를 도는 달이 있는 꽤 진일보한 태양계 모형을 고안했다. 오늘날 기록에 남은 태양중심설의 최초 사례다. 하지만 당시 사상가들의 관점에서 무시할 수 없는 철학적 이유로 아리스타르코스의 모형은 두루 믿음을 얻지는 못했다. 결국, 그 누구도 지구가 움직인다고 보지 않았고, 중력에 관한 개념도 오늘날 우리에게는 익숙하지만, 당시에는 전혀 그렇지 않았다. 물체가 떨어지는 이유는 자연스럽게 우주의 중심인 지구를 향하기 때문일 뿐이고, 지구에 도달해야 비로소 본래의 안식처를 찾은 것으로 생각했다. 그러니 2세기 무렵 프톨레마이오스(Ptolemaeos, 85?~165?)가 내놓은 지구가 중심에 있고 달과 태양, 고정된 별들이 지구 주위를 도는 것이라는 체계가 공식화된 것도 놀라울 게 없다. 원형 궤도들이 서로 결합해 있는 복잡한 체계 덕에 일반적인 상식은 물론, 행성 운동의 관측 결과와도 아주 잘 맞아떨어지는 모형이었으니 말이다.

수 세기 동안 천문학자들은 하늘을 관측한 내용을 설명할 때 프톨레마이오스의 모형만 있으면 완벽했다. 당대 누구도 눈에 보이지 않게 잘 감춰져 있을 뿐, 실제로 훨씬 더 많은 것들이 숨겨져 있다는 사실은 생각지 못했을 것이다. 우주는 밤하늘에서 보이는 것이 전부였지만, 그 움직임을 아주 정확하게 예측할 수 있었다. 좋은 아스트롤라베(Astrolabe, 고대부터 중세에 사용하던 천체관측기)만 있으면 온 우주를 충분히 담을 수 있었다. 하지만 그 규칙적인 질서가 평소와 다른 설명되지 않는 현상으로 틀어지기도 했는데, 예를 들어 혜성이나 '새로운 별'(현재는 갓 탄생한 별도 아니고 별 일생의 마지막 단계라는 것을 알면서도 여전히 **신성**^{Nova}, 혹은 **초신성** ^{Supernova}이라고 불리는 별)과 같은, 흔히 볼 수 없고 설명 불가능한 현상이 있었다. 사람들은 보통 이렇게 이례적인 일들이 일어나면 재난이 임박했다거나 신이 노해서 그렇다는 등 커다란 변화가 일어날 징조로 받아들였다. 그러나 당대 천문학자들 사이에서 이런 개념들은 그다지 명확하지 않았다. 천구가 완벽하지 않다는 의심을 하기보다는 이러한 현상들이 대기에서, 혹은 기껏해야 달의 궤도 내에서 일어났다고 생각하는 편이었다.

당시까지 알려지지 않았던 우주를 향한 창문이 활짝 열리게 만든 몇 가지 사건의 시발점이 된 것은 바로 1572년에 하늘에서 갑자기 나타난 기이한 징조 중 하나인 초신성이다. 이 새로운 별이 빛을 내기 시작했을 때, 티코 브라헤 (Tycho Brache, 1546~1601, 덴마크의 천문학자)의 나이는 스물여섯이었다. 덴마크의 손꼽히는 부유한 집안에서 자란 그는 다른 영역에서 경력을 쌓기 바라는 부모님의 기대와 달리 위험할 정도로 천문학에 푹 빠져 있었다. 티코 브라헤는 고정된 별들을 기준으로 새로운 별이 이동하는 위치를 측정할 수 있는 도구를 만드는 데(당시에는 매우 정교한 수준의 육분의六分儀, Sextant) 가산을 쏟아부었다. 티코 브라헤가 측정한 결과, 다른 별들과 견주어 새로운 별의 특이한 움직임은 없었다. 그러한 점으로 미루어볼 때 다른 별과 마찬가지로 새로운 별 또한 지구에서 엄청나게 멀리 떨어져 있을 것이라는 결론을 내렸다. 그러니까 우주에는 평소 볼 수 없지만 아무런 예고 없이 어둠에서 나올 수 있는 다른 것들이 존재할 수 있다는 말이었다.* 이 발견을 계기로 우주의 특성에 관해 수 세기 동안 가졌던 선입견에 의문이 제기되기 시작했고, 티코 브라헤는 유럽에서 가장 유명한 천문학자가 됐다. 덴마크의 왕 프레데리크 2세(Frederick II, 재위 1559~1588)는 당시로는 매우 앞선 천문관측소였던 우라니보르크(Uraniborg) 건설을 위해 티코 브라헤에게 막대한 자금과 벤(Hven)섬 전체를 내주었다. 사실상 무제한의 경제적 지원을 바탕으로 본인만의 놀라운 능력을 발휘한 티코 브라헤는 천체의 위치와 움직임에 관해 이전에는 단 한 번도 도달한 적 없는 수준으로 정확하게 정의 내렸다.

과학의 역사에서 항상 그렇듯이 더 정교한 자료가 나왔다는 것은 기존의 이론 모형에서 예측하던 내용에 대한 도전을 의미했다. 티코 브라헤가 사망하면서 그의 수준 높은

---

* 이 발견은 '중층적인 천구 중 가장 바깥 천구는 영원불멸하다'는 당대 천구 이론에 반례가 된다.

관측 자료 일체를 남겼지만, 이것을 설득력 있게 설명할 수 있는 해석이 없었다. 프톨레마이오스의 모형은 불안한 조짐을 보이기 시작했는데, 특히 화성의 이상한 움직임을 설명할 때 더 그랬다. 하늘에서 변덕스러운 순행과 역행을 반복하는 이 행성의 움직임은 천문학자들에게 언제나 수수께끼 같은 것이었다. 프톨레마이오스가 **주전원**(Epicycle, 周轉圓)이라고 부른, 서로 붙어 있는 원형 궤도들로 구성된 복잡한 시스템을 연구해 그 움직임에 관한 원인을 밝혀냈다. 티코 브라헤는 지구가 태양과 달의 움직임 중심에 있지만, 다른 행성들은 태양의 주위를 돈다는 대안적인 모형을 고안했다. 하지만 티코 브라헤의 모형은 프톨레마이오스의 모형보다 훨씬 더 기이할 뿐만 아니라 관측 자료에 관한 설명도 더 잘해내지 못했다.

오늘날에는 성공한 연구자가 되려면 한 분야에서 최고의 전문성을 갖춰야 한다. 그래서 관찰과 측정에 탁월한 과학자가 자신의 연구 결과를 해석할 방정식 같은 이론적인 틀을 명확히 갖추지 못해도 그럴 수 있다고 너그럽게 용인하는 분위기가 있다. 그러나 근대 천문학이 첫걸음을 내딛던 시절에는 이론화에 서툰 과학자들이 운명적으로 부당한 대우를 받는 것을 당연한 일로 받아들여야 했다. 티코 브라헤는 당대 가장 뛰어난 관찰자였지만 이론적인 면에서는 그

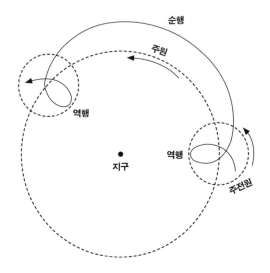

프톨레마이오스의 지구 중심 주원-주전원 체계

만큼의 능숙함을 갖추지 못한 것은 분명했다. 다행히 운명의 신이 어떤 것이든 그를 채워주며 조수 역할을 하던 사람을 붙여주었는데, 그 사람은 다름 아닌 요하네스 케플러(Johannes Kepler, 1571~1630)다. 케플러는 티코 브라헤와 달리 불우한 가정에서 몹시 가난한 어린 시절을 보내야 했고, 지독한 근시여서 관측자로서 결코 성공할 수 없는 조건에서 성장했다. 하지만 엄청난 끈기와 특유의 세심함, 숫자를 다루는 데 능했고 추상화 능력을 갖추고 있었다. 말하자면, 현대 이론천문학을 세우는 데 적임자였다.

티코 브라헤가 사망하자, 케플러는 화성 운동의 신비에

관한 연구와 더불어 그 집착까지 이어받았다. 행성 운동의 중심에 태양이 있다는 모형(실제로는 몇십 년 전 니콜라우스 코페르니쿠스Nicolaus Copernicus, 1473~1543가 다시 제안한 아리스타르코스의 모형이다)을 선택해야 올바른 설명이 가능하다고 확신하던 케플러는 티코 브라헤의 관측 자료에 수학의 틀을 적용하는 작업에 착수했다. 이는 예상보다 훨씬 더 힘든 작업이었다. 케플러는 작업을 시작할 때 여드레 안에 답을 찾을 수 있을 거라 예상했다. 하지만 8년이라는 세월 동안 거의 천여 쪽에 이르는 계산 용지를 채워야 했다. 숫자로 우연이 맞아떨어지는 걸 좋아하는 사람들은, 케플러의 프로젝트가 완성되기까지 그리 오랜 시간을 지연시킨 장애물이 화성 운동에 관한 예측에서 고작 8각분이 맞지 않았기 때문이라고 생각했다. 케플러 이전 천문학자들이라면 완전히 무시했을 법한 이 8각분이라는 각도가 티코 브라헤의 매우 정확한 관측과 대비되면서 중요해지게 된 것이다(1각분은 1/60각도로, 8각분은 원주의 1/2,700에 해당하는 미세한 각이다).

케플러가 발견하고 1609년이 돼서야 발표된 이 해법은 태양계에 관한 논리에서 태양중심설 채택에 한 걸음 더 내딛게 했을 뿐 아니라, 훨씬 더 심도 있는 개념으로 도약하게 했다. 케플러의 설계에서 행성들이 더는 일정한 속도로 태양 주위를 움직이지 않았으며, 당시까지 집요하게 가정했던 공전 궤도도 원형이 아니라 타원형이었다. 케플러는 보이지 않는 가상의 천구에 박혀 있던 그 반짝이는 점들을 완전히 빼내 우주 진공 속에서 떠돌아다니게 했다. 더는 우주가 인류의 유희를 위해 설치된 회전목마에 매달린 멋진 불빛의 향연이 아니게 된 것이다. 행성들의 움직임은 더 깊은 설명이 필요한 특별한 것이었고, 케플러는 천체 간 거리에서 발생하는 움직임(오늘날 우리가 **중력**이라 부르는 것)을 가정해 새롭고 올바른 것을 찾는 데 한 걸음 더 내디뎠다. 그러나 아직은 때가 아니었다.

한편, 인간이 하늘을 관측하기 시작한 이후 수천 년 동안 버텨온 또 다른 장벽은 허물 수 있게 됐다. 케플러가 행성 궤도의 수수께끼에 대한 답을 발표하던 바로 그 시기, 한 이탈리아인이 플랑드르의 어느 수공업자가 발명한 물건으로 완성한 밤하늘의 장관을 이루는 반짝이는 점들이 수 놓인 검은 베일을 벗기려 하고 있었다. 1609년, 갈릴레오 갈릴레이(Galileo Galilei, 1564~1642)는 간단하면서도 혁신적인 시도를 하게 된다. 자신이 직접 만든 망원경(파이프에 렌즈 2개를 끼워 넣은 망원경인데, 사실 놀라울 정도로 발전한 기술로 만든 도구에 익숙한 우리가 오만하게 판단한다면 장난감보다 약간 높은 수준에 지나지 않지만, 그 시기에는 대단한 성과물이었다)을 하늘을 향해 내뻗었다. 그러자 갑자기 칠흑 같은 어둠이 조금 밝아진 것처럼 보였다. 갈릴레오의 관측은 하늘에서 항상 텅비어 있는 줄 알았던 부분도 이제까지 보이지 않았을 뿐, 실제로는 다른 반짝이는 점들이 가득하다는 사실을 드러냈다. 1610년, 갈릴레오는 관측한 자료를 실시간으로 기록한 보고서 형식의 책 《별 세계의 보고(Sidereus Nuncius)》에서 "이제까지 당연히 자연의 능력으로 인지했던 수많은 고정된 별들에 더해 이전에는 보이지 않았던 다른 무수히 많은 별을 인간의 눈앞에 나타나게 한 것은 대단한 일이다. 또 대단한 점은 고대에 확인한 것보다 별의 수가 열 배 이상 많다는 것이다." 밤하늘 저 멀리, 그때까지 그 누구도 본 적 없는 것들을 보고 있다는 사실을 깨달은 사람의 이 이야기는 세상 사람들이 쓴 가장 가슴 벅찬 글 중 하나일 것이다.

자신이 만든 망원경을 앞세운 갈릴레오는 먼저 금성이 달과 똑같은 위상(보름달, 상현달, 하현달처럼 지구에서 보이는 변화하는 모양)이라는 것을 알아냈고, 목성 주위를 도는 듯 보이는 이전에는 본 적이 없는 네 개의 점이 있다는 것을 알았으며, 이것이 목성의 위성이라는 사실을 정확하게 짚었다. 이 두 가지 모두 프톨레마이오스의 태양계 모형과 상충했다. 케플러가 공식화한 이론 법칙과 함께 갈릴레오의 관측은 태양중심설의 타당성을 확립하는 데 반드시 있어야 할 것이었다. 하지만 갈릴레오의 진정한 업적은 기술적인 도구를 통해(누구나 접근할 수 있는 범위 내에 있지만, 이미 고정돼 있던 질서를 옹호하는 사람들에게는 달가울 수 없는 도구다) 시야를 개선해 밤하늘의 어둠에서 수많은 새로운 경이로움을 끌어냈다는 사실을 온 세상에 보여준 점이다. 이는 이후 수 세기 동안 천문학 연구의 법칙이 될 첫 번째 예에 불과했다. 인간의 창의력으로 빚어낸 온갖 새로운 도구가 몇 가지 의문에 대한 답을 찾았을 뿐 아니라, 이전에 생각했던 것보다 우주를 더 크고 더 복잡하게 만들었다.

그렇게 갈릴레오 이후 천문학 연구 분야는 어마어마하게 확장했다. 광대하게 펼쳐진 어두운 하늘이 정복해야 할 낯선 미지의 땅, 미개척지로서 활짝 열린 것이다. 티코 브라헤는 맨눈으로 하늘을 탐색한 사람 중 마지막이자 최고의 인물이었다. 이후 하늘의 어두운 깊은 곳을 탐색하려면 새로운 도구를 사용해야 하는 시대가 시작됐으니까.

17세기 과학 혁명에서 뉴턴과 사과의 일화를 언급하지 않은 기록은 없다. 마치 도를 깨우치는 듯한 이야기(떠도는 말이지만, 십중팔구 뉴턴 본인에게서 나온 말일 테다)로, 무념무상의 긴 명상 후에 예상치 못한 어느 순간 갑자기 외부의 사건에 의해 깨달음을 얻게 됐다는 식의 일화다. 나무에서 떨어지는 사과를 보던 (일부에서는 사과가 머리에 떨어졌다고도 한다)

뉴턴은 보이지 않는 힘, 즉 떨어져 있는 모든 물체에, 지구뿐 아니라 우주 곳곳에 있는 물체에 작용할 수 있는 중력이라는 힘이 존재할 수 있다는 가정을 하게 된다. 이러한 힘은 왜 행성들이 태양 주위의 타원형 궤도를 따라 움직이는지 그 이유를 설명할 수 있었을 것이다. 그러나 세상에 숨겨진 원칙들에 더 관대한 시대라 해도 빈 공간을 두고 떨어져 있는 물체 간에 보이지 않는 힘이 작용할 수 있다는 가설은 다소 지나쳐 보였다. 뉴턴 본인도 중력이 작용하는 것처럼 보이는 방식을 마주했을 때 당황스러웠지만 실용적이며 현대적인 과학자로서의 태도를 유지했다. 뉴턴은《자연철학의 수학적 원리(*The Principia*)》두 번째 판 부록에 이런 글을 남겼다.

"나는 이 중력이라는 것의 속성이 발생한 원인을 밝혀낼 수 없어 가설을 세우지 못했다. 현상으로부터 추론되지 않는 모든 것이 가설이라고 불려야 하기 때문이다. 그러니 신비주의적이든 역학적이든, 어떤 특성을 바탕으로 한 형이상학적, 물리적 가설은 실험 과학에서 설 자리가 없다. (…) 중력은 내가 설명한 법칙에 따라 존재하고 행동하며, 또한 법칙이 천체의 모든 움직임을 설명할 수 있는 것으로 충분하다."

실제로 세 가지 역학 원칙 및 미적분 계산(이 계산도 뉴턴이 고안한 것이다)과 함께 사용된 만유인력의 법칙은 천문 관측과 케플러가 그 관측 내용을 해석하기 위해 고안한 법칙을 수학적, 물리적으로 일관성 있게 설명할 수 있었다. 뉴턴은 행성들이 그렇게 움직이는 것은 알 수 없는 천체의 특정한 체계에 맞추기 위해서가 아니라, 다른 모든 물질과 같은 법칙이 적용되기 때문이라고 생각했다(땅과 마찬가지로 하늘에서도 적용된다).

오늘날 역학 분야에서 뉴턴의 연구는 상당히 중요하고 혁명적이라고 평가받는 데 반해, 광학 연구에 관한 그의 공헌은 평가절하하려는 움직임도 있다. 하지만 빛의 속성을 알아내려던 뉴턴의 시도는 대단했다. 실험 중에 시력을 잃을 위험도 두 번 이상 있었는데, 한번은 너무 오랜 시간 태양을 응시했기 때문이었고, 다른 한번은 핀으로 자신의 망막 구조를 바꿔보려 했기 때문이었다. 이후 뉴턴은 본인에게 덜 위험한 방식으로 프리즘과 렌즈로 만든 장치를 이용해 자연광이 여러 색의 스펙트럼으로 분해될 수 있다는 것뿐 아니라, 무지개를 구성하는 유색 빛의 광선들이 백색의 광선으로 재결합될 수 있다는 것도 증명했다. 이외에도 유색 빛의 광선 하나하나가 더는 분해될 수 없다는 사실도 보여주었다. 특정한 색의 광선은 나중에 반사되거나, 유리나 프리즘, 렌즈를 통과해도 그 색으로 남았고, 무지개의 모든 색이 같은 방식으로 나타났다.

이처럼 빛과 색을 이용한 실험으로 뉴턴은 우선, 갈릴레오의 망원경으로 관측 시 방해가 되는 성가신 무지갯빛 후광을 제거한 새로운 유형의 망원경을 발명할 수 있었다. 그러고는 빛이 미세한 입자로 구성된다는 가설을 세우고, 이 가설로 광선의 전파와 당시 알려져 있던 광학 현상에 관해 충분한 설명을 할 수 있었다. 같은 시기 로버트 훅(Robert Hooke, 1635~1703, 영국의 자연 철학자)에 이어 크리스티안 하위헌스(Christiaan Huygens, 1629~1695, 네덜란드의 물리학자)가 빛의 속성에 관한 대안 이론을 제시했는데, 이들이 내세운 가정은 빛이 우주 전체에 퍼져 있는 보이지 않는 가상의 매질에 의해 이동하는 파동, 즉 **에테르**(Aether)로 구성돼 있다는 것이었다. 빛의 속성에 관한 이 두 이론은 오랜 세월, 사실상 20세기 초까지 서로 다른 운명 속에서 대치했다.

오늘날 우리는 빛이 입자이자 파동의 특성을 띠고 있어서, 파동(전자기파)으로도, 질량 없이 빛의 속도로 이동하는 입자(광자)로도 설명할 수 있다는 것을 알고 있다. 그런데 뉴턴의 입자 이론을 추종하는 사람들과 하위헌스의 파동 해석을 지지하는 사람들 간 논쟁이 해답을 찾지 못한 수 세기 동안에도 천문학자들에게 중요한 점은 단 한 가지였다. 바로 밤하늘 저 깊은 곳에서 전달돼 오는 빛이 조금도 낭비

될 수 없다는 사실이었다.

17세기 이후 광학 영역에서 달성된 진전은 망원경의 작동에 관한 이해를 높이고 꾸준히 개선케 했다. 어둠에서 아주 멀고 희미한 별을 드러나게 하려면 그 별빛을 접안렌즈에 모아 효율적으로 집중해야 한다는 사실을 알게 된 것이다. 오늘날의 표현을 빌리자면, 일정한 범위에서 가능한 한 많은 광자를 수집하는 것이다. 사람의 눈에서 광자의 영향을 받는 범위는 동공이라는 아주 작은 영역에 지나지 않는다. 별빛은 보통 아주 희미한 탓에 맨눈으로 보려면 우리의 동공 범위를 인공적으로 확대해야 한다. 빛이 렌즈를 통해 모이는 갈릴레오식 망원경이든, 거울로 빛을 모아 집중시키는 뉴턴의 망원경이든, 빛을 수집하는 영역을 증가시킬수록 밝기가 덜한 물체를 볼 가능성이 커진다는 원리는 서로 같다. 망원경을 만드는 일은 빗물을 받는 대야를 만드는 것과 비슷하다. 크면 클수록 좋다. 18세기 말 가장 크고 성능 좋은 망원경은 어느 아마추어 천문학자가 자신의 집 정원에 장비를 만들다가 완성한 것이었다. 오늘날 천문학자 대부분이 그렇듯이 이 사람도 아마추어로 천문학을 공부하기 시작했다.

그가 바로 윌리엄 허셜(Wiliam Herschel, 1738~1822)이다. 그는 영국 태생 독일인으로 음악을 본업으로 하면서 취미로 별 관측을 즐겼다. 1781년 어느 날 야간 관측을 하던 윌리엄 허셜은 새로운 행성, 오늘날 우리가 천왕성이라고 부르는 행성을 발견하고 유명 천문학자들의 클럽에 들어가게 된다. 윌리엄 허셜은 그 이전 갈릴레오처럼 자신만의 망원경을 제작했고, 권세가 메디치 가문에 보답하고자 자신이 발견한 목성의 위성들을 "메디치의 별"이라 부른 갈릴레오처럼 후원자였던 조지 3세(재위 1760~1820)의 이름을 따서 새로운 행성을 "조지왕의 별"이라 불렀다. 조지 3세의 돈으로 당시로서는 진정 경이로운 과학 기술의 결정체였던, 세계에서 가장 큰 망원경, 직경이 무려 1.2미터에 이르는 거대한 망원경을 제작할 수 있었으니 말이다.

윌리엄 허셜은 새로운 망원경으로 천구 지도를 그리겠다는 야심 찬 계획을 시작할 수 있었다. 그는 사망 후 최초로 3차원 우리 은하 모형을 남겼는데, 하늘에서 빛나는 줄무늬가 실제로 태양을 포함한 엄청난 수의 별이 만든 원반 모양이라는 것을 파악하는 데 성공하고 만든 거였다. 윌리엄 허셜은 우리와 별 사이의 거리를 완벽하게 정의할 수 없어서(우리와 시리우스Sirius 별의 거리에 관한 상대적인 단위를 표시했는데, 모든 별의 밝기가 거의 같을 것이라는 잘못된 가정을 했다) 태양을 대략 우리 은하의 중심에 위치시키는 오류를 범했다. 그럼에도 태양이 수많은 다른 별들이 형성한 방대한 섬우주(오늘날 우리가 은하라고 부르는 것)의 일부라는 것을 정확하게 이해했다. 이제 더 알아내야 할 것은 우리 은하가 우주 전체인지, 다른 은하가 또 있는지 없는지 그 여부였다.

윌리엄 허셜은 우리 은하에 우주의 모든 물질적 내용물이 담겨 있다고 확신했다. 심지어, 별인 것처럼 보이지 않지만, 망원경으로 봤을 때 밝은 구름으로 보여서 일반적으로 **성운**이라고 부르는 일련의 천체들도 우리 은하에 포함돼 있다고 생각했다(일부 성운은 맨눈으로도 식별할 수 있다). 윌리엄 허셜은 2천 개 이상의 성운을 찾아냈지만, 그 특성을 명확하게 밝히지는 못했다. 다만 개인적으로, 성운이 우리 은하의 일부인 별로 구성돼 있다는 확신은 갖고 있었다. 그러나 철학자 임마누엘 칸트(Immanuel Kant, 1724~1804)를 포함한 일부 학자들은 그 빛무리들이 거대한 빈 공간을 사이에 두고 우리 은하와 분리돼 있고, 우리 은하와 비슷한 다른 은하들이라고 생각했다.

이 문제는 긴 싸움으로 이어졌고, 점점 더 큰 망원경을 통한 정밀한 관측으로 서로를 공격했다. 19세기에 들어서며, 이전까지 세계에서 가장 큰 망원경이었던 윌리엄 허셜의 망원경은 로스 백작 윌리엄 파슨스(William Parsons, 3rd Earl of Rosse, 1800~1867)가 제작한 직경 1.8미터짜리 거대한 망원경 '레비아탄(Leviathan)'에게 그 우위를 넘겨줘야 했다.

이 거대한 망원경 덕분에 전부는 아니지만, 관측된 수많은 성운에서 나오는 빛이 나선과 비슷한 복잡한 구조를 취하고 있고, 성운 중 일부는 내부에 또 다른 별이 있는 것 같다는 추정을 할 수 있었다.

이후 새로운 장비들이 나타났다. 사진의 발견으로 민감한 재질의 판에 아주 장기간 감광할 수 있게 되자 광자를 더 효율적으로 수집해 영상을 더 객관적이고 정확하게 분석할 수 있게 됐다.

그러나 1920년까지도 나선형 성운의 특성은 여전히 논쟁의 대상이었고, 천문학자들은 우리 은하가 우주에 있는 전부라고 생각하는 사람들과 성운이 지구에서 아주 멀리 떨어져 있는 또 다른 섬우주라고 보는 사람들, 이렇게 두 부류로 나뉘어 있었다. 천문학자들 간 대립은 1920년 4월 26일 워싱턴 DC에서 미국과학한림원(National Academy of Sciences) 주최로 열린 결전으로 이어졌는데, 이 상징적인 대결은 인류사에 남을 만한 '위대한 토론'으로 기록됐다. 이 토론의 논쟁자는 성운이 우리 은하의 일부라고 보는 관점을 지지하는 할로 섀플리(Harlow Shapley, 1885~1972)와 성운이 우리 은하 외부의 다른 은하라고 생각하는 사람들을 대변하는 히버 다우스트 커티스(Heber Doust Curtis, 1872~1942)였다.

당시 이들의 토론을 지켜본 사람들은 대체로 히버 커티스가 결정적으로 패배했다고 생각했다. 그러나 할로 새플리의 영광은 그리 오래 가지 못했다. 물론, 논쟁에서 성공한 덕에 캘리포니아의 윌슨산(Mount Wilson) 천문대에서 하버드 천문대로 옮겨 소장 자리에 앉을 수 있게 되기는 했다. 그런데 이 시기에 자신만만한 에드윈 허블(Edwin Hubble, 1889~1953)도 나선형 성운의 특성에 관한 문제를 단번에 해결하겠다는 포부를 안고 윌슨산에 왔다. 에드윈 허블이 도착한 직후, 직경이 2.5미터인 세계에서 가장 큰 망원경인 후커(Hooker) 망원경이 윌슨산에 설치됐다. 새플리에게는 안된 일이지만 하버드 천문대로 옮긴 것이 오히려 불행을 자초한 일이 되고 말았다. 왜냐면, 이후 후커 망원경이 성운과 관련한 문제를 영원히 해결하게 됐기 때문이다.

문제는 궁극적으로 아리스타르코스 이후로 천구를 관측하던 사람들을 괴롭힌 그것, 바로 거리를 정의하는 것이었다. 성운은 얼마나 멀리 떨어져 있을까? 아주 멀리 떨어져 있다면, 우리 눈에 보이는 성운의 밝기로 판단할 때 상당한 빛을 방출하므로 엄청난 수의 별로 구성돼 있는 우리와 비슷한 은하라고 주장하는 사람들이 옳다고 보는 근거가 된다.

새플리는 우리 은하에 흩어져 있으면서도 별들이 구형으

로 거대하게 밀집된 구상성단의 거리를 계산함으로써 실질적인 우리 은하의 크기를 알아내는 데 결정적인 역할을 했다. 이 계산을 위해 섀플리는 시간에 따라 밝기가 변하는 세페이드(Cepheid)라는 특정 유형의 별을 사용했다. 빛의 변화 주기가 밝기와 관련이 있으므로, 그 주기를 측정하면 별의 거리를 추정할 수 있다. 그러나 우리 은하의 경계가 꽤 정확하게 알려졌다 해도 나선형 성운의 거리는 여전히 미제로 남아 있었다.

1923년 10월 4일 밤, 에드윈 허블은 아주 잘 보이는 성운 중 하나인(기상 조건이 최적일 때는 맨눈으로도 관측 가능한) 안드로메다 성운을 향해 후커 망원경을 조준했다. 이전에 신성으로 보였던 반점에 호기심을 가졌던 허블은 계속 관측했고, 며칠 지나지 않아 실제로 자신이 세페이드를 발견했다는 사실을 알게 됐다. 이 발견은 안드로메다와의 거리를 측정할 수 있게 됐다는 것을 의미한다. 섀플리가 완성한 방법을 적용한 허블은 안드로메다가 우리 은하 원반의 경계에서 지구까지의 거리보다 적어도 세 배 이상 멀리 떨어져 있다는 결론을 내렸다. 여기서 가능한 결론은 단 하나, 엄청난 수의 별이 있는 다른 은하라는 사실이었다. 전언에 따르면, 허블이 자신의 관측 결과를 적어 보낸 편지를 본 섀플리는 "이건, 내 우주관을 파괴한 편지"라고 말했다고 한다.

우주에 우리 은하 외에 다른 은하들도 있다는 허블의 발견은 우리 선조들이 천구를 향해 처음으로 고개를 들어 올린 때부터 시작된 긴 여정 중 단 한 걸음을 내디딘 것일 뿐 마지막 행보는 아니었다. 아주 작은 수천 개 정도의 빛이 반짝이는 밤의 어둠은 점점 더 강력한 도구로 관측하게 되면서 조금씩 덜 어두워졌다. 갈릴레오 이후 우리 은하 내 별들의 수는 수십만, 수백만, 수십억이 됐고 말이다. 현재 우리가 알고 있는 별은 수천억 개 정도다. 붙박이별들로 이뤄진 천구는 서서히 3차원의 풍요롭고 복잡하며 매력적인 구조로 바뀌고 있다. 우리 은하의 경계를 넘어, 어두운 밤하늘에 수많은 새로운 섬우주들이 나타났다. 우주는 우리 은하와 같은 수천억 개의 은하가 존재하는 복잡하고 드넓은 장소가 됐다. 그 수많은 은하에는 또 수천억 개씩의 별이 있다. 이 은하들은 너무 멀리 있어서 희미한 불꽃처럼 나타나 성능이 아주 좋은 망원경으로만 포착할 수 있다. 우리는 집요하고 창의적으로 어둠 속을 살피면서 천구가 우리의 맨눈에 전달하는 것보다 훨씬 더 웅장한 광경을 보는 관측자가 됐고 말이다.

2

어두운 밤하늘의 역설

La parte buia del cielo

과학자들을 곤경에 빠뜨리거나 엄청난 지식의 도약을 일으키는 질문 중에는 의외로 무척 단순한 것들이 많다. 겉보기에 너무 어리석거나 빤해서 사람들 대부분이 코웃음을 치며 답하는 질문들이지만, 사상가들은 수년, 수십 년, 심지어 몇 세기 동안 그 질문에 매달려왔다.

알베르트 아인슈타인(Albert Einstein, 1879~1955)은 십 대 시절 전자기학 법칙을 공부한 후부터 한 가지 의문이 뇌리에 박혀 수년 동안 마치 가시가 살에 박힌 것처럼 괴로웠다고 한다. 빛 바로 옆에서 빛의 속도로 이동할 수 있다면 빛이 어떻게 보일까 하는 의문이었다. 이 의문은 오랜 시간이 흐른 후 아인슈타인이 상대성이론의 법칙을 추론하고 나서야 해소됐다. 아인슈타인이 찾은 답은 보통 사람들은 물론 당시 물리학자들의 예상과도 완전히 상반된 것이었다. 빛은 특정한 기준 체계 내에서 같은 속도로 이동한다. 그래서 우리가 빛과 같은 속도로 이동한다고 해서 특별히 무엇인가를 발견할 수는 없다. 다시 말해, 한 길에서 두 대의 차가 달릴 때와 달리 빛을 따라 달릴 수 없고, 빛을 따라잡아 멈추는 것을 볼 수도 없다.

그렇게 오랜 세월 과학자들을 힘들게 했던, 사소해 보이지만 정작 그렇지 않은 의문 중에는 밤하늘의 광경과 관련된 것이 있다. 이 의문은 대부분 본능적으로 "원래 그런 것"이라고 답하게 되는, 제기할 필요가 없어 보일 정도로 기초적인 것들이다. 그런데 우주의 전체적인 구조에 관해 정확한 개념이 없으면 올바르게 대답할 수 없는 질문이 있다.

말하자면, 이 질문은 "왜 밤하늘은 대부분 어두운가?"이다. 이 문제를 가장 먼저 제기한 사람은 케플러인 듯한데, 막상 그가 내놓은 답은 밤하늘이 어두운 이유가 우주에 있는 별의 수가 유한하기 때문이라는 것이었다. 그 시절 사상가라면 누구나 할 수 있는 아주 일반적인 말이었다. 쉽게 말하면, 하늘의 일부 영역은 관측할 것이 없다는 말과 같다. 밤하늘에서 어두운 부분들은 별이 없고, 비어 있다고 생각하면 이야기가 끝난 셈이다.

하지만 이 문제는 그리 단순하지 않다. 밤하늘의 거의 모든 어둠은 오랜 시간 미스터리였고, 천문학자들이 이 문제를 풀어보려 했지만 아무 성과 없는 경우가 대부분이었다. 모르는 척 뭉뚱그려 넘어가려는 때가 훨씬 더 많은 골칫거리였다. 겉보기에는 크게 문제 될 것 없는 듯한 이 질문이 아주 최근까지 여러 세대의 과학자들에게 논쟁을 일으키고 격분하게까지 한 사실을 알려면 아주 오래전, 대략 현대 천문학 탄생의 신호탄이 된 혁명의 시기부터 살펴봐야 한다. 하지만 우리는 이 골치 아픈 문제의 답을 찾는 길이 아주 길었고, 또 다른 혁명, 즉 20세기 우주론 혁명 후에야 끝났다는 것도 알게 될 것이다.

고대인들이 생각한 우주는 행성이 몇 개 안 되고, 그와 비례해 맨눈으로 볼 수 있는 별의 수도 적은 단순한 곳이었다. 지구를 둘러싼 우주, 인간을 중심으로 세워진 우주인 셈이다. 밤하늘에 드넓게 펼쳐진 어둠은 특별한 설명이 필요 없었다. 우주는 붙박이별들이 이루는 천구 내에 모든 것이 들어 있고, 그 너머에는 아무것도 없다고 추정됐다.

그러다가 하늘과 땅의 법칙이 합쳐져 상황이 복잡해지기 시작했고, 땅의 법칙이 세상의 질서에서 특별한 역할을 잃었다. 뉴턴이 만유인력의 법칙을 공식화하자 우주에 관한 개념이 근본적으로 변화했고 말이다. 우주에서 질량을 가진 모든 덩어리의 움직임은 예외 없이 보이지 않는 중력의 손에 의한 작용으로 설명할 수 있게 됐다. 이제 물질적인 수단으로 그것을 설명하거나 중재할 필요도 없게 됐다. 천체는 진공 우주에 관해 명백히 설명되는 각본 속에서 자유롭게 움직일 수 있게 됐다. 투명하지만 절대적인, 일종의 좌표 격자가 우주 모든 지점을 식별하고, 이 좌표 격자 속에서 별과 행성이 각자의 자리를 잡고 있었다. 그리고 우주에 있는 다른 모든 질량 덩어리의 영향을 받는 별과 행성의 궤도도 포함돼 있었다.

뉴턴에게 우주라는 공간은 내부 물질의 분포와 완전히 별개인 튼튼한 틀과 같은 것으로, 신성한 영혼이 비물질적으로 표현된 것이었다.

뉴턴은 우주가 "사방으로 끝없이" 펼쳐져 있을 뿐만 아니라 "무한으로 영원"하다고 믿었다. 물론 이런 확신이 성경 내용 중 창조에 관한 이야기와 충돌될 위험이 있었지만, 뉴턴(종교적 관점에서 뉴턴은 온전한 정통파는 아니다)은 창세기가 우주 전체가 아닌 지구와 태양계의 탄생만 다루고 있다고 생각했다.

그러나 비록 뉴턴의 만유인력이 천체들을 투명한 천구라

는 멍에에서 벗어나게 했지만, 별은 둥근 하늘 천장 중 고정된 위치에 얼어붙어 서로 꼼짝도 하지 않는 것처럼 보였다. 우주가 무한할 뿐 아니라 영원불변하려면, 뉴턴은 우주 내 물질이 우주 내에서 균질한 방식으로 분포하면서 팽창해야 한다는 결론에 도달했다. 실제로 현존하는 모든 물질이 한정된 체적 내에 분포해 있다면, 물질 자체의 중력이 물질을 중심점 방향으로 급격하게 끌어들여 얼마 가지 않아 결국 이 창조물을 파괴하게 될 것이다. 뉴턴은 우주라는 극장에 무한한 수의 좌석을 배치해야 했는데, 붕괴가 일어나지 않고 힘이 완벽한 균형을 이루는 연결망이 형성되도록 신중하게 간격을 두어야 했다. 이처럼 변화 속에서의 완벽한 균형은 신성한 힘에 따라 의도적으로 만들어질 수밖에 없는 것이었다. (무한하고 정적인 우주, 뉴턴과 리처드 벤틀리 Richard Bentley, 1662~1742가 주고받은 유명한 서신에 언급된 별이 무한대로 들어 있는 우주에 관한 개념은 무신론에 대한 반박 연설에서 사용됐다.)

뉴턴의 혁명이 초래한 결과는 당연히 무한한 수의 별이 있는 공간을 의미하는 무한한 우주 모형이었다. 이 모형은 코페르니쿠스의 정신에 충실하다는 또 다른 장점이 있었다. 우주론 계획에서 지구가 중심 역할을 잃게 됐다고 해서, 그 자리를 태양으로 대체한다거나 우주의 다른 어떤 지점이 대신한다고 확실히 단정 지을 수는 없었다. 유한한 물질 분포는 반드시 중심이 있어야 하는데, 무한한 공간의 어느 한 지점에 우선권을 주지 않는 방법은 단 한 가지, 물질을 균질하게 채우는 것이다.

그러나 뉴턴의 우주 모형을 그대로 받아들인다면, 밤하늘이 어둡다는 사실과 모순적이다. 사실상 그런 우주에서 우리는 사방에 무한대로 펼쳐져 있는 별들에 둘러싸여 있어야 한다. 어디를 보든 우리의 시선은 거리에 상관없이 항상 별과 마주쳐야 한다. 아주 먼 별이 더 어둡게 보일 수는 있지만, 사방에 무한하게 널린 별 덕분에 밝기의 감소분을 채울 수 있다. 그러니 밤하늘은 수천 개 정도의 빛만 깜빡이는 어두운 곳이 될 수 없다. 하나의 별처럼 일단 한번 밝혀지면 완벽하게 균질하고 밝게 빛나야 한다. 착시가 있을 수 있을까? 사라진 별들이 있을까?

어두운 밤하늘에 관한 역설은 뉴턴 직후의 시대부터 이미 성가신 것이라는 인식이 확실히 자리를 잡아 실질적으로는 계속 외면당하다가, 1826년에 엄격한 방식으로 재구성됐고 하인리히 빌헬름 올베르스(Heinrich Wilhelm Olbers, 1758~1840)가 천문학자들의 관심을 다시 불러 일으켰다(그래서 '올베르스의 역설'이라고 알려지게 됐다). 올베르스가 천구 대부분에 별빛이 있다는 것을 설명하는 데 동원한 방식은 우주에 분포된 어둠의 매질이 존재한다는 가설을 세우는 거였다. 별들 사이에 놓여 빛을 흡수하는 별이었다. 다시 말해, 올베르스는 하늘에 시야를 가리는 무엇인가가 있으므로 우리가 끝없이 펼쳐진 별들을 볼 수 없다고 생각한 거였다.

올베르스의 생각이 아예 근거가 없는 것은 아니다. 가시성 좋은 조건 속에서 은하수를 관측하면 은하수에 별이 전혀 없는 널찍하고 검은 줄무늬들이 가로지르고 있는 모습이 아주 잘 보인다. 오늘날에는 이 어두운 영역이 우리 은하의 원반에 있는 먼지 때문이라는 사실이 잘 알려져 있다. 먼지가 아주 많은 곳 뒤에 있는 별빛은 완전히 가려진다. 이러한 장막 효과는, 예를 들어 궁수자리 방향에 있는, 우리 은하의 중심에 위치하고 수억 개의 별로 이뤄진 거대한 성단을 맨눈으로 관측하는 데 방해가 된다.

하지만 별들 사이의 먼지로 인해 우리 은하의 빛을 부분적으로 차단한다는 것을 인정한다 해도, 하늘 전체가 어두워지는 현상을 설명할 수는 없다. 사실 올베르스가 제시한 방법에는 앞뒤가 맞지 않는 점이 있었다. 우주 전체의 별빛이 너무 강해서 먼지가 그 빛을 흡수하기에 무리가 따르고, 오히려 먼지가 별빛에 가열돼 먼지 자체에서 빛이 방출될 정도에 이르기 때문이다. 결국, 그렇게 올베르스의 역설은 설명되지 않은 채 남게 됐다.

그런데 또 한 가지 신빙성 있는 개념이 있었다. 묘하게도 이 개념을 처음 제시한 사람은 과학자가 아닌 선구자적 작가인 에드거 앨런 포(Edgar Allan Poe, 1809~1849)였다.

1848년, 사망하기 한 해 전 에드거 앨런 포는 《유레카 (Eureka)》라는 제목의 기이한 책을 썼다. '산문시'라는 형식도 이상하지만, 특히 그 내용이 특이했다. 사실 《유레카》를 통해 에드거 앨런 포는 우주론의 구축, 즉 "영적, 물질적 우주의 물리학과 형이상학, 수학 그리고 우주의 존재와 기원, 탄생, 현재 상태와 운명에 관한 언급"하려던 것뿐이었다.

책 초반 몇 쪽에서 이미 에드거 앨런 포는 자신의 마지막 작품을 어떻게 끝낼 것인지를 두고 상당히 고심했고, 결정적인 깨달음을 얻었다고 여겼다. 그 깨달음으로 궁극적인 문제에 관한 해답까지도 얻었고 말이다. 《유레카》에 쓰인 결과들이 과학적 분석의 산물이 아니라 단순한 예술적 영감이라는 것을 알면서도(19세기에 성행하던 일종의 심령술이 가미됐다), 에드거 앨런 포는 자신이 얻은 결과가 진실로 받아들여져야 한다고 강조했다.

오늘날 《유레카》는 빅뱅 모형의 예고편처럼 느껴지곤 하는데, 에드거 앨런 포는 우주가 태초의 통합체일 때부터 기원이 있었고, 즉 탄생의 씨앗들을 사방으로 튀게 만든 폭발같은 게 있었다고 상상했기 때문이다. 돌이켜보면, 에드거 앨런 포의 전망은 확실히 암시하는 바가 있다. 그러나 오늘날에 이르러 정확한 예측으로 보일 수도 있지만, 다른 한편으로는 그 방법이 과학적이지 않고 완전히 터무니없는 생각으로 보이는 내용이 많다.

어쨌든, 에드거 앨런 포는 자신의 작품 중 특정 부분에서 밤하늘의 어둠에 관한 문제에 맞서고 역설을 자신만의 표현으로 재구성한다. "별이 끝없이 늘어서 있다면, 우리 은하처럼 하늘 저편의 밝기는 균질할 것이다. 그 모든 배경에서 별이 없는 곳은 절대 있을 수 없기 때문이다." 이 문장 바로 뒤이어, 자신의 우주관을 이루는 골치 아픈 설명을 끄집어냈다. "그러므로 사방에서 우리의 망원경이 관측한 빈 공간을 이해할 수 있는 유일한 방법은 보이지 않는 배경의 거리가 너무 멀어서 아직 그 어떤 광선도 우리에게 도달하지 못했다고 가정하는 것이다."

빛이 순간적으로 전달되지 않는다는 점은 에드거 앨런 포의 시대에도 잘 알려진 사실이었다. 갈릴레오가 이미 빛의 속도가 유한하다는 가설을 세운 후, 아주 멀리 있는 등불이 점화될 때부터 그 등불을 관측하는 순간까지의 지연 시간을 측정해 증명했다고 알려져 있었기 때문이다. 그러나 이미 우리는 그가 사용한 기술이 너무 조잡하고 그 추정도 잘못됐다는 점을 잘 알고 있다.

지구에서 아주 멀리 떨어진 거리라도 너무 짧은 시간 안에 그 빛이 닿으면 매우 정교한 장비를 사용해야 측정할 수 있다. 그러나 천문학적 거리 규모가 되면, 상당히 단순한 장비를 사용해도 이동 시간이 유의미해진다. 1676년, 올레 뢰머(Ole Røhmer, 1644~1710, 덴마크의 천문학자)는 지구가 목성에서 멀어지면 목성 주위의 위성 이오(Io)의 궤도 주기(목성의 식触, 천체에 의해 가려지는 현상에서 이오 위성이 나오는 때를 측정해 얻은 주기)가 더 길어진다는 사실을 알아냈고, 시간이 지연되는 이유가 정확히 빛이 이동하는 경로가 더 길어지기 때문이라고 주장했다. 1725년, 제임스 브래들리(James Bradley, 1692~1762, 영국의 천문학자)는 별의 위치가 한 해 동안 약간씩 변한다는 것을 알아냈고, 그 영향으로 이른바 **광행차**(光行差, 관측자의 속도에 따라 천체의 위치가 달라 보이는 현상)라고 하는, 빛의 속도에 한계가 있어 발생하는 현상이라고 해석했다. 제임스 브래들리의 천문 관측에서 나온 빛의 속도는 현재 제임스 클러크 맥스웰(James Clerk Maxwell, 1831~1879)의 전자기 법칙으로 추론된 것과 1849년 이폴리트 피조(Hippolyte Fizeau, 1819~1896, 프랑스의 물리학자)가 최초로 갈릴레오가 시도한 방법을 정교하고 독창적으로 변형한 방법을 통해 직접 측정한 속도와 매우 근사했다.

그러니까 에드거 앨런 포는 현대 천문학에 매우 중요한

사실을 완벽하게 알고 있던 것이다. 광속의 유한성으로 인해, 우리가 우주 먼 곳을 바라보면 시간을 거슬러 과거를 보는 것이기도 한 것이다. 예를 들어, 우리가 달을 볼 때 전달받는 빛은 불과 1초 전에 달 표면에서 출발한 것이다. 이 정도의 지연은 무시할 수 있는 수준이다. 하지만 태양과 가장 가까운 별인 알파 센타우리(Alpha Centauri)를 본다면, 약 4년 전 모습을 보는 것이다. 우리 은하의 경계까지 시선을 옮긴다면 수만 년 전까지도 시간을 거슬러 올라가야 한다. 우리와 가장 가까운 은하인 안드로메다는 250만 년 전 모습을 보여주는 거고. 그렇다면 우리는 점점 더 먼 곳을 관측할수록 더 먼 과거로 계속 거슬러 올라갈 수 있을 거라고 짐작할 수 있다. 그런데 여기에서 에드거 앨런 포의 개념에 숨어 있는 진정한 참신함이 드러난다. 우주가 영원하지 않다면, 별빛은 한정된 시간 동안에만 우리에게 날아올 수 있다. 그래서 점점 더 먼 곳으로 시선을 옮기다 보면 어느 순간부터는 아무것도 보이지 않게 된다. 결국, 밤하늘의 어둠은 우주가 과거의 정확한 어느 시점에 기원을 두고 있다는 사실을 암시할 수 있게 한다.

분명한 점은, 19세기 천문학자들이 광속의 유한성과 밤하늘의 별빛이 균질하게 분포돼 있지 않다는 이유에서 비롯된 모든 결과를 애써 외면했다는 사실이다. 별이 아직 형성되지 않았거나, 심지어 우주의 기원까지도 관찰할 수 있다는 사실이 한편으로는 종교적 권위에 맞서는 모양새로 보일 수도 있었고, 다른 한편으로는 학자 대부분이 우주가 영원하다고 확신하던 분위기에서 아주 터무니없는 주장으로 비칠 수밖에 없었다. 어쨌든, 우주의 기원에 관한 의문은 오랫동안 천문학적 논쟁의 이면에서 조심스럽게 다뤄야 할 주제로 남아 있었고, 이와 더불어 어두운 하늘의 역설에 대한 답도 마찬가지였다. 만약 천문학자들이 우주의 먼 곳을 바라보는 것이 과거를 보는 것을 의미한다는 사실을 진지하게 받아들였다면, 어두운 밤하늘의 역설을 해결했을 것이고, 우주에 시작과 진화가 있었다는 사실을 예견할 수 있었을 것이다. 이러한 답을 처음으로 제기한 사람이 과학자가 아닌 예술가였다는 사실은 아마도 공식적인 과학의 신중함 탓일 테다.

한편, 19세기 말에 접어들면서 천문학자들 사이에서 우주가 무한하게 펼쳐져 있고, 별이 균질하게 배치돼 있다는 생각이 힘을 잃기 시작했다. 그 어느 때보다 성능이 개선된 망원경으로 관측된 모든 별이 우리 은하의 일부라는 것이 증명됐기 때문이다. 여전히 성운의 특성은 밝혀지지 않았지만, 앞에서 본 것처럼 우리 은하의 경계가 빈 공간으로 둘러싸여 있다는 것에는 의심의 여지가 없었다. 당시 대다 수 천문학자는 우주의 모든 물질적 내용물이 우리 은하가 전부일 수 있다는 생각에 동의했다. 이럴 경우, 밤하늘에 어두운 영역의 존재가 모순된 것은 아니지만 우주는 영원할 수 없다고 생각했다(물질이 정적으로 유한하게 분포하고 있다는 개념은 만유인력의 법칙과 충돌했다). 다른 한편으로, 성운이 우리 은하와 유사한 섬우주라면 성운의 수가 엄청나게 많고, 심지어 무한할 수 있으며 뉴턴의 정적인 우주 모형으로 돌아갈 수 있다는 개념이 신빙성 있게 받아들여질 수 있었다. 다만 이 경우, 무한하게 펼쳐진 별을 무한하게 펼쳐진 은하로 바꿔 생각하면 다시 모순된 상황이 된다. 두 경우 모두 밤하늘의 어둠이 우주가 영원할 수 없다는 에드거 앨런 포의 초기 개념을 유효해 보이도록 한다.

에드거 앨런 포가 우주의 속성에 관한 자신의 견해를 유언처럼 남긴 때부터 어두운 하늘의 역설에 대한 답이 우주 기원의 문제와 긴밀한 관계에 놓이기까지 상당한 기간이 소요됐다. 그리고 마침내 문제 해결의 열쇠를 찾은 사람이 에드윈 허블이었다.

우리가 도달할 수 없을 정도로 멀어서 건들 수 없는 것, 표본을 채취해 실험실에서 합리적으로 분석하는 일을 생각조차 할 수 없는 것은 어떻게 연구해야 할까? 예를 들어,

별이 어떻게 구성돼 있는지 알아낼 방법은 무엇일까?

찾아내기 불가능한 숙제인 것 같았고, 실제로 아주 오랫동안 그렇게 여겨졌다. 초창기 천문학자들은 천체의 표면적 특성과 하늘에서의 위치, 천체 운동의 규칙성을 확립하는 것으로 만족했다. 그러나 천체가 무엇으로 이뤄져 있는지, 심지어 별이 어떻게 작동하는지를 알아낼 수 있다는 생각은 오랫동안 과학의 영역을 완전히 벗어난 것으로 보였다. 19세기 초, 철학자 오귀스트 콩트(Auguste Comte, 1798~1857)는 (분명 과학의 능력에 의심을 가진 사람이었다) 굳은 확신을 품고 "인간은 그 어떤 방법으로도 별의 화학적 구성을 연구할 수 없을 것"이라고 단정했다.

천문학자들에게는 다행이었지만 안타깝게도 오귀스트 콩트의 주장은 얼마 지나지 않아 실질적인 사실로 인해 논박됐다. 단 몇 년 동안 빛의 스펙트럼 연구가 완료돼(프리즘을 이용한 뉴턴의 실험에서 시작된 연구로 다양한 색에서, 즉 다양한 파장에서 전자기파인 빛을 분해) 몇 가지 중요한 특성을 발견했기 때문이다. 고체를 가열해 뜨거워지면 끊김 없는 연속 스펙트럼이 나타난다. 그러나 뜨거운 기체는 연속적이지 않고, 듬성듬성 선이 보이는 형태의 스펙트럼 빛을 방출한다. 그리고 뜨거운 가스가 그 고체를 둘러싸고 있을 때, 기체의 선이 고체에서 방출되는 연속 스펙트럼 일부를 흡수하는 어두운 띠의 형태로 나타난다. 모든 가스는 매우 정확한 주파수 위치에서 고유한 흡수선 스펙트럼 특성을 보인다. 이를 목록화하면 같은 종류의 바코드를 분석해 알려지지 않은 가스 혼합물의 구성을 정의할 수 있다. 이러한 방법으로 1859년 구스타프 키르히호프(Gustav Robert Kirchhoff, 1824~1887, 독일의 물리학자)는 이 관측에 법칙을 부여하고 분광학을 과학의 한 분야로 공식적으로 출발시켰다. 이어 1861년에는 태양 빛의 스펙트럼 연구를 통해 세슘과 루비듐을 비롯해 이미 알려진 몇 가지 원소의 흡수선을 구분하는 데 성공함으로써 콩트의 주장을 극적으로 반증하고 천문학자들에게는 별의 구성을 연구할 수 있는 단서를 제공했다.

하지만 몇십 년 후, 우리 역사에서 아주 중요한 순간이 찾아온다. 스펙트럼 연구로 우리가 관측한 천체의 구성뿐 아니라 천체의 속도에 관한 정보까지 알아낼 수 있었기 때문이다.

우리는 이미 물체가 이동 중일 때 나는 소리가 멈춰 있는 상태에서 나오는 소리와 톤이 다르다는 것을 알고 있다(구급차가 지나갈 때 사이렌 소리를 잘 들어 보면 알 수 있다). 이처럼 음원이 이동할 때 발생하는 주파수의 변화를 **도플러 효과**(Doppler effect)라고 한다. 이와 거의 똑같은 효과가 이동 중인 물체에서 방출되는 빛의 주파수에서도 일어나는데, 이는 감지하기가 훨씬 더 어렵다. 광원의 속도가 빛 자체의 속도와 비교해 상대적으로 높지 않다면, 도플러 효과에 따른 주파수의 차이는 얼마 되지 않는다. 그러나 광원의 빛에서 확인한 주파수의 선 스펙트럼을 이용할 수 있으면 알아내기 쉬워진다.

광원이 별이나 은하인 경우, 선 스펙트럼의 이동을 통해 우리의 위치를 기준으로 이동하는 광원의 속도를 파악할 수 있다. 광원이 우리에게서 멀어지면 도플러 효과로 인해 빛의 주파수를 감소시키고, 우리는 모든 선 스펙트럼이 광 스펙트럼의 붉은색 부분으로 이동하는 것을 보게 된다. 반대로, 광원이 우리와 가까워지면 빛의 주파수가 증가하고 선 스펙트럼들은 스펙트럼의 파란색 부분으로 이동한다.

선 스펙트럼의 도플러 이동은 19세기 말 성운 속에서 측정되기 시작했는데, 아직 허블이 성운이 우리 은하 밖에 있는 외부 은하라는 것을 밝히기도 전이었다. 스펙트럼이 조금씩 수집되자, 선 스펙트럼이 붉은색 부분으로 이동하는 경향성이 분명하게 나타나기 시작했다. 다시 말해, 연구된 거의 모든 은하가 우리에게서 멀어지는 것으로 보였고, 이러한 현상은 곧바로 천문학자들의 호기심을 불러일으키기 시작했다. 이 현상은 은하의 **적색이동**(Redshift, 붉은색 방향으로 이동)이라는 이름으로 알려졌다.

이 적색이동 현상은 한동안 파악이 되지 않았고, 이렇다 할 연구 성과를 얻은 사람도 없었다. 그런데 갑자기 상황이 달라졌다. 안드로메다 은하까지의 거리를 측정하고 몇 년 후, 허블이 다른 수많은 은하까지의 거리를 수집하고 이 은하들의 적색이동까지 파악하게 된 것이다. 그리고 허블은 한 가지 시도를 더 해봐야겠다고 생각했다. 그는 세로축에 각 은하의 속도를 (선 스펙트럼의 이동으로 유추), 가로축에는 각 은하의 거리를 표시한 도표를 그렸다. 여기서 속도는 모두 우리와 멀어지는 방향을 향했는데(즉, 모든 은하의 스펙트럼이 모두 붉은색 방향으로 이동했다), 우리와 가장 가까운 안드로메다 은하만이 예외적으로 우리 쪽으로 이동하는 모습이 눈에 보였다. 그러나 정작 놀라운 일은 이것이 아니었다. 이 사실은 그래프에서 드러난 듯한데(눈에 확 들어올 정도로 명확한 것이 아니라 허블도 이것을 발견하는 데 상당한 직관과 용기가 필요했다) 은하가 멀면 멀수록 적색이동의 폭이 더 크다는 사실이었다. 다시 말해, 우리와 더 멀리 떨어진 은하일수록 더 빠른 속도로 멀어지는 것처럼 보였다는 점이다. 이 관측에서 허블은 일반적인 법칙 한 가지를 유추하는데, 시간이 지나면서 이 법칙이 옳다는 것이 증명됐고 현재는 **허블의 법칙***으로 알려져 있다.

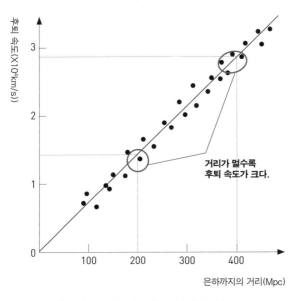

은하의 후퇴 속도와 은하까지의 거리를 나타낸 허블 도표

뚜렷하게 벗어나려는 움직임 속에서 찾아낸 이 사실이 처음에는 다소 놀라워 보일 수 있었다. 그러나 허블이 발견한 법칙의 형식이 우주에 있는 한 쌍의 은하에 적용된다면 놀랄 일이 아니었다. 다른 은하에서 가상의 천문학자가 허블이 관측한 것과 완벽하게 같은 현상을 보았다면, 그 천문학자 역시 다른 은하들이 멀어지는 것을 보면서 우주의 중심에 있다는 느낌을 받았을 것이다.

---

* 지금은 허블-르메트르 법칙으로 이름이 공식 변경됐다.

정말 놀라운 것은 다른 부분인데, 바로 허블이 찾은 수학적 관계를 통해 쉽게 이끌어낼 수 있는 결과였다. 허블의 법칙이 매번 그 유효성을 갖는다고 가정하고 은하의 움직임이 과거의 시간에 발생한 일이라 생각하면, 은하들이 과거 정확한 어느 한순간에 무한하게 가까이에 있었을 것이라는, 놀라운 결론에 이르게 된다. 그래서 허블이 경험을 통해 찾은 이 법칙은 우주의 기원을 암시하는 것처럼 보였다.

　허블의 법칙은 뉴턴의 정적인 우주 모형을 위기에 빠트리고 우주의 영원성에 관한 논쟁을 다시 불러일으켰다. 초기 우주에 발생한 엄청난 사건이 우주의 각 물질 조각이 다른 조각과 멀어지는 속도를 정했고, 다른 모든 것도 그 사건 이후로 움직이기 시작한 것처럼 보였다. 일부 학자들은 우주에 관한 이 새로운 견해가 허블의 발견이 있기 불과 몇 해 전에 알베르트 아인슈타인이 상륙시킨 새로운 중력이론인 일반상대성이론과 완전히 공존할 수 있다는 점에 (게다가 자연스럽게 일반상대성이론에서 파생됐다는 점도) 주목했다. 러시아의 수학자 알렉산드르 프리드만(Aleksandr Friedman, 1888~1925)과 벨기에의 물리학자이자 성직자인 조르주 르메트르(Georges Lemaître, 1894~1966)는 아인슈타인의 방정식(고전적인 시간, 공간 개념에 혁명을 일으켜 우주 사건에 관한 절대적인 틀에서 물질과 에너지의 분배와 관련된 탄력적인 실체로 탈바꿈시킨 방정식)으로 은하들이 서로 멀어지는 것을 간단하게 설명할 수 있음을 처음으로 증명한 학자들이다. 우주에서 이동하는 것은 은하들이 아니라, 우주 자체가 팽창하면서 우주의 각 지점을 함께 끌어당기는 것이었다. 르메트르는 '원시 원자'의 웅장한 폭발을 시작으로 우주의 탄생을 시각적으로 표현하는 방법을 고안해 이 모형의 대중화에 공헌했다.

허블의 관측으로 탄생해 아인슈타인의 개념적 혁신을 거쳐 프리드만과 르메트르가 이론적으로 해석한 팽창 우주 모형은 뉴턴의 시대부터 20세기 초까지 지배적이던 영원하고 정적인 우주 모형의 대안이 됐다. 우주의 팽창에 시동을 건 최초의 사건은 **빅뱅**(대폭발)이라는 새 이름을 얻었고, 시간이 지나면서 새로운 우주론 모형을 일컫는 대중적인 명칭이 됐다.

빅뱅 모형은 어두운 하늘의 역설을 명쾌하게 해결했다. 우주의 탄생과 진화에 관한 가설을 세운 모형이기 때문이다. 어떤 별(혹은, 은하)이든 그 빛이 우리에게 날아오는 시간이 유한하고, 우주의 모든 영역은 현존하는 천구 지도에서 빈 공간이 있는 것으로 보아 우주가 무한한 것으로 판단돼, 우리가 가진 도구의 범위 내에서는 전체를 관측하기에 불가능하다는 내용의 모형이다. 또한, 확고한 과학적 기초를 바탕으로 에드거 앨런 포의 선구적 개념을 정당화한 모형이다.

돌이켜보면, 어두운 하늘의 역설에 대한 답이 우주의 수명이 유한하다는 개념, 즉 빅뱅 모형의 손을 들어준 타당한 증거라고 여길 수 있다. 그러나 실제로 압도적인 증거로 받아들여진 적은 한 번도 없었다. 사실 빅뱅 모형은 처음부터 상당한 반발에 부딪혀야 했다. 과학계 일부에서 우주의 기원에 관한 연구가 과학적이지 못한 주제이므로 철학자나 신학자에게 넘겨야 한다는 생각을 오랫동안 하고 있었기 때문이다. 이 문제를 진지하게 받아들인 사람 중에서도 우주가 영원하고 진화가 일어나지 않는다고 믿는 사람들이 많았다. 뚜렷한 이유 없이 원통형에서 갑자기 우주가 튀어나왔다는 생각이 품위도 없을뿐더러 불합리할 정도로 모호하다고 여겨졌다. 조금 후 소개하겠지만, 최소한 세 명의 젊은 물리학자에게는 분명히 어처구니없게 느껴졌던 모양이다. 이들은 1947년, 상황을 복잡하게 만들고 어두운 밤하늘의 역설을 해결할 궁극적인 답 찾기를 좀 더 나중으로 미룰 방법까지 궁리했으니 말이다.

영화를 소개하는 채널에서 《악몽의 밤(Dead of Night)》이라는 제목을 검색해보면, 1945년에 촬영한 공포 영화가 나온다. 이 영화는 특히 에피소드의 독창적인 구성이 인상적인데, 몇 가지 에피소드는 한참 후에 유명한 TV 시리즈물 《환상특급(*The Twilight Zone*)》에서 재사용됐다. 이 영화는 확실히 수작이라고는 할 수 없지만 (모란디니[II] Morandini, Dizionario del film, 자니켈리 출판사에서 출간한 영화 백과사전에서는 별 5개 중 3개가 매겨져 있다) 과학과 관련된 이야기에서 자주 언급되는 묘한 특별함이 있다.

전하는 이야기에 따르면, 1947년 어느 저녁, 세 젊은 물리학자가 케임브리지의 어느 극장에서 《악몽의 밤》을 보고 영감을 얻어 우주론 모형을 고안했는데, 이 모형은 수십 년 동안 빅뱅 모형을 연출한 장면에 논쟁을 촉발했다. 프레드 호일(Fred Hoyle, 1915~2001, 영국의 천문학자), 토머스 골드(Thomas Gold, 1920~2004, 오스트리아 태생의 천문학자), 허먼 본디(Hermann Bondi, 1919~2005, 영국의 수학자이자 우주론 학자)는 이 영화의 원형 구성에 충격을 받았다(시작할 때와 같은 방식으로 끝나고, 분명 변화가 있는데도 원래와 비슷하게 유지된다). 그들은 허블이 관측한 팽창이 뉴턴의 완전하면서도 불안정한 정적인 우주 모형을 깨뜨렸지만, 우주에서 영화의 원형 구성과 비슷한 일이 일어날 수 있다는 상상을 했다. 우주는 역동적일 수 있고, 은하들은 서로 멀어질 수 있다. 그러나 팽창으로 인해 희석된다면, 우주의 무(無)에서 소량의 물질이 끊임없이 생성해 보충됨으로써 우주가 평균적으로 같은 상태를 유지할 수 있을 것이다. 우주는 원래부터 같은 방식으로 팽창해왔고 앞으로도 계속 같은 상태를 유지한다면 빅뱅 같은 사건은 생각할 필요가 없다.

프레드 호일, 허먼 본디, 토머스 골드가 고안한 우주론 모형(**정상상태 모형**Steady-state cosmology으로 이름이 바뀌었다)은 나름대로 설득력이 있었다. 팽창으로 인한 손실을 보완하기 위해 무에서 생성돼야 하는 물질의 양은 균형 면에서 따져보면 아주 소량이라 관측 불가능할 수준이었다(50억 년마다 $1m^3$ 당 수소 원자 1개). 허블이 관측한 은하들의 속도와 거리의 관계는 여전히 유효했고, 아인슈타인의 일반상대성이론이 이 모형을 위한 올바른 물리적 틀을 제공했다. 그런데 무엇보다 우주가 영원하고, 모든 것을 움직이기 시작하게 만든, 그 떨떠름한 초기 폭발이 필요 없었다(사실 **빅뱅**이라는 말은 1949년 호일이 어느 라디오 방송에서 조롱하는 식으로 내뱉은 말에서 기원한 단어다). 우주는 코페르니쿠스가 내다본 바와 완전히 일치했다. 모든 지역이 평균적으로 공간적으로나 시간적으로나 우주의 다른 지역과 동등했다.

그렇다면 밤하늘이 어두운 것을 어떻게 설명할 수 있었을까? 처음에는 정상상태 모형이 설명 불가한 그 골치 아픈 뉴턴의 모형을 다시 가져오는 것처럼 보인다. 우주가 영원하고 언제나 원래 상태와 똑같다면, 조만간 밤하늘 사방에서 별이나 은하가 마주쳐야 한다. 그러나 사실상, 1952년에 본디가 증명한 것처럼 정상상태 모형은 그 나름의 장점을 발휘할 수 있을 정도로 만족스러운 해결책을 갖고 있었다 (실제로 어두운 하늘의 역설에 관한 관심은 본디의 연구를 기점으로 근래에 들어서야 일깨워졌다). 우주의 팽창이 은하의 빛을 붉은색 쪽으로 이동시키고, 은하가 우리에게서 멀어지면 멀어질수록 적색이동은 더 커진다. 그래서 정상상태 모형에서도 특정 조건에서는 밤하늘의 어둠이 설명된다. 별이(혹은, 은하가) 하늘을 덮고 있지만, 눈으로 볼 수 있는 가시광 스펙트럼 영역을 벗어나게 할 정도로 적색이동이 커서 별이 보이지 않는다.

따라서 빅뱅 모형이 경쟁 모형인 정상상태 모형보다 성공하게 된 이유는 밤하늘의 역설에 대한 해답이어서가 아니다. 두 모형 모두 이 골치 아픈 문제에 대한 타당한 설명이 되지만, 현재의 우리는 둘 중 하나만, 즉 우주의 나이가 유한하다는 개념만 옳다는 것을 알고 있다. 그러나 무엇보다, 무의미해 보이는 사실의 이유를 이해하기 위해 얼마나 많은 시간과 큰 노력이 필요했는지, 그리고 밤하늘의 어둠에서 얼마나 많은 우주의 복잡한 구조와 그 기원에 관해 찾아냈는지를 알았다는 점이 중요하다.

3

확장된 시선

Vedere il mondo con occhi nuovi

우주는 대부분 비어 있고 어둡다. 우리 인간종은, 중간 크기의 별 주위를 도는 작고 습한 암석으로 적절한 환경적 조건을 갖춘 흔치 않은 섬에서 탄생했기 때문에 생존하고 발전할 수 있었다. 지구상의 생명체는 태양이 매 순간 **전자기파**(Eelectromagnetic wave)의 형태로 빈 공간 속에 쏟아붓는 에너지에 완벽히 의지하며 살고 있다. 이 에너지의 절반가량은 380나노미터(1나노미터는 10억 분의 1미터)에서 760나노미터 정도 길이의 파장에 집중해 있다. 그러니까 우리가 그 협소한 범위의 파장 안에서 반응할 수 있는 시각 장치를 갖추도록 진화된 것도 순전히 우연한 일은 아니다.

그러나 이것은 우리가 맨눈으로 **빛**이라고 이름을 붙인 특정 유형의 **전자기 복사**(Electromagnetic radiation)를 포착해 만든 우주의 영상이 역사의 아주 작은 부분일 뿐이라는 점을 의미한다. 이제는, 가장 진한 어둠이 실제로 우리 시야에서 벗어난 신호를 간직하고 있다는 점을 다들 어느 정도는 알고 있다. 우리는 일상적으로 라디오 주파수를 이용해 통신하고, 자외선을 활용해 일광욕하거나 주변 환경을 살균하며, 심지어 우리의 몸을 투과해 볼 때는 X선을 사용한다. 이러한 전자기 복사 형태는 모두 진짜 빛처럼 에너지와 정보를 전달하지만, 그 전달 사항을 알아내려면 적절한 도구가 필요하다. 그리고 인류가 이것을 알아내는 데까지는 아주 오랜 시간이 걸렸다.

그런 의미에서 가장 놀라운 단서는 윌리엄 허셜에게서 나왔다고 봐야 한다. 천문학자로서 그는 그 이전에는 본 적이 없는 천체들을 어둠 밖으로 꺼내는 데 크게 공헌했다. 그런데 빛을 연구한 학자로서는 그보다 훨씬 더 중요하다고 할 수 있는 업적을 남겼다. 정작 윌리엄 허셜 본인은 몰랐지만, 시간이 흐르면서 그의 발견은 우주에 관한 우리의 시야를 엄청나게 넓힌 발견이라는 사실이 드러났다.

세상의 발견이 대부분 그렇듯 윌리엄 허셜의 발견도 우연히 이뤄졌다. 1800년경에는 빛의 색이 다르면 전달되는 열의 양이 달라지는지 연구하고 있었다. 이 연구를 위해 태양광을 프리즘에 통과시켜 여러 색의 스펙트럼으로 분해하고, 온도계 몇 개를 활용해 각 색상에서 나타나는 온도 변화를 측정했다. 이 과정에서 윌리엄 허셜은 빛 스펙트럼의 붉은색 쪽으로 갈수록 온도가 더 많이 올라간다는 것을 알아냈다. 그리고 또 한 가지, 온도계를 붉은색 구간 바로 다음에, 광선이 닿지 않는 영역에 온도계를 이동시켜 놓아도 온도 상승이 멈추지 않는다는 놀라운 사실도 알게 됐다. 이를 단서로 윌리엄 허셜은 보이지 않는 빛이 존재한다는 결론을 내리고 이를 **열선**(Calorific rays)이라 명명했으며, 이 빛에 기존에 알려진 모든 광학 법칙을 성공적으로 적용할 수 있음을 실험을 통해 확인했다. 현재 우리는 허셜의 열선이 **적외선**(Infrared ray)에 해당하고, 태양이 가시광선 형태로 방출하는 에너지의 양만큼 이 대역에서도 많은 에너지를 방출한다는 것을 알고 있다.

허셜이 열선을 발견하고 1년 후, 독일 학자 요한 빌헬름 리터(Johann Wilhelm Ritter, 1776~1810)가 가시광 스펙트럼의 다른 쪽 끝 너머의 영역에도 눈에 보이지 않는 빛의 존재가 예측되는 특성이 있다는 사실을 알아냈다. 햇빛에 노출되면 색이 금방 어두워지는 것으로 알려진 질산은($AgNO_3$)이 보랏빛 영역 너머 바로 옆에 있는 어두운 부분에 있었을 때 더 빠른 속도로 어두워지는 것을 확인한 것이다. 리터는 이 새로운 비가시광선을 **화학선**(Chemical rays)이라 불렀다. 사실 리터가 발견한 빛은 **자외선**(Ultraviolet)이었다.

1802년, 토머스 영(Thomas Young, 1773~1829, 영국의 의사이자 물리학자)은 몇 가지 실험을 통해 빛이 음파처럼 간섭하거나 회절할 수 있다는 사실을 증명했다. 광선의 파동 특성(뉴턴의 입자 이론의 대안)을 결정적으로 입증한 것처럼 보였다. 1845년경에는 마이클 패러데이(Michael Faraday, 1791~1867, 영국의 물리학자)의 실험으로 가시광선의 특성과 전자기 현상의 연관성이 예측되기 시작했다. 이 연관성은 1862년부터 1873년까지 맥스웰이 자신의 이름을 딴 법칙을 유도하고 전자기장의 간섭이 광속의 파장 형태로 전파된다는 것을 수학적으로 증명하면서 명확해졌다. 이 놀라운 이론적 진전으로 맥스웰은 빛이 사실은 아주 일반적인 현상의 발로인 전자기 복사일 뿐이라는 가설을 세울 수 있었다. 이후, 하인리히 헤르츠(Heinrich Hertz, 1857~1894, 독일의 물리학자)가 전자기파의 존재와 전자기파를 생산하거나 멀리 떨어진 전자기파를 수신할 가능성을 실험적으로 입증했고, 뒤이어 이론적으로 가정된 내용, 즉 빛이 실제로 정확한 범위에 포함되는 길이의 파장이 있는 전자기파로 구성된다는 사실을 실험적으로 입증했다. 파란빛은 짧은 파장(혹은 더 높은 주파수)에 해당하는 데 비해, 스펙트럼의 반대쪽 붉은빛은 더 긴 파장(혹은 더 낮은 주파수)에 해당했다.

단 몇 년 사이에 전자기 스펙트럼의 그림이 완성된 것이다. 한편으로는 붉은빛 스펙트럼 밖 낮은 주파수에는 허셜이 발견한 적외선 외에 **마이크로파**(Microwave)와 **전파**(Radio wave)가 있다는 것이 밝혀졌고, 다른 한편으로는 자외선보다 높은 주파수에 **X선**과 **감마선**이 있다는 것이 밝혀졌다.

그 후 수십 년 동안 내버려진 것처럼 보였던 빛의 입자 이론은 1905년 알베르트 아인슈타인이 그 몇 년 전에 발견한 어떤 현상을 설명하는 데 사용하면서 예상치 못하게 다시 유행하게 된다. 허츠는 빛(좀 더 일반적으로 전자기 복사)이 일부 물질에 부딪힐 때, 전자가 방출된다는 사실을 밝혀냈다. **광전 효과**(Photoelectric effect)로 알려진 이 현상은 사실 그 자체만으로 놀라울 것은 없다. 전자기 복사가 에너지를 전달하므로, 빛이 물질의 원자와 부딪히면서 전자가 궤도를 벗어나는 데 필요한 추진력을 얻을 수 있다는 내용이 포함돼 있다. 이전까지 전자기학에 관한 고전적인 개념은 방출된 빛의 세기가 증가하면 전자가 더 많은 에너지를 흡수해야 하므로, 더 빠른 속도로 방출돼야 한다는 것이었다. 그러나 실험으로 드러난 사실은 방출된 전자의 수가 증가해도 그 속도는 변하지 않는다는 점이었다. 전자의 속도는 물질에 부딪치는 빛의 주파수가 증가할 때만 증가했다. 파란빛이 붉은빛보다 전자에 더 많은 운동 에너지를 전달하고 말이다.

아인슈타인은 이 현상을 설명하려고 전자기 복사가 질량이 없는 입자, 즉 **광자**(Photon)로 구성되고, 각 광자는 복사의 주파수에 비례하는 정확한 양의 에너지를 전달한다고 가정했다. 아인슈타인에 의하면, 빛의 세기가 증가한다는 것은 단순히 광자의 수가 증가하는 것이지 복사 에너지가 증가하는 것은 아니었다. 물질의 원자에서 더 많은 수의 전자가 방출될 수 있지만(정확한 양의 에너지를 가진 광자 1개당 전자 1개), 각 전자의 속도는 항상 똑같다. 복사의 주파수가 증가해야만, 각 광자에서 전달된 에너지로 인해 전자가 더 큰 속도를 가질 수 있다. 그 유명한 상대성이론이 아닌 빛의 성질에 관한 아인슈타인의 이 가설(광전 효과)이 1921년 그 자신에게 노벨상을 안겨준 진짜 주인공이었다. 에너지가 각 광자와 연결된 '패킷(packet)'으로만 전자기 복사에서 전달될 수 있다는 사실은 또한 몇 해 전 독일 물리학자 막스 플랑크(Max Planck, 1858~1947)가 19세기 말 물리학자들을 괴롭혔던 문제를 설명하려고 공식화한 또 다른 가설을 물리적으로 해석할 수 있게 했다.

특정 온도로 가열된 물체는 전자기파 형태로 에너지를

방출한다(모든 물체는 하전 입자Charged particle, 전하를 띤 입자를 포함하는 원자로 구성되고, 전하의 열적 운동으로 전자기 복사가 방출된다고 생각하면 이해하기 쉽다). 그럼 이제 특정한 양의 물질을 밀봉했다고 생각해보자. 예를 들어, 완벽하게 반사되는 벽으로 둘러싸인 상자 속에 가스가 들어차 있다. 이 가스에서 방출된 열복사는 벽면에서 반사된 전자기파들이 상자 안에 갇혀 있어서 어디로도 갈 수 없다. 가스에 의해 흡수된 에너지는 방출된 에너지를 보상하므로 가스 온도는 변하지 않는다. 결론적으로, 상자 속에서 물질(가스)과 전자기 복사 간 균형이 유지되는 것이다. 따라서 **복사의 온도**(물론 가스의 온도와 동일)는 서로 다른 초기 조건에서 출발해 보온병에서 혼합되는 두 액체가 같은 온도를 갖게 되는 것과 같은 것이다.

이제 자연의 법칙을 완전히 이해할 수 있는 지점에 이른 것 같았던 19세기의 물리학은 상자 속에 들어 있는 복사에 관한 물리적 설명을 찾느라 수렁에 빠지게 됐고, 이런 역사적인 이유로 **흑체 복사**(Black-body radiation)라 부르기도 했다. (상자의 예가 조금 인위적으로 보인다면, 용광로 내부에 있는 전자기 복사를 생각해보자. 이것도 흑체 복사와 상당히 유사하다.) 물리적 연구 결과는 처참했다. 계산상으로라면 분명 상자(혹은 용광로)는 내부의 온도와 상관없이 무한한 양의 에너지를 포함하고 있어야 했다. 기존의 물리학 법칙에 따르면, 상자 안에 무한한 전자기파 스펙트럼이 있어야 했고 말이다. 각 파장은 정확하게 같은 양의 에너지를 전달해 (상자 내의 온도와 비례하는 양의 에너지) 총량은 무한하다는 결론이 나오게 된다. 이는 말도 안 되는 결과였다.

1900년, 플랑크는 이 골치 아픈 문제를 해결하려고 필사적으로 매달렸다. 물질과 복사 간 교환 가능한 에너지는 임의의 값을 취할 수 없고, 전자기파의 주파수와 비례하는 기본 단위(이른바 **양자**Quantum)의 배수만 가능하다는 가설을 세웠다. 이러한 가설은 고주파가 저주파와 비교해 생성이 어렵고, 각 온도에서 흑체 복사의 총 에너지가 유한하게 유지된다는 점을 의미한다.

이 가설은 완전히 수학적이었다. 그러나 아인슈타인이 광전 효과에 관한 해석을 내놓자 플랑크가 가정한 에너지 양자의 역할을 광자가 실제로 수행할 수 있다는 것이 분명해졌다. 흑체 복사의 미스터리는 풀렸지만, 고전 물리학을 포기하고 **양자역학**(Quantum mechanics)이라는 이상한 용어로 자연의 법칙을 재형성한 대가는 치러야 했다. 새로운 세계관을 도입한 결과 중에는 빛의 파동 이론과 입자 이론의 대조를 포기해야 한다는 점도 포함돼 있었다. 두 이론 모두 특정 물리적 맥락상 채택된 관점에서는 광학 현상의 특성을 적절하게 설명해주는 것이었다. 광자는 에너지 패킷의 교환을 포함한 과정에서 간단한 입자로 보였지만, 간섭 및 회절 현상을 설명할 수 있는 파동의 특성도 지니고 있었다.

흑체 복사의 특성 파악으로 당시까지 천문학자들이 쌓아온 몇 가지 경험적 지식, 예를 들면 별에서 방출되는 별의 색과 온도 사이의 관계와 같은 것들을 체계화할 수 있었다. 이 관계는 지정된 온도에서 방출되는 열복사가 협소한 주파수 범위에 집중된다는 플랑크의 가정을 바탕으로 한 에너지 분포의 형태로 완벽하게 설명할 수 있게 했다. 이후 흑체 복사는 우주의 존재 초기 단계와 이후의 진화를 설명하는 모형 중 기본적인 필요조건이 됐다.

그러나 천문학자들에게 이러한 생각, 즉 엄청난 양의 정보가 기존의 도구들로 볼 수 없는 전자기 복사의 형태로 우주 공간을 떠돌아다닐 수 있다는 인식이 생각보다 빨리 퍼지지 않았다. 천문학은 수십 년 동안, 19세기 전자기학이 발견되기 이전의 세기와 마찬가지로, 여전히 빛의 연구에 머물러 있었다. 밤하늘은 여전히 어둡고 미세한 별빛과 은하들의 희미하고 불명확한 성운이 깜빡이고 있었고, 점점 더 정교해지는 렌즈와 거울에서 수집된 아득히 먼 곳에서 전달된 광자의 모호한 흔적을 담은 사진 건판들이 계속 깊은 인상을 남겼다. 그러던 얼마 후, 아무도 진지하게 생각하지 못했던 장면이 우주의 어둠에서 날아온 한 가지 신호로 인해 펼쳐졌다.

칼 구스 잰스키(Karl Guthe Jansky, 1905~1950, 미국의 물리학
자이자 공학자)가 1928년 뉴저지의 홈델에 있는 벨 전화연구
소(Bell Telephone Laboratories, 실질적으로는 미국 전화 회사 AT&T
의 연구 개발부)에 채용됐을 때는 그의 나이 고작 스물셋이었
고, 대학에서 물리학과 공학을 공부하고 갓 졸업을 한 상태
였다. 잰스키는 당시에 나온 무선 전송 기술에 지대한 관심
을 두고 있었고, 단파 형태로 대서양 횡단 전송 시 방해가
될 수 있는 소음의 근원을 밝히는 일을 맡았다. 연구소 측
에서 원격 통신 개발에 매우 중요하다고 판단한 임무였다.
업무에 착수한 잰스키는 먼저 안테나를 만들었는데, 목
재와 금속을 사용한 30미터 정도 길이의 장치였다. 이 안테
나는 포드(Ford)의 T모형 차량 바퀴에 설치해 자체적으로
회전할 수 있어서 어느 방향으로나 신호의 발생 위치를 쉽
게 추적할 수 있었다. 이 이상한 장치는 지역 주민들의 관
심을 끌었는데, 안테나가 사용되지 않을 때는 아이들의 놀
이기구가 되곤 해서, 사람들이 "잰스키의 회전목마"라고
불렀다.
몇 개월간의 측정 후, 잰스키는 신호 전송 중 발생할 수
있는 소음의 근원을 세 가지로 구분했다. 두 가지는 설명이

쉬운데, 둘 다 대기 중 전기 방전에 의한 것이었다. 실질적으로 뇌우가 어느 정도 가까이에 있을 때 전달되는 신호였다. 그러나 세 번째는 좀 이상했다. 뇌우가 안테나에 우발적인 소음을 발생시켰는데, 그 지속 시간에 특별한 규칙성은 없었지만 주기적으로 진행되는 경향이 있었다. 이 소음은 하루 사이에 점점 증가해 최대치에 이르렀다가 감소하기 시작해 다음 날이 되자 다시 같은 수치로 돌아왔다. 잰스키는 수개월 동안 신호 간섭을 계속 관측하면서 간섭의 근원을 찾아 헤맸다. 소음이 매일 반복된다는 점에 근거해, 가장 확실한 가설로 간섭의 근원이 천체, 특히 태양에서 전달된다는 점을 세웠다.

그러나 여기에는 한 가지 문제가 있었다. 소음 주기(안테나에 포착된 가장 날카로운 소리가 난 때부터 그다음 최대 날카로운 소음이 난 때까지의 시간)가 정확히 24시간이 아니었던 것이다. 약 4분 정도가 지연되는 약간의 틈이 있었다. 무선 신호가 하늘에서 태양의 경로를 정확하게 따르는 것이 아니라 약간 느리게 이동하긴 하는데, 며칠이 지나면 눈에 보일 정도로 이탈해 있는 것을 발견할 수 있었다.

아마도 잰스키가 천문학자였다면 무슨 일이 일어나고 있는 것인지 금방 파악했을 것이다. 소음의 주기성은 낮 시간대의 주기, 말하자면 태양이 남중한 시각부터 다음번 남중

시각까지의 시간 간격(태양일)과 일치하지 않고, 특정한 별이 남중하는 시각부터 다음번 남중 시각까지의 시간 간격을 일컫는 **항성일**(恒星日, Sidereal day)이라는 것의 주기였다. (지구가 자전할 뿐 아니라 태양 주위도 돌지만, 멀리 떨어진 별과 관련한 움직임은 아주 미세하므로 이 두 주기가 정확하게 일치하지 않는다.)

비록 잰스키는 천문학자가 아니었지만 운이 좋아 도움이 되는 사람들과 인연이 닿았다. 동료 한 명이 천문학의 기본 지식을 갖추고 있어 그를 제대로 된 길로 걸을 수 있게 해 주었고, 그 덕에 무선 신호가 실질적으로 우주에서, 정확히 말해 현재 우리가 우리 은하의 중심이라고 알고 있는 궁수자리 방향의 한 지점에서 출발해 우리에게 전달된다는 것을 금방 알게 됐다. 즉, 잰스키가 포착한 신호는 우리 은하에서 오는 것이었다.

잰스키의 발견은 《네이처(Nature)》에 발표된 후 대중의 관심을 어느 정도는 끌었지만(《뉴욕 타임스》 기사는 잰스키가 포착한 신호가 확실히 외계 문명에서의 통신 시도라고 생각할 근거가 없다고 강조했다), 국제 천문학계의 즉각적인 추가 조사 등 행동을 이끌지는 못했다. 잰스키 본인도 마음은 굴뚝 같았지만, 아쉽게도 원래의 목적이 아닌 이 문제를 계속 파고들 수 없었다. 벨 연구소가 이미 잰스키가 맡은 임무를 성공적으로 완수했다고 판단하고, 다른 다양한 프로젝트에 투입했기 때문이다. 그렇게 해서 사실상, 인류가 하늘로 시선을 향하기 시작한 후 처음으로 우주가 가시광선이 아닌 전자기 복사의 형태로 정보를 전송한다는 사실이 밝혀졌음에도 몇 년 동안 거의 주목받지 못한 채 방치됐다. 잰스키는 마흔을 조금 넘긴 젊은 나이에 사망했는데, 자신이 **전파천문학**(Radio astronomy)이라는 새로운 분야를 창시했다는 사실을 미처 알지 못한 채 세상을 떠났다.

사실, 이 새로운 경계선을 넘어선 최초의 개척자는 천문학자가 아닌 아마추어학자 그로트 레버(Grote Reber, 1911~2002)였다. 이 무선애호가는 1930년대 후반에서 1940년대 초반, 정원에 설치한 전파 망원경(현재 우리가 위성 텔레비전에 사용하는 포물면 안테나와 비슷한 9m짜리 최초의 전파 망원경)으로 잰스키의 발견을 확인하고 최초의 무선 전파 지도를 완성했다. 레버는 우리 은하 중심에서 날아오는 신호 외에, 백조자리와 카시오페이아자리에서 방출되는 강력한 두 전파를 추가적으로 발견했다. 이 두 은하는 백조자리 A 은하(Cyg A)와 카시오페이아자리 A 은하(Cas A)로 알려지게 됐다. 레버의 측정은 미국 천체물리학계에서 가장 권위 있는 잡지 《천체물리학 저널(The Astrophysical Journal)》에 실리는 영광을 누렸다. 한 세기 반 전, 집에 설치한 망원경을 이용해 당시까지 보지 못했던 행성을 발견한 허셜처럼, 레버도 정원에 설치한 포물면 안테나(Parabolic antenna)로 눈에 보이는 것 너머에 누군가가 탐험하기만을 기다리고 있는 모든 우주가 있다는 것을 증명했다.

그러나 진정한 의미로 전파천문학의 급격한 발전은 2차 세계대전 중에 일어났다. 전쟁 때문에 무선 기술이 급속하게 발전하면서 (통신과 레이더, 모두에 사용됐다) 오히려 뒤처져 있던 기술이 천문학자들의 관심을 자극하기 시작한 것이다. 전통적인 망원경(갈릴레오의 구형 망원경을 정교하게 수정한 버전)과 함께, 관측자들과 천문학 기관의 하늘을 향한 거대한, 즉 우주의 어둠에서 전달되는 속삭임을 찾는 거대한 귀 같은 망원경들이 쏟아져 나왔다. 처음으로 이 작업에 착수한 나라는 영국(조드럴 뱅크Jodrell Bank 천문대와 케임브리지Cambridge)과 호주였고, 미국은 생각과 달리 한발 물러서 있었다. 그러나 미국도 1960년대 초반 그린뱅크(Greenbank)와 캘리포니아 오웬스 밸리(Owens Valley)에 전파 망원경을 설치하면서 뒤처졌던 격차를 좁혔다.

전파천문학의 문제 중 하나는 전파의 근원을 정확하게 찾기 위해 사용되는 안테나가 방출된 복사의 파장보다 훨씬 더 커야 한다는 점이다. 전파는 가시광선보다 훨씬 더 큰 파장을 가지므로(몇 cm부터 수 m까지), 전파 망원경의 포물면이 광학 망원경의 거울보다 훨씬 커야 한다. 파장이 수십 미터인 경우, 실질적으로 제작될 수 없을 정도로 엄청난 규모가 될 것이다(1km나 그 이상). 전파천문학자들이 이 한계를 극복하기 위해 찾은 방법은 작은 포물면 여러 개를 아주 멀리 떨어뜨려 설치하고, **파동 간섭**(Wave interference)의 원리에 따라 각 안테나에서 수집된 파장 간의 정보를 조합하는 것이었다. **간섭계**(Interferometer)라고 하는 이 다중 안테나는 지름이 훨씬 큰 안테나의 역할을 함으로써 전파를 내는 천체의 위치를 아주 정확하게 찾을 수 있게 해준다.

전파 관측의 해상도가 높아지면서 백조자리 A 은하가 우리 은하 내에 자리한 천체가 아니라는 점이 밝혀졌다. 이 영역의 영상을 꽤 상세하게 수집할 수 있게 되자, 전파 방출이 멀리 떨어진 두 지역에서, 즉 기원이 같을 것으로 추정되는 도넛 모양을 띤 두 로브(lobe)에서 나오는 전파 방출이 관측됐다. 광학 영상에서는 한 은하가 차지하고 있는 지역으로 나타났다. 곧이어 센타우루스자리 A(Cen A) 은하도 이미 알려진 은하와 연관돼 있다는 것이 밝혀졌다.

이 문제를 계속 탐구하면서 수많은 전파 신호의 원인이 이미 알려진 은하들과 연관돼 있다는 사실이 발견했다. 이 말은 곧 우리 은하가 천체 전파의 유일한 근원이 아니라는 뜻이다. 그러나 이 다른 은하의 일부에서 지구까지 전달되는 신호의 세기를 측정해 그 은하들이 아주 먼 거리에 있다는 점을 고려했을 때, 방출된 전파의 양이 우리 은하에서 생성되는 전파의 양보다 수백 배는 될 정도로 많다는 결론을 내려야 했다. 이 강력한 전파 신호를 가리키고 일반적인 은하와 구분하기 위해 **전파은하**(Radio galaxy)라는 용어도 만들어졌다.

이제 남은 것은 전파은하에서 관측된 그 엄청난 양의 전파를 만들어내는 물리적 기작이 무엇인지를 파악하는 거였다. 우리 은하에서 나오는 전파 신호를 설명하는 것도 상당히 어려웠다. 잰스키가 관측하기 전까지, 일부 천문학자는 우리 은하에 있는 전자기 복사가 단순히 각각의 별에서 방출된 복사들이 겹쳐진 것뿐이라는 합리적인 가정을 했을 것이다. 별은 가시광 대역에서 최대치의 흑체 복사를 방출하는데, 아주 높은 주파수에서(자외선 이상)와 마찬가지로 아주 낮은 주파수에서(즉 무선 대역에서)도 급격하게 감소한다. 따라서 태양이 단연 하늘에서 가장 밝은 광원이므로, 전파 방출도 다른 모든 별의 방출을 능가해야 한다. 그러나 잰스키가 관측한 무선 신호는 훨씬 더 강했다. 그리고 우리 은하에서 다른 전파은하로 이동하면 문제가 더 복잡해졌다. 전파은하에서 우주로 쏟아지는 전파의 양이 어마어마했다. 별에서 방출된 복사로는 설명할 길이 없었다.

실제로 1950년대에는 모든 전파가 빛과 유사한 속도로 은하 자기장의 자기력선 주위에서 나선형을 그리며 회전하는 수많은 자유전자에서 생성되는 것으로 알려져 있었다. 이러한 과정에서 **싱크로트론 복사**(Synchrotron radiation)라고 알려진 전자기 복사가 대량 방출될 수 있다. 그러나 그러한 작동 체계에 동력을 제공하는 데 필요한 막대한 양의 에너지가 어디서 나오는지가 미제로 남아 있었다. 거기서 끝이 아니라, 어느 시점부터는 천체물리학에서 시작된 전파 관측이 더 놀라운 사실을 발견했다.

새로운 전파원이 발견되자, 하늘의 어떤 영역에서 눈에 보이는 천체와 관련이 있는지 확인하는 일이 일반적인 관행이 됐다. 대부분은 이미 알려져 있거나, 이전에 관측된 적이 있는 은하가 발견됐고, 전파은하로 분류됐다. 그러나 그 외에(일반적으로 전파원이 널리 알려지지 않은 경우) 눈에 보이는 천체를 발견하지 못하는 경우도 많았다. 1960년에는 3C 48*이라고 알려진 전파원에 해당하는 가시광 천체를 찾았지만, 전혀 은하의 모습을 갖추고 있지 않았다. 이 전파원은 희미하고 푸르스름한 점처럼 보이는 것이 작은 별과 거의 똑같았다. 하지만 이 물체의 선 스펙트럼에 관한 연구가

------

* 천문학자들이 전파원에 해당하는 천체를 광학 망원경으로 찾는 노력을 기울이는 동안, 1960년까지 이러한 전파원 100여 개가 발견됐고, 이들을 세 번째 케임브리지 목록 또는 3C 목록(Third Cambridge Catalogue)으로 명명했다. 즉, 3C 48은 1960년에 발견된 3C 목록의 48번에 해당하는 전파원을 이른다.

시작되자(앞에서 본 것처럼 천문학자들이 천체의 구성을 확인하기 위해 사용하는 과정), 어떤 해석도 할 수 없었다.

기존의 스펙트럼보다 훨씬 더 넓은 이상한 형태인 데다, 기존의 화학 원소에 대응하지 않는 주파수 대역에 위치해 있었기 때문이다. 당시까지 분석된 별 스펙트럼과는 유사한 점이 전혀 없었다.

이 미스터리는 3C 273라는 점 형태의 미약한 물체와 관련된 또 다른 전파원이 이해할 수 없는 선 스펙트럼을 나타내며 더 깊은 미궁에 빠져들었다. **퀘이사**(Quasar, Quasi-stellar radio source, 즉 '거의 별처럼 보이는 전파원')로 개명된 이 이상한 물체의 특성은 천문학자들을 계속 당황스럽게 만들다가 1963년 네덜란드인 마르턴 슈미트(Maarten Schmidt, 1929~2022)가 스펙트럼에서 문제가 된 것이 무엇인지 알아내고 나서야 정체를 드러내기 시작했다. 관측된 선 스펙트럼과 관련한 원소들은 이미 알려진 데다 친숙하기까지 한 수소와 마그네슘, 산소, 네온이었지만, 이 원소들이 갑작스럽게 전자기 스펙트럼의 주파수가 낮은 쪽으로 이동하는 것이 이상했기 때문이다. 다시 말해, 파장이 붉은색 쪽으로 순간적으로 크게 이동하는 모습을 보였다. 슈미트가 3C 273에서 측정한 적색이동은 0.16이었다. 우주의 팽창으로 인한 도플러 효과로 해석한다면, 이런 수치는 퀘이사가 지구에서 미친 속도로, 즉 광속의 거의 6분의 1에 가까운 초속 4만 7천 킬로미터의 속도로 멀어지고 있음을 의미했다. 허블의 법칙을 이용하면, 이 후퇴속도는 3C 273이 거의 20억 광년이나 되는 엄청나게 먼 거리에 위치한다는 충격적인 결론을 도출한다. 우주에서 관측된 가장 먼 천체였다. 3C 48에도 같은 접근법을 적용하면 그 기록이 깨지는데, 이 퀘이사를 통해 유추한 적색이동은 0.37이고, 약 45억 광년 떨어진 거리에 있는 것으로 계산된다. 현재 우리가 포착한 무선 신호가 3C 48에서 출발했다면, 지구가 아직 형태도 없이 끓고 있는 마그마 형태일 때가 그 출발 시점인 것이다.

이렇듯 엄청난 거리에 있으므로, 이 천체들에서 방출되는 전자기 복사의 양은 가시광선 영역에서나 전파 영역에서나 완전히 다른 관점으로 봐야 했다. 실제로, 필요한 계산 결과를 통해 퀘이사들이 한 은하 전체보다 훨씬 더 많은 양의 에너지를 방출한다는 결론을 내렸다. 한 퀘이사가 일반적인 은하 하나보다 작지만 엄청나게 더 밝았다.

현재 우리는 전파은하의 중심부만큼 퀘이사에도 거대한 **블랙홀**(Black hole)이 숨어 있을 가능성이 크다는 것을 알고 있다. 블랙홀은 어마어마한 중력장(Gravitational field)을 만들어낼 정도로 거대하고 조밀한 천체로, 무엇이든 한번 들어가면 다시 나올 수 없는 바닥 없는 구덩이다. 빛도 한번 빠지면 끝이다.

그 검은 핵이 존재한다는 표시는 단 하나, 핵 안으로 떨어지는 물질에서 방출되는 엄청난 에너지뿐이다. 마치 소멸의 처형을 받기 전 단말마의 비명과 같은 것이다. 심연을 향해 무자비하게 끌려 들어가는 물질이 어마어마한 양의 열과 그 열로 인한 전자기 복사를 방출한다(퀘이사의 경우, 천체가 아주 먼 거리에서도 볼 수 있을 정도로 엄청난 복사를 방출한다). 한편, 하전 입자의 거대 분출은 이 거대한 팽이의 축을 따라, 팽이 자체에서 전달하는 동력으로 전자기장의 자기력선을 따라 움직이면서 이뤄진다. 이런 방식으로, 하전 입자의 움직임 때문에 나오는 싱크로트론 복사로 지구가 퀘이사와 전파은하로부터 수신하는 강력한 전파 신호를 설명할 수 있다.

그러니까 칼 잰스키의 안테나에서 처음으로 포착된 미세한 지직거림은 광폭한 우주, 한때는 우리가 상상도 할 수 없었던 물리적 에너지 활동이 일어나는 곳이 우주라는 것을 알려준 것이다. 우주는 그렇게 수 세기 동안 천문학자들에게 숨겨져 있었다.

케플러와 갈릴레오의 잔잔한 우주, 반짝이는 작은 점들이 밤하늘에 박힌, 너무 완벽해 변하지 않는 체계를 상상케

했던 그런 우주는 이제 영원히 사라진 것이다.

전자기 스펙트럼에서 무선의 창문을 연 것은 천문학이 눈에 보이는 것의 속박에서 벗어나 완전한 해방을 향해 나아가는 첫걸음에 불과했다. 그러나 1930년대 벨 연구소에서 시작된 혁명이 완성되려면 상당히 많은 장벽을 무너뜨려야 했다. 무의미한 은하의 변두리에서 언뜻 보면 보잘것없기 짝없는 이 행성에 정박한 우리 인간과 직접 연결된 그 장벽을 다시 한번 허물어야 했다.

우리 인간은 대기의 존재 여부에도 영향을 받는다. 우리가 호흡하는 공기를 공급할 뿐 아니라 외부에서 전달되는 전자기 복사로부터 보호해주는 역할도 한다. 예를 들어, 이제 거의 다들 알고 있지만, 대기 상층부의 오존층은 태양에서 대량으로 방출되는 자외선을 거의 완벽하게 차단해, 우리의 피부색을 더 멋있게 만들면서도 신체 조직을 구성하는 세포가 완전히 파괴되지 않는 수준을 유지한다. 마찬가지로, 고에너지 복사의 대부분이 지상에 도달하기 전에 흡수돼 우리에게 피해를 주지 않는다.

사실 우리의 대기는 전자기 스펙트럼의 아주 일부 영역에서만 투명하다. 물론 그래서 가시광선과 상당히 많은 전파가 통과할 수 있다. 그러나 대기는 자외선 외에 X선과 감마선을 완벽하게 차단하고 적외선도 어느 정도 막아준다. 다시 말해, 우리가 지구에 있는 한 천문학자(혹은 전파천문학자)는 될 수 있지만, 우주에서 전달되는 흥미로운 성분들이 숨어 있는 기타의 정보들 앞에서는 사실상 속수무책이다. 새로운 무엇인가를 보려면 저 밖으로, 대기의 안전한 보호막 너머로 가야 한다. 바로 우주 속으로 들어가야 한다.

1962년, 뉴멕시코의 화이트 샌드(White Sands)에서 X선 탐지기를 실은 로켓이 발사돼 대기 위로 몇 분간 비행했다. 이 로켓은 미국 공군의 자금을 지원받은 한 민간 회사에서 일하는 젊은 이탈리아 물리학자 로베르토 자코니(Roberto Giacconi, 1931~2018)가 이끄는 한 단체에서 만들어졌다. X선과 감마선 탐지는 우주에서 핵폭발을 관측하는 최고의 방법이었고, 당시 초강대국이던 미국과 소련, 두 나라 모두 상대국의 무력을 감시할 수 있는 시야를 갖춘 자국 스파이 위성을 마련하느라 혈안이 돼 있었다.

그러나 자코니와 연구원들은 자신들의 X선 탐지기를 지구가 아닌 우주를 향해 발사했고, 아주 놀라운 것을 발견했다. 상상했던 것보다 수천 배는 더 강한 X선 천체가 존재하고 있었기 때문이다. 전통적인 망원경으로는 한 번도 관측된 적이 없는 천체였다. 전혀 다른 목적에서 나온 추진력 덕분에 혁명적인 과학적 발견이 또 한번 이뤄진 것이다. 그리고 다시 한번, 새로운 관측이 가능해지고 천체물리학자들이 X선의 근원에 관한 설명을 하려 하자 이전에는 불가능하다고 믿었던 물리적 체계를 개발할 필요성이 분명해졌다. 중성자별과 블랙홀에서 고대 초신성의 잔해, 거대한 은하단을 구름처럼 감싸고 있는 수백만 도의 전자가스 등, 마치 우주는 어느 공상과학 작가의 머리에서 방금 튀어나온 것 같은 물체들을 드러내고 있었다.

하지만 길은 찾아놓은 상태였다. 천문학계의 적응 시간은 이상하리만치 느렸지만, 1960년대에는 지상의 탐지기를 통해, 필요한 경우 대기 밖으로까지 내보내, 측정 가능한 모든 주파수에서 우주의 소리를 측정할 수 있다는 것을 누구나 분명히 알게 됐다. 이때부터 우주에서 날아온 전자기 복사 스펙트럼은 점점 더 상세하게 탐구됐고, 우주의 보이지 않는 측면까지 조금씩 드러나게 됐다. 적외선 복사(허셜이 발견한 최초의 보이지 않는 복사) 덕분에 드디어 우리 은하에 흩어져 있는 먼지(우리 은하 중심부의 웅장한 풍경을 가리고 있는 베일)를 통과할 수 있게 됐고, 적색이동이 붉은색 너머로 빛을 이동시킬 정도로 먼 거리에 있는 초기 은하를 비롯해 별과 행성계가 어떻게 형성돼 있는지도 보게 됐다. 자외선으로는 진화 초기나 최종 단계에 있는 가장 뜨거운 별을 관측할 수 있었고 말이다. 감마선은 우리 우주에서 가장 머나먼 곳으로, 우리에게 친숙한 에너지와의 유사성이 없는 에너지가 있는 우주의 구석진 곳으로 인도했다.

결국, 20세기의 천문학자들은 우주에서 새로운 비밀을 파헤치려면 새로운 도구를 사용해야 한다는 갈릴레오의 교훈을 시작으로, 초심으로 돌아가 천문학자라는 직업을 다시 생각해야 했다.

4

화석 빛

Luce fossile

나는 지금 내 집 테라스에서 이 글을 쓰고 있고, 오늘은 늦은 봄 화창한 일요일이다. 햇빛이 내 앞에 놓인 식물의 잎에 스며들면서 탁자 위에 빛의 얼룩을 만들어낸다. 팔을 뻗으면 빛의 일부에 손이 닿아 그 열기를 느낄 수 있다. 햇빛에 그대로 노출된 피부가 1제곱센티미터마다 초당 약 100만 억 개나 되는 엄청난 수의 광자 공격을 받는다. 이 광자들은 각각 8분 30초 정도 전에 태양의 표면을 출발해서 빈 공간 속을 빛의 속도로 직선으로 이동한 후, 지구의 대기권을 통과해(이 과정에서 기체 분자나 수증기에 의해 수차례 분산됐을 것이다) 최종적으로 내 손에 와 닿는다.

손을 햇볕 쪽으로 뻗기만 해도 지구에서 약 1억 5천만 킬로미터 떨어진 곳에 있는 수소와 헬륨으로 이뤄진 거대한 천구, 그 천체와 아주 밀접한 관계(말 그대로 물리적인 관계)에 놓일 수 있다. 태양에서 날아오는 광자가 태양의 핵 깊은 곳, 외계의 침투 불가능한 그곳에 기원을 두고 있다고 생각하면 참 놀랍다. 태양의 핵은 온도가 수백만 도에 달하고, 압력은 지구에서 측정 가능한 수치보다 수천억 배는 더 높다. 그 안에서 일어나는 핵융합이 수소 핵을 계속 헬륨 핵으로 변형시켜 엄청난 양의 에너지를 생성한다.

더 놀라운 사실은 이러한 그 광자들이 태양의 중심부에서 일단 한번 만들어지면 표면으로 나올 때까지 길고 힘든 여정을 거쳐야 한다는 것이다. 태양의 반지름은 약 70만 킬로미터인데, 광자가 자유롭게 이동할 수 있다면 그 정도의 거리는 몇 초 안에 도달할 수 있다. 그러나 태양 내부는 빛이 쉽게 이동할 수 있는 곳이 아니다. 태양 내부의 밀도는 납보다 열 배 정도 더 높다. 게다가, 그 높은 온도에서는 수소 원자들이 **플라스마**(Plasma) 상태, 즉 전자가 원자에서 떨어져 나와 핵이 양전하 이온 형태로 노출된 상태가 된다. 광자가 이동 중에 이온이나 자유전자와 마주치면, 전자기 상호작용으로 인해 원래의 경로를 벗어나게 된다. 태양 내부의 모든 광자는 하전 입자를 만나기 전에 아주 짧은 경로

(cm 단위의 길이 정도)로만 자유롭게 이동해, 임의의 다른 방향으로 이동할 수 있다.

태양 내에서 광자의 이동 경로는 술 취한 사람의 경로와 비슷하다. 핵 내부에서 이동을 시작해 수만 년이나 수십만 년 정도 지나야 광자들이 **광구**(Photosphere), 즉 태양의 가장 겉면에 도달하고, 그제야 비로소 우주로 자유롭게 빠져나갈 수 있다. 태양 광구의 표면은 뜨겁고 불투명한 플라스마와 투명한 공간 사이의 경계 영역이다. 광구 온도는 섭씨 6천 도밖에 되지 않고, 밀도는 지구의 대기보다 훨씬 더 낮다.

그러니까 태양 빛은 아주 멀리서만 오는 것이 아니라 아주 오래전 시대에서 오는 것이기도 한데, 태양 중심부의 빛이 우리를 향해 이동하기 시작할 때 우리 선조들은 사바나를 돌아다니며 이제 막 의사소통을 하기 시작했다. 그러나 지구에 오기까지 시간과 공간을 지나야 하는 빛이 태양 빛만은 아니다. 그보다 더 멀고, 훨씬 더 오래전에, 우주가 지금과 완전히 다를 때 출발한 빛이 있다. 이제 보이지도 않을 정도로 오래 이동을 했고, 그 광자는 너무 오래돼 우리 눈으로 감지할 수 없지만, 어떤 식으로든 수집해 연구할 수 있는 빛이다.

이 광자들은 우리 우주가 진화를 시작하게 만든 상상 초

월의 에너지 사건인 원시 불덩어리에서 방출된 것이다.

1960년 8월 12일, 캘리포니아에 있는 나사(NASA) 제트 추진연구소(Jet Propulsion Laboratory)에 마련한 라디오 방송국에서 아이젠하워(Dwight David Eisenhower, 1890~1969) 대통령의 사전 녹음 연설을 방송했다. 전자기파가 에코 위성(Echo satellite, 알루미늄으로 덮은 플라스틱 구체로 약 1,600km 고도에서 비행 중이었다)에 도착하면, 위성의 반짝이는 표면에 반사돼 미국의 반대편 해안 쪽으로 다시 이동해 뉴저지의 홈델 언덕에 자리 잡은 대형 안테나에 도착했다. 이 안테나는 15미터 길이의 뾰족한 뿔 형태에 알루미늄과 강철로 만든 거였다.

이것이 최초의 위성 방송이자 무선 통신계 혁명의 시작이었다. 지금은 지구의 한 지점에서 다른 지점으로 실시간으로 통신을 하는 일이 당연한 것이 됐지만, 1950년대에는 경이로운 혁신이었다. 당시에 배포된 광고를 보면 이 사업의 놀라움을 알 수 있다. "우주 위성을 통해 유럽 왕실의 결혼식을 텔레비전으로 실시간으로 보거나, 싱가포르와 콜카타로 전화를 한다고 상상해보세요! 몇 년 전까지만 해도 꿈같은 이야기였지만 이제 현실에 아주 완벽히 가까워졌습니다. (…) '에코 프로젝트'는 인간이 만든 수많은 위성이 지구의 궤도를 돌며 24시간 내내 전 세계 모든 나라 간 텔레비전 프로그램과 전화중계기 역할을 할 날을 기대하고 있습니다."

에코 프로젝트의 성공 뒤에는 벨 연구소도 있었다. 그해 몇 년 전 잰스키가 우연히 우리 은하의 전파 방출을 발견해 전파천문학이 탄생하게 만든 바로 그곳이다. 벨 연구소는 홈델에 정교한 안테나를 설치해 위성에서 전송되는 마이크로파를 수신하는 데 사용했다.

1963년 에코 프로젝트가 끝난 후, 이 안테나는 사용하지 않은 채 언덕에 방치돼 있었다. 벨 연구소는 천문학 관측 프로그램을 시작하려고 갓 박사 과정을 마친 아르노 펜지어스(Arno Penzias, 1933~)와 로버트 윌슨(Robert Wilson, 1936~)이라는 두 젊은 전파천문학자에게 안테나 운용을 맡겼다. 전파천문학은 빠르게 확장하고 있는 분야였고, 홈델 안테나는 세계 최고의 전파 망원경과 비교해도 충분히 경쟁력을 갖춘 관측 장비였다. 펜지어스와 윌슨은 이런 장비를 자신들만 다룰 수 있다는 생각에 흥분했다.

그러나 프로젝트가 시작된 지 수 개월이 지난 1965년 초까지도 펜지어스와 윌슨은 기대했던 기초 자료조차 수집하지 못하고 있었다. 사실은 수집한 자료가 아무것도 없었다. 그러면서도 두 사람 모두 상당히 바빴는데, 심지어 안테나에 둥지를 틀고 깃털과 배설물을 쌓아 더럽혀 놓은 비둘기

어둠 속을 들여다보며

한 쌍도 쫓아내야 했다.

비둘기 커플을 쫓는 데 열을 올린다고 하면 과학자보다는 술 취한 건달들에게나 어울릴 법한데, 펜지어스와 윌슨은 상황이 정말 짜증스러웠다. 몇 개월 전, 장비를 시험하고 교정하는 단계에서 수신기에 예상치 못한 소음이 들려왔기 때문이다. 소음의 정도는 미약했지만 두 사람이 계획하고 있던 측정을 망칠 것만 같았다. 액상 헬륨 탱크는 대략 켈빈 4.2도(줄여서 4.2K), 다르게 표현하면 자연에서 도달할 수 있는 가장 낮은 온도(**절대 영도**, -273.15℃에 해당)보다 4.2도 높다. 이를 근거로, 확인된 온도의 열 복사원과 대조해 하늘에서 수신된 전파 신호의 세기를 아주 정확하게 측정할 수 있다는 것이 홈델 안테나 장비의 주요 특성 중 하나였다. 다른 비슷한 장비들의 경우에는 하늘의 여러 곳에서 전달되는 전파 방출을 비교하기만 할 뿐 신호의 절대적인 수준은 설정할 수 없는 데 반해, 홈델 안테나는 신호에 대한 반응을 정확하게 보정할 수 있었으므로 상당한 장점이 있었다. 이때 매우 중요한 것이 안테나의 소음 수준에 대한 개념을 세우고, 실제 측정과 별도로 구분해 관측상 '영점(Zero level)'을 설정하는 일이었다.

펜지어스와 윌슨은 안테나를 우리 은하에서 멀리 떨어진 부분으로 조준하면, 대기와 안테나 벽면을 비롯해 지면에서 생성되는 신호가 있다는 점을 고려해도 신호가 4.2K의 기준 이하일 것이라고 예상했다. 그러나 측정 결과는 액상 헬륨 기준보다 최소 2K 더 높은 신호를 나타냈다. 상황 파악은 금방 됐다. 대기는 2.3K의 열 복사원에서 방출된 신호와 같은 신호를 방출했지만, 안테나와 지면에서 최대 1K를 보태, 총 3.3K가 추가된 것이다. 따라서 약 3K의 초과 방출이 설명되지 않은 채 남게 됐다. 그런데 30여 년 전 잰스키가 포착한 바와 다른 이 소음의 초과치는 시간이나 안테나의 방향과는 관련이 없었다. 따라서 하늘의 특정 근원지에서 왔다는 전제는 잘못된 것이었다.

자신들의 연구를 영원히 집어치워야 할 정도로 심각한 위협을 가하는 그 짜증스러운 장애물이 어디서 나왔는지 파헤쳐보기로 한 펜지어스와 윌슨은 이미 알려져 있던 수많은 원인을 조사하면서 주범이 될 만한 요인들의 목록에서 하나씩 삭제해나가기로 했다. 소음이 하늘에서 관측된 영역과는 관련이 없으니 장비 내부에서 생긴 소음이 아닐까 하는 생각에 펜지어스와 윌슨은 꼼꼼함을 발휘했다. 안테나를 조각조각 분해했다가 다시 조립하고, 탐지기의 부품들을 일일이 분석하고 교정했다. 하지만 오작동으로 의심할 만한 것은 전혀 나오지 않았다. 비둘기들이 남긴 오물이 마지막 희망이었다. 펜지어스와 윌슨은 비둘기들을 처음 쫓아낸 후에 안테나를 완벽하게 청소했다. 좌절감을 느낄 만큼 불쾌한 일이었다. 그러나 비둘기들은 다시 돌아왔고, 두 사람은 그 새들을 죽이는 것 외에 다른 해결책이 없다고 생각했다. 그러나 그런 후에도 안테나의 소음은 변함없이 계속됐다. 가여운 비둘기들만 괜한 죽음을 맞게 된 것이다.

그런데 두 사람이 맞닥뜨린 골칫거리를 해결할 방법이, 거의 20년 전에 몇 번 발표됐으나 과학계로부터 철저히 외면당하고 잊힌 기사 몇 줄에 숨어 있었다는 사실을 펜지어스와 윌슨은 몰랐다.

1948년, 미국으로 이주한 특이하고 영특한 소련 태생의 과학자 조지 가모프(George Gamow, 1904~1968)는 동료 랠프 앨퍼(Ralph Alpher, 1921~2007)와 로버트 허먼(Robert Herman, 1914~1997)이라는 두 청년과 함께 빅뱅 직후 우주의 상태가 태양 내부와 매우 유사했을 것이라는 가설을 세웠다. 가모프의 가설에 따르면, 초기 우주는 뜨거운 플라스마와 큰 에너지를 갖는 수많은 광자로 완전히 채워져 있었다. 그 지옥 같은 조건에서도, 별 내부에서처럼 광자는 자유전자나 이온과 충돌하지 않으면 멀리 이동할 수 없었고, 그로 인해 우주는 완전히 불투명했다. 일정한 체적에 간

힌 가스가 체적이 증가하면 냉각되는 것과 같은 체계에 따라, 시간이 흐르면서 우주가 팽창하자 플라스마도 점차 냉각됐다. 온도가 어느 정도 내려가자 물질도 플라스마 상태에서 벗어났고 말이다. 하전 입자(양성자와 중성자)들이 중성 수소 원자들로 바뀌게 됐는데, 이 과정을 **재결합**(再結合, Recombination)이라고 한다. 이 시점에 우주는 투명해졌고, 광자는 답답하게 앞길을 가로막던 물질로부터 벗어나 우주 공간에 자유롭게 퍼져가기 시작했다.

계산에 따르면, 플라스마에서 중성 원자로의 전이(그 영향으로 인해 불투명한 우주에서 투명한 우주로 변화)는 빅뱅 이후 38만 년 정도 지나서 이뤄졌다. 그 시기에는 우주의 온도가 절대 영도보다 3천 도 정도 높았을 것인데(즉, 3,000K), 이 온도는 태양 광구의 온도와 매우 비슷하다. 가모프의 이론이 옳았다면, 재결합 시기에 탈출한 모든 광자가 우주 전체에 균질하게 분산돼 아직도 이동하고 있을 것이다. 그러나 우주의 팽창으로 광자의 파장이 천 배는 증가해 전자기 스펙트럼의 가시 영역에서 무선 대역의 끝인 마이크로파로 이동했을 것이다. 원시 불꽃의 눈 부신 빛은 간신히 감지 정도나 할 수 있는, 절대 영도보다 고작 3도 높은(3K) 물체에서 방출되는 신호와 같은 무선 신호로 변환됐을 것이다. 어디에나 있는 배경복사는 특정 천체물리적 근원이 아닌 우주 자체에서 온 것이다.

이러한 빅뱅의 화석 잔재가 펜지어스와 윌슨을 미치게 만들던 짜증 나는 지직거림의 원인이었다. 가모프의 연구 결과를 알지 못했던 두 사람은 수개월 동안 자신들의 실험을 가로막는 운명만을 저주하고 있었다. 계속되던 이들의 좌절은 정말 우연히 로버트 헨리 디키(Robert Henry Dicke, 1916~1997)가 이끄는 프린스턴 우주론 그룹의 연구에 관해 알게 되면서 빛을 보기 시작했다. 당시 디키와 그의 동료들은 가모프의 연구를 알지 못하는 상태에서 독립적으로 빅뱅 이론의 직접적인 결과로 우주배경복사(Cosmic microwave background radiation, 우주 마이크로파 배경)의 존재를 예측했고, 이를 밝히기 위해 무선 안테나를 제작하고 있었다. 펜지어스와 윌슨은 곧바로 디키에게 연락을 했고, 그제야 벨 연구소의 안테나가 자신들에게 전 시대를 통틀어 손꼽히는 과학적 발견 중 하나를 선물했다는 것을 알게 됐다. 두 사람은 우주론적 해석에 편향되지 않은 채《천체물리학 저널》에 자신들의 측정에 관한 설명을 조금도 가감 없이 발표했다. 디키의 그룹도 이 저널의 같은 호에 홈델의 안테나가 포착한 소음이 우주의 광폭한 기원과 진화의 직접적인 증거임이 거의 확실한 이유와 빅뱅 모형의 근거를 제시하고 호일과 본디 그리고 골드의 정상상태 우주론을 일축하는 설명을 제시했다.

1978년, 펜지어스와 윌슨이 '마이크로파에서 우주배경복사의 발견'으로 노벨 물리학상을 받았을 때 그 가엾은 비둘기들을 잠깐이라도 생각했을지도 모르겠다.

그러니 우리는 알지 못하는 사이에 태초의 화려한 빅뱅이 남긴 보이지 않는 잔해 속에, 즉 우주의 기원에서 우리에게 도달한 화석 빛 속에 계속 잠겨 있는 것이다. 태양 빛과 똑같지만, 이 전자기 신호는 눈에 잘 띄지 않는 방식으로 오래전 먼 곳에서 일어난 사건과 우리를 연결해주고 있다. 아르노 펜지어스는 이것을 은유적 방식으로 설명했다. "여러분이 오늘 밤 밖에 나가서 모자를 벗으면, 여러분의 머리 바로 위에서 빅뱅의 열기를 조금 느낄 수 있을 겁니다. 그다음에 아주 성능 좋은 FM 라디오를 켜보면, 한 방송과 다른 방송 사이에서 찌지직거리는 소리가 들릴 거예요. 분명 이전에도 몇 번 들어본 적 있는 이 소리는 거의 평온하고 때로는 파도 소리와 크게 다르지 않죠. (…) 여러분이 듣고 있는 소리 중 약 0.5퍼센트는 수십억 년 전의 소리입니다."

원시 광자가 나오는 이러한 유형의 광구는 우리를 완전히 둘러싸고 있고, 우리가 눈으로 관측할 수 있다면 빅뱅 후 약 38만 년이 지났을 무렵, 여든 노인의 눈에는 태어난 지 얼마 안 된 신생아 수준에 지나지 않을 정도로 젊은 우주가 복사로부터 투명해진 모습을 보여줄 것이다. 드넓은 밤하늘의 어두운 쪽으로 시선을 향하면, 보이지 않는 광자 비가 지금도 매 순간, 우리가 알지 못하는 사이에 우주의 기원 직후 단계의 모습을 드러낸다.

우주배경복사의 존재는 사실상 어두운 하늘의 역설에 관한 궁극적이자 결정적인 답이다. 우리가 별이나 은하로 채워지지 않은 하늘 영역을 본다면, 우리가 보는 어둠 속에는 사실 적색이동으로 인해 희미해지고 보이지 않게 된 빅뱅의 불꽃이 스며들어 있다. 우주 광구는 우리 시선의 극한이자, 우주 깊은 곳에서 우리에게 도달할 수 있는 가장 먼 전자기 신호다. 원시 플라스마가 불투명해 그보다 더 이전의 시대까지는 파고들 수 없다. 빅뱅은 계속 우리의 관측 범위 밖에 숨어 있다.

돌이켜보면, 가모프의 예측이 있고 난 직후에 빅뱅이 남긴 열기의 흔적을 찾으려 한 사람이 아무도 없었다는 점은 상당히 놀랍다. 다소 선구적이긴 했지만 필요한 기술은 이미 마련돼 있었는데도 말이다. 천문학계에서 무선 전파와 마이크로파의 관측 가능성을 처음으로 예상한 사람 중 한 명이자, 2차 세계대전 중 레이더 개발을 연구하고, 역설적이게도 펜지어스와 윌슨이 홈델 안테나의 신호를 수신할 때 사용한 복사계(Radiometer)를 발명한 사람이 바로 디크였다. 더 이상한 것은 그 몇 해 전 가모프가 배경복사의 존재를 예상하고 간접적인 방식으로 이미 관측을 했다는 사실이다. 1940년, 성간 공간에서 관측된 염화시안 분자(Cyanogen chloride, 탄소 원자 하나와 질소 원자 하나로 형성된다)가 스펙트럼 연구를 통해 절대 영도보다 약간 높은 온도에서 발견됐을 때처럼 요동하는 것으로 나타났다. 그러나 그 당시에도 그렇고 가모프의 예측 후에도 이 문제에 무게를 두는 사람은 아무도 없었다.

그러나 펜지어스와 윌슨의 우연한 발견 후, 우주론 연구자들이 빅뱅의 화석 빛을 열광적으로 연구하기 시작한 것은 놀랄 일이 아니다. 우리가 희망하던 우주 기원의 직접적인 관측에 가장 가까이 다가간 일이었으니 말이다.

맨 처음 재구성된 것은 우주배경복사 광자의 정확한 에너지 분포였다. 태양에서 방출된 광자와 마찬가지로, 원시 광자도 전자기 스펙트럼의 아주 일부 영역에만 치중되는 경향이 명확하게 나타났다. 우주배경복사의 경우, 앞에서도 이미 언급했지만 우주의 팽창이 광자의 파장을 '늘려' 시간의 흐름에 따라 광자의 에너지 분포를 전자기 스펙트럼의 마이크로파 대역으로 이동시킨다. 그러나 분포의 형태는 뜨거운 물질에서 방출되는 열복사의 형태, 즉 흑체 복사와 완전히 같게 유지된다. 원시 우주는 19세기 물리학자들에게 많은 골칫거리를 안겨줬던 상황에서 벗어나 거의 완벽하게 재구성된 것으로 여겨졌고, 마침내 막스 플랑크에 의해 해석됐다. 즉, 원시 우주는 서로 같은 온도에서 물질과 전자기 복사가 평형 상태에 있었을 것이다. 사실, 우주배경복사의 광자가 정말 흑체 복사의 분포를 따르는 것이 확인됐다면, 우주가 아직 뜨거운 고밀도의 플라스마로 채워져 있을 당시에 실제로 방출됐다는 반박의 여지가 없는 증거가 됐을 것이다.

하지만 펜지어스와 윌슨이 가진 장비는 하나의 파장 대역에서 전자기 복사를 수신하는 것이어서, 광자 스펙트럼의 분포를 재구성할 수 없었다. 신호가 하늘 전체에 걸쳐 관측된다는 것은 다른 천체물리학적 원인에서 비롯된 것이 아닌 빅뱅의 잔열로 인한 거라는 강력한 단서가 될 수는 있었지만, 안타깝게도 결정적인 증거가 되지는 못했다. 이러한 증거를 얻으려면 여러 주파수 또는 파장에서 배경복사의 세기를 측정해야 하는데, 전자기 스펙트럼의 해당 영역에서 대기 방출이 있으므로 상당히 어려웠다. 펜지어스와 윌슨의 발견 이후 몇 년 동안 지상과 성층권 기구에서 진행된 측정을 통해, 스펙트럼의 형태가 약 3K의 온도를 갖는 흑체의 스펙트럼과 일치한다는 것을 알게 됐고, 우주론 연구자들이(노벨상 위원회에서도) 그 복사가 정말 원시 우주에서 왔다는 것을 결정적으로 믿게 됐다.

우주론 연구자들이 우주배경복사 연구를 통해 재구성할 수 있으리라 예상했던 또 다른 한 가지는 우주가 플라스마 단계에서 나오고 있을 때 물질의 분포였다. 물질의 밀도가 평균보다 높은 지역들은 온도도 더 높았을 것이다. 재결합이 이뤄질 때, 광자가 투명해진 우주로 방출되기 시작하면서 고밀도 지역에서 나온 것들은 평균보다 약간 더 높은 온도에서 흑체의 분포 형태를 취했을 것이고, 저밀도 지역에서 나온 것들은 조금 더 낮은 온도에 있었을 것이다. 따라서 우주배경복사의 세기는 원시 우주에 있던 물질의 밀도 분포와 거의 완벽하게 일치했을 것으로 추정할 수 있다.

펜지어스와 윌슨의 발견 직후 진행된 관측에서 우주배경복사의 세기가 하늘의 어느 방향에서나 거의 균질한 것으로 나타났지만, 그 균질성이 그저 대략적일 뿐이라고 추정할 중요한 이유가 있었다. 사실 우리도 현재의 우주가 매우 복잡하고, 별과 은하, 은하단을 비롯해 관측 가능한 모든 규모의 천체에 어느 정도의 구조가 있다는 것을 알고 있다. 이러한 구조들이 이전에 존재하던 것(우주의 기원에서 만들어진 일종의 골격 같은 것)부터 중력의 작용 속에서 형성됐고, 그로 인해 물질의 분포가 빅뱅과 매우 가까운 시대부터 이미 약간 균질하지 않았다고 예상하는 게 합리적이다. 따라서 우주론 연구자들은 모든 것의 기원이었던 원시의 씨앗들의 흔적이 우주배경복사 속에서, 하늘의 여러 지역에서 우주 배경복사의 온도에 따라 약간 변화된 형태로 발견될 수 있을 거로 예측했던 거고 말이다.

안타깝게도 이에 관한 계산이 1960년대 말부터 시작됐지만, 초깃값들은 이러한 세기의 차이와 그에 따른 온도 변화를 추론한 수치가 너무 작아서(수십만 분의 1 정도) 측정할 수 있는지조차 심각하게 의심스러운 결과였다. 그리고 사실상, 이러한 유형의 조사와 관련된 기술이 상당히 난도가 높아서 펜지어스와 윌슨의 발견 후 거의 30년이 지난 1992년이 돼서야 나사의 코비(COBE, Cosmic Background Explorer) 위성을 통해 관측됐다. 코비는 드넓은 범위의 파장에서 우주배경복사의 에너지 분포 형태도 대단히 정확하게 측정해, 2.7K 온도를 갖는 흑체 복사와 같다는 결론을 분명하게 내리고, 이러한 신호가 우주의 기원이라는 것도 확인했다.

코비를 통해 물질의 분포에서 원시 요동이 있었다는 사실을 발견한 것은 상당히 중요했는데, 이 소식을 들은 스티븐 호킹(Stephen Hawking, 1942~2018)이 "전 시대는 아니라도, 세기의 과학적 발견이다"라고 언급할 정도였다. 어쩌다가 호킹이 전형적인 영국인의 '절제'를 상실한 것일 수 있지만, 코비가 낳은 결과가 우주론의 초석이 된 것만은 분명하다. 그리고 실제로 2006년 이 실험의 두 리더 존 매더(John Mather, 1946~)와 조지 스무트(George Smoot, 1945~)에게 노벨 물리학상을 안겨줬다.

코비의 발견 이후로 우주배경복사는 점점 더 상세하게 연구돼 원시 우주의 특성에 관한 수많은 비밀이 밝혀졌다. 우주론 연구자들이 재구성해낸 매우 특별한 것 중 하나는 원시의 물질 덩어리가 우주에서 빅뱅 때부터 재결합 시기까지 진화하면서 우주 광구에 온도 요동의 패턴을 남긴 체계였다.

코비가 관측한 평균 이상 및 평균 이하 온도 지역의 복잡한 패턴은 다수의 여러 주파수와 진폭에 의해 호수 표면에 만들어진 잔물결과 비교할 수 있다. 어느 특정 순간에 호수 사진을 찍어 분석하면 다양한 파도의 진폭과 주파수에 대한 정보를 얻고, 호수 자체의 구성뿐 아니라 진폭과 주파수를 만든 체계에 관한 개념도 세울 수 있다. 우주론 연구자들도 점점 더 정교한 우주 광구 영상을 이용해 이와 같은 연구를 했다. 광구의 영상은 20세기 말경 맥시마(MAXIMA)

나 부메랑(BOOMERANG)과 같은 실험을 통해(두 연구 모두 성층권에서 비행 중인 기구에 설치한 정교한 탐지기를 이용해 배경복사의 세기에서 나타나는 아주 미세한 변화를 측정했다), 좀 더 최근에는 나사의 더블유맵(WMAP) 위성에서 (코비의 후속이라 할 수 있는 위성) 얻은 것이었다.

이러한 분석의 결론은 재결합 이전의 우주가 원시 플라스마의 밀도를 변화시킨 파동에 의해 영향받는 시기를 거쳤다는 것이다. 이 파동은 개가 짖거나 망치로 종을 쳐 소리가 공기를 통과할 때와 같은 파동, 즉 음파였다. 플라스마 내 음파는, 우주의 기원과 함께하는 천사 음성의 합창이 아니라, 중력에 의한 물질의 이동에서 생긴 거였다. 초기에는 평균보다 밀도가 조금 더 높았던 지역에서의 중력이 다른 물질을 더 끌어당기는 경향이 있었다. 그와 동시에 이 지역에서의 압력이 높아지면서 밀도 증가에 저항력이 생겼다(피스톤에 든 기체를 압축할 때 힘이 들어가는 것을 생각해보면 이해하기 쉽다). 이러한 체계가 플라스마의 압축과 희박화(稀薄化)가 주기적으로 번갈아 일어나도록 한 것이다. 공기 중에 소리가 전파되면서 생기는 현상과 매우 비슷하다. 광자가 우주 광구를 떠나 지구를 향한 긴 여행을 시작할 때, 호수 표면 사진과 마찬가지로 신생 우주에 있는 음파에 관한 정보를 남겼다. 다양한 색상 음영으로 미세한 모든 온도 변화를 코드화한 고해상도 배경복사 영상을 연구하고, 이 영상에서 다른 주파수와 진폭을 갖는 파동이 끼친 영향을 구분해 그 오래된 우주 소리의 스펙트럼을 재구성할 수 있었다. 원리를 설명하자면, 녹음된 음성을 분석해 누구의 목소리인지 알아내는 것과 같다. 이 분석에서 원시 플라스마의 물리적 상태를 비롯해 우리 우주가 진화하게 만든 물리적 과정에 대한 중요한 정보들도 파악할 수 있었다.

예를 들어, 우주의 평균 밀도를 파악하자 우주의 내용물 전체의 '무게 측정'에까지 도달하게 됐다. 앞으로 살펴보겠지만, 이것은 우주의 기하 구조의 특성과 밀접한 관련이 있는 매우 중요한 정보다. 그뿐만 아니라 최종적인 결론을 내리는 데 필요한 다양한 유형의 물질 및 에너지에 대한 상세목록을 작성해, 우주의 기이한 구성에 관해 다른 관측들을 바탕으로 가설을 세웠던 것을 확인할 수 있었다. 이렇게 확인된 우주 내용물 대부분은 기존의 천문 관측에서 거의 완전히 벗어나 있다. 우주 기원의 보이지 않는 증거인 우주배경복사에 관한 연구는 여전히 탐험해야 할 것투성이인 어두운 심연을 향한 문을 활짝 열어주었다. 이후, 플랑크(Planck, 흑체 복사의 특성을 처음으로 밝힌 플랑크를 기리는 의미에서 지은 이름)라는 유럽우주국(ESA) 위성이 이전의 측정 결과를 더 개선해 최소한 온도 요동의 분석과 관련해서 우주배

2013년 플랑크 위성이 관측한 우주배경복사

경복사에 관한 연구의 시대를 성공적으로 마무리하기도 했
다. 그리고 지금, 이 순간에도 우리 물리학자들과 천문학자
들은 어둠에서 점점 더 새로운 영역을 이끌어내기 위한 무
기를 연마하고 있다.

5

어둠 너머

Orizzonti

이탈리아 남부 해안을 따라 이동하면 바다가 내려다보이는 고대 탑 유적지들을 볼 수 있다. 고대에는 구형 표면에 사는 이유로 겪는 한계를 극복하기 위해 관측 전초 기지 건설이 필수적이었다. 지구는 곡면이라 우리의 시선에 경계가 있는데, 일정한 거리를 넘어선 곳에서 일어나는 일은 시야에서 사라지게 만드는 수평선(육지라면, 지평선)이 그 경계다. 아주 맑은 날 낮에도 해수면이 그대로라면 반경 5킬로미터 정도 너머는 보이지 않는다. 기습하는 침략자나 해적의 함대가 다가올 경우, 이에 대응할 충분한 시간을 갖기에 시야가 너무나 좁다. 그러나 200미터 높이에서 보면 수평선이 50킬로미터 정도 멀어져 적절한 대비를 할 수 있을 것이다. 더 높은 봉우리를 찾거나 더 위엄 있는 탑을 세우면 더 멀리 보는 데 도움이 된다. 그러나 육지에 두 발을 붙이고 있는 우리가 할 수 있는 최선은 에베레스트산 정상에 오르는 것뿐이다. 그 위에서 수평선은 약 320킬로미터 거리까지 멀어진다. 그러나 예외적인 조건이 갖추어진 경우를 제외하고, 대기에서 전달되는 빛의 퍼짐으로 아주 멀리 내다보기는 힘들다.

오늘날에는 통신 수단 덕분에 수평선의 존재를 가끔 잊고 산다. 그러나 옛날에, 그러니까 우리가 원하는 대로 전자기파를 다룰 수 있어 지리적 한계로부터 해방되기 전에는 그 수평선이 반드시 고려돼야 하는 구체적인 현실이었다. 시각적 신호를 이용하는 것 말고는 수평선 너머 모든 것과 소통할 수 없었다. 항구에 남은 아낙네들은 남편이 탄 배의 돛대 끝이 작은 점이 돼 사라질 때까지 바라보다가 집으로 돌아가 기약 없는 편지를 기다려야만 했다.

천문학자에게 수평선, 즉 지평선의 존재는 지금도 명백한 현실적 한계다. 우리 시야에서 벗어나 있는 먼 지표면을 가리는 지평선이 아니라, 우리와 너무 멀리 떨어진 우주의 지점들에 관한 정보를 방해하는 경계를 말하는 것이다. 빛은 엄청나기는 하지만 어쨌든 유한한 속도로 이동하고, 그로 인해 우리가 관측할 수 있는 우주의 영역은 한정된다. 우리의 관측점을 중심으로 한 가상의 천구가 있는데, 빅뱅으로부터 현재까지 지나온 시간 동안(약 137억 년) 광선이 이동할 수 있는 경로를 표시한다. 우주가 팽창하는 동안 빛이 전파되고, 그로 인해 관측 가능한 지역이 팽창된다는 점을 고려하면, 이 **우주 지평선**(Cosmological horizon)이 우리에게서 약 500억 광년 떨어져 있다는 계산이 나온다(팽창이 일어나지 않았을 경우의 단순한 137억 광년이 아니다). 아주 거대하지만, 여전히 유한한 영역의 경계를 두는 거리다. 지구의 어느 한 지점에서 나머지 다른 지점들을 관측할 수 없고 일부만 볼 수 있는 것처럼, 우주에서도 우리의 관측 시점에서는 우주 지평선 너머에 있는 존재를 알 수 없다. 그러나 우리가 짊어진 한계는 더 심각하다. 지상의 지리학자에게는 지구 전체를 이동하면 언젠가는 전 세계를 상세하게 나타낸 지도를 만들 가능성이 있지만, 천문학자는 우주에서 관측 지점이 하나밖에 없어서 지평선 너머는 영원히 볼 수 없을 것이다. 물론, 빛이 점점 더 멀리까지 나아가므로 시간이 흐르면 우주 지평선까지의 거리가 연장되기는 한다. 하지만 더 먼 우주 지역들을 관측하기 위해 수십억 년을 기다리는 것이 그다지 실현 가능한 목표는 아니라는 점은 두말할 것 없다.

우리가 염두에 둬야 하는 또 다른 측면이 있다. 앞에서 이미 말했지만, 빛의 속도가 유한하다는 점은 우리가 먼 우주를 보는 것이 우주의 먼 옛날을 되돌아보는 것과 같은 의미를 갖는다는 것이다. 우리의 연구가 점점 더 멀리 떨어진 우주 공간에 대해 알아내면서, 지식의 경계도 우주 지평선 방향으로만 향하는 게 아니라 우주 역사의 **시간적** 한계쪽으로도 넓혀가고 있다. 우주의 어둠 속을 깊이 파헤치면서 점점 더 오래전 우주의 삶을 관찰하고, 점점 더 빅뱅과 아주 가까운 시기로 다가서고 있다. 점점 더 강력한 도구를 제작하면서 현대 천문학자들은 더 먼 영역까지 시선을 넓히고자 높은 탑에 올라가는 고대의 보초병과 같은 역할을 하게 된 것이다. 그리고 그렇게 멀리 내다보면서 과거의 시간으로 거슬러 올라가고 있다. 현재 인류 최고의 관측 전초기지 중 몇 곳은 해안을 따라 배치된 것이 아니라, 우리 머리 위에 떠 있다.

지표면 위 500킬로미터 이상의 고도를 갖는 궤도에서 에드윈 허블(Edwin Hubble, 1889~1953)의 이름을 딴 우주 망원경이 거의 40여 년 동안 우주 깊은 곳들을 조사하고 있다. 장비 자체는 그리 크지 않다. 이 망원경은 반사경의 지름이 2.4미터밖에 되지 않지만(허블이 20세기 초반 현대 우주론 구축에 중요하게 사용됐던 마운트 윌슨Mount Wilson 망원경보다 조금 작다), 현존하는 최대 지상 망원경들은 구경이 8미터 정도 된다(반사경을 여러 개 사용하면 10m까지 커지기도 한다). 그러나 허블 망원경은 대기의 간섭이 없으므로 지상에 있는 유사한 장비들보다 훨씬 더 유리한 위치에 놓인다. 최근까지 허블 망원경에서 전송한 영상들이 천체물리학과 우주론의 발전에 아주 중요한 역할을 했고, 가장 가까운 행성에서 아주 먼 행성에 이르기까지 인상적인 사항들을 상세하게 보여줬다.

1995년 12월, 성탄절 전후로 열흘 동안 천문학자들은 우리 은하 원반과 밝은 천체들이 많이 알려진 영역에서 멀리 떨어진 방향(어두운 영역)을 선택해 허블 우주 망원경을 조준했다. 표적은 20미터 거리에서 보면 동전 크기밖에 안 되는, 거대한 하늘의 파편 수준에 완전히 시커멓게 보이는 것이었다. 그런데 며칠이 지난 후, 허블 망원경의 디지털카메라에 광자가 서서히 축적되면서 어떤 영상이 형성됐다. 균질하게 분산된 반짝이는 작은 점 형태의 수많은 광원으로 이뤄진 영상이었다. 그 점들을 분석한 결과 대부분 은하인 것으로 나타났다. 하늘에 있는 그 작은 조각들 속에 수많은 것들이, 수천 가지가 들어 있었다. 그러나 대부분 아주 희미해서(인간의 눈으로 볼 수 있는 은하들보다 40억 배 정도 어둡다) 그 이전에는 전혀 눈에 띄지 않았다. 정말 놀라운 것은 소심하게 어둠 속에 잠겨 있던 이 수많은 은하가 여기서 엄

어둠 속을 들여다보며

청나게 멀리 떨어져 있어서, 은하의 빛이 우리가 있는 곳에 이르기까지 120억 년, 즉 거의 우주의 나이에 가까운 시간 동안 이동했다는 점이다.

이 영상은 **허블 딥 필드**(Hubble Deep Field, 문자 그대로 '허블의 깊은 영역')라는 이름으로 알려져 있다. 지질학자들이 지질의 역사를 재구성하기 위해 지면에 설치하는 코어 보링(core boring)과 비슷하다. 우주의 한 단면을 나타낸 표본이지만, 우주의 심연을 탐지해 점점 더 먼 층을 재구성하고 우주에서 더 오래된 물체의 역사에 관한 정보를 가져다주는 영상이다. 사실 허블 딥 필드에서 발견된 수많은 은하는 오늘날의 은하와 다른 모습을 보인다. 기이하고 불규칙한 형태인데, 그 속의 물질이 아직 격정적인 구조로 집중된 상태로 우주 진화의 혼란스러운 단계를 의미한다. 그리고 허블 딥 필드의 영역이 실질적으로 우주의 다른 영역과 거의 같을 것이라고 보면,* 우리는 우주에 존재하는 다양한 시대의 거대한 별과 은하를 추정할 수 있다. 이를 토대로 계산해보면, 우주 전체의 별 개수는 지구상에 있는 모래 알갱이보다 많다고 추정된다.

그 일이 있고 몇 년 후, 2003년 말에서 2004년 초까지 허

---

* 실제로 허블 딥 필드 외에 어느 지점을 관측해 확대해도 이렇게 많은 비슷한 은하가 발견된다.

허블 딥 필드 ©NASA

허블 울트라 딥 필드 ©NASA

어둠 속을 들여다보며

블 망원경은 **울트라 딥 필드**(Ultra-Deep Field)를 통해 더 멀리 밀고 나갔다. 이번에는 더 진화된 광학 카메라 외에도, 관측할 물체 중 다수가 너무 멀리 있어 적색이동이 큰데, 이 때문에 은하의 스펙트럼이 가시광의 붉은 부분 너머로 옮겨갔다는 점을 참고해 적외선 카메라도 함께 사용했다. 허블 울트라 딥 필드의 영역은 엄지와 검지로 모래 알갱이를 쥐고 하늘을 향해 팔을 쭉 뻗었을 때 이 모래 한 알갱이 하나가 하늘을 가리는 정도의 작은 크기이고, 이 작은 하늘 영역에 약 1만 개의 은하가 들어 있다(허블 측에서는 2009년 8월에 같은 구역을 새로운 적외선 카메라로 다시 관측했다).

이러한 우주 심연을 향한 관측 과정에서 허블 망원경으로 본 물체들은 광학 영상으로 촬영할 수 있는 것 중 가장 오래되고 가장 멀리 있다.* 은하들의 모습이 희미한 것으로 보아, 이들의 빛이 우리를 향해 이동하기 시작했을 때 우주는 고작해야 몇 억 년밖에 되지 않았을 것이다. 우리가 말 그대로 관측 가능한 우주의 경계 바로 옆까지 간 것이다. 에드윈 허블이 "천문학의 역사는 멀어지는 지평선의 역사

---

* 허블 망원경 후속 프로젝트로 진행된 제임스 웹 우주 망원경(James Webb Space Telescope)이 2021년 발사돼 우주에서 성공적으로 가동하면서 2022년부터 고해상도 이미지를 보내오고 있다. 제임스 웹 우주 망원경은 기존 허블 망원경이 관측할 수 없던 적색이동 $z=10$ 이상 천체의 관측과 빅뱅 직후 약 1억 년의 우주 관측을 목표로 임무 수행 중이다.

다"라고 말한 적이 있다. 그의 이름을 딴 망원경이 그 지평선을 거의 마지막 한계까지, 거의 역사의 끝까지 밀어 넣은 것이다. 그러나 '거의'일 뿐 완전히 끝까지 간 것은 아니다.

우리는 그 이상으로 나아갈 수 있다. 그러나 더 밀어붙여서 더 멀리 내다보려면 가시광선 넘어 전자기 스펙트럼의 다른 대역에서 정보를 수집해야 한다.* 전파 대역에서 가장 멀리 있는 전파원은 우주의 경계에 있는 마지막 전초 기지 퀘이사로, 경이로울 정도로 먼 거리까지 관측할 수 있을 만큼 강력하다. 지금까지 관측된 가장 먼 퀘이사는 지구에서 200억 광년 이상 떨어진 곳에 자리한 것으로 관측됐다. 그런데 지금까지의 관측 중 가장 먼 천체는 퀘이사가 아니라 감마선 폭발인데, 이것은 블랙홀에서 별의 붕괴, 즉 짧은 시간 동안 은하 전체에서 방출되는 것보다 훨씬 더 많은 양의 에너지를 방출할 정도로 광폭한 현상에 의해 발생했을 가능성이 아주 크다. 이 거대한 폭발 중 우리가 아는 가장 오래된 폭발은 우주의 나이가 6억 년 정도밖에 안 됐을 때 일어났을 것으로 추정된다. (가장 강력한 감마선 폭발은 아주 밝아서 제대로 된 방향에서 보게 된다면 맨눈으로도 몇 초 동안 관측할

어둠 속을 들여다보며

---

* 그 후속 망원경인 제임스 웹은 적외선 대역의 정보까지 수집한다

수 있다. 우주 경계에 있는 천체를 맨눈으로 관측할 수 있다는 사실은 상상만 해도 흥분되는 일이다.)

마이크로파 대역을 관측해보면, 적색이동으로 이미 가시광 스펙트럼 너머에 있는 저 멀리 빅뱅의 방화벽인 우주배경복사도 볼 수 있다. 앞에서 말한 것처럼, 그 이전 시대에는 우주가 아직 투명해지지 않았고, 전자기파는 아무 방향으로나 흩어져서 알아보기가 어려웠을 것이다. 우주론에서의 지평선은 원칙적으로 우리에게 도달하는 우주배경복사의 출발점인 천구보다 더 멀리 있지만, 재결합 이전 우주를 채우고 있던 이온화된 플라스마가 이 지평선을 감춰서, 아직 이 장벽을 허물 수 있는 전자기 신호는 없다. 높은 산 정상에 서 있지만, 안개 때문에 지평선까지 내다볼 수 없는 상황과 비슷하다. 우주배경복사는, 적어도 현재까지 우주에서 우리에게 도달할 수 있는 가장 먼 신호이자 우리가 우주에서 볼 수 있는 것의 한계다.

마지막 퀘이사와 우주배경복사 사이 공간에는 별로 보이는 게 없다. 우리의 장비가 부적합해서가 아니라 그냥 볼 게 별로 없다. 우주가 투명해진 순간(빅뱅이 있고 약 38만 년 후, 수소 원자 형성 시기)에 시작된 **암흑시대**(Dark ages)라는 것이 있는데, 빛과 전자기 복사를 방출할 수 있는 물체가 최초로 형성되던 때 바로 끝이 났다(몇 억 년 후). 관측이 이 분야의 유일한 지식의 통로라는 점을 고려하면, 그 특성을 조사하기 어려운 시기다. 이 중간 지대는 현재로서는 천문학자들에게 진정한 사막과 같은 곳이지만, 이곳을 탐험할 방법만 찾아낸다면 우주를 현재의 상태로 만든 과정에 관한 귀한 정보를 얻을 수 있을 것이다.

우주 구조의 진화에 관한 직접적인 흔적에 접근할 수 있는 유일한 희망은, 우주에 있는 원자에서 방출된 희미한 신호를 찾는 것이다. 재결합 후, 사방에 깔린 우주배경복사 외에 우주는 주로 전기적으로 중성인 수소 원자로 채워져 있었다. 암흑시대가 진행되는 동안, 거대한 수소 구름이 중력의 영향으로 서서히 뭉치기 시작했다. 다양한 물리적 과정과, 물질이 원시 우주에 분포된 방식을 결정한 초기 조건으로 세부적인 내용이 달라지는 과정에 따라 거대하고 복잡한 연결망이 점진적으로 형태를 갖췄고 말이다.

현재 우리는 이러한 초기 조건에 관해 아는 것이 많다. 앞에서 본 것처럼, 우주배경복사가 재결합 당시 우주에서 밀도가 높은 지역(이후에는 밀도가 낮은 지역도)의 흔적을 남겼다. 물질의 분포에서 우주 구조의 첫 밑그림이 자라기 시작한 씨앗을 제공한 것이 바로 이러한 요동이었다. 그러나 과거 어느 한 순간의 우주 영상이므로 (길고 복잡한 영화의 초반 프레임 중 하나처럼) 우주배경복사가 이후 시대에 우주 연결망이 형성된 방식을 나타내지는 못한다. 원시 우주에서 어느 정도 밀도가 있는 지역들이 유색의 얼룩으로 표현된 우주 배경복사 지도는 갓 갈아놓은 밭의 모습과 유사하다. 무언가 밭에 심을 준비가 돼 있다는 건 알지만, 시간이 흐르면서 그 싹과 줄기가 어떻게 이용 가능한 모든 공간을 활용하면서 가지를 뻗어낼지 예측하기 어렵다. 마찬가지로, 시작 조건을 안다 해도 우리가 현재 우주에서 관측하는 은하와 다른 우주 구조가 형성된 중간 과정은 놓치게 된다. 재결합 이후 물질의 3차원 구조 재구성은 원시 우주의 단순성과 현재 우주의 복합성 사이에 다리를 놓는 엄청난 성과가 될 것이다.

그러나 이 일은 상당히 어렵다. 초기 은하의 형성 과정은 아주 오랫동안 물밑에서 진행됐다. 중력이 우주의 어둠 속에서 자기 역할을 하면서 대규모로 물질을 재구성하고 조립했지만, 그 위대한 과정이 진행되던 동안의 흔적을 그리 많이 남기지는 않았다. 그러던 어느 시점에, 아마 빅뱅 후 이미 1억 년 정도 지났을 무렵 최초의 왜소은하(矮小銀河, Dwarf galaxy)들이 형태를 갖췄다. 그러고는 갑자기 일부 지역의 밀도가 매우 높아져 핵융합의 초기 과정이 시작되고 수소가 연소하면서 헬륨을 생성하기 시작했다. 엄청난 빛을 쏟아낸 빅뱅 이후 처음으로, 빛이 수많은 별의 뜨거운 핵에서 분출돼 다시 우주에서 반짝였다.

최초의 별과 은하의 탄생으로 우리가 간접적으로나마 증거로 삼을 수 있는 흔적이 생겼다. 우주의 나이가 30만 년이 되는 사이에 중성 수소가 이온화됐다. 그때와 똑같이 다시 이온화된 중성 수소가 최초의 별들이 대량 방출한 자외선에 의해 기본 성분(양성자와 전자)으로 분해됐다. 아마 이당시에도 최초 은하들의 중심에 자리 잡고 있던 블랙홀에 쌓인 물질에서 더 많은 에너지가 방출됐을 것이다. 배경복사는 다시 자유로워진 전자와 상호작용을 하면서 아무 방향으로나 분산됐고, 차가운 부분과 뜨거운 부분의 세부적인 얼룩 모양이 사라졌다. 우리가 불투명한 유리 너머의 풍경을 볼 때를 떠올려보면 이해하기 쉽다. 그리고 선글라스 필터로 햇볕이 통과할 때처럼 부분적으로 편광되기까지 했다. 이처럼 우주배경복사의 섬세한 구조가 부분적으로 삭제되고 편광까지 된 것에 관한 연구를 통해 초창기 별과 은하의 형성 시기에 관한 정보를 얻을 수 있다.

하지만 별이 없었고 모든 수소가 아직 전기적으로 중성이던, 이전의 그 긴 단계에서의 우주 지도를 재구성할 수 있을지, 있다면 어떤 방법을 사용해야 할지를 파악해야 한다. 암흑시대 동안 우주에 분산된 원자에서의 방출을 포착할 수 있을까?

원자는 자신의 전자가 고에너지 상태에서 저에너지 상태로 넘어갈 때(정확한 비유는 아니지만, 전자가 먼 궤도에서 핵에 가까운 궤도로 이동한다고 생각할 수 있다) 전자기 복사를 방출한다. 그런데 이러한 이동이 있으려면 어떤 물리적 과정(예를 들면, 다른 원자나 광자와의 충돌)이 먼저 전자를 일시적으로 고에너지 상태로 만들어놓아야 한다. 우주 암흑시대에는 수소 원자 내 전자의 궤도를 바꾸게 할 수 있을 정도의 에너지가 없었다. 그러나 다른 원자나 우주배경의 광자와 충돌하면 전자를 '전복'시켜 **스핀**(Spin, 축을 중심으로 한 행성의 회전에 비유할 수 있는 기본 입자의 속성)이 반전될 수 있다. 이제 전자의 스핀과 수소 원자 내 양성자의 스핀이 같은 방향을 향하는 상태가 되면 서로 다른 방향을 향하고 있을 때보다 에너지가 더 높은 상태가 된다. 이러한 두 상태 간의 전환은 파장이 21센티미터인 복사를 방출해서 천문학자들이 아주 잘 인식할 수 있게 된다. 이 희미한 신호는 우주의 암흑시대에 중성 수소 원자가 존재한다는 확실한 단서다.

분명, 암흑시대 동안 우주에 존재했던 수소는 우리에게서 너무 멀리 떨어져 있어서, 21센티미터에서의 방출이 그 사이 수십 또는 수백 미터의 파장으로 적색이동됐다. 그리고 신호가 정말 약해서 같은 파장 범위에서 훨씬 더 강한 복사를 방출하는 과정의 신호와 구분돼야 한다. 몹시 어려운 일이지만, 언젠가 천문학자들이 새로운 장비(수만 제곱킬로미터의 구역에 수천 개의 무선 안테나가 달린 거대한 그물 형태의 장비)로 가까운 미래에 그 오래전 시대의 어둠 속에 있던 소심한 수소의 빛을 포착해, 수백만 년의 진화 기간 중 펼쳐졌던 물질의 3차원 구조를 재구성할 수 있기를 바란다. 그건 우주배경복사 온도의 변화 재구성과 필적할 만한 대단한 성과를 얻는 것이다. 어쩌면 그보다 더 혁명적일 수도 있고 말이다.

그리고 다른 의문이 이어진다. 원시 플라스마의 장벽 너머, 우주배경복사의 광자가 나온 우주 광구 저편에는 무엇이 있을까? 언젠가 그 불투명한 장막을 걷을 수 있을까? 사실 우리는 간접적으로 이미 재결합 이전 시대의 우주 물리학에 관한 정보를 입수하는 데 성공했다. 재결합 시기 우주에 있던 파동의 구조를 재구성할 때, 갓 탄생한 우주는 초음파와 같은 것을 방출한다. 원시 플라스마에서 진동하던 음파의 구성에서는 우주가 아주 젊을 때, 즉 광자와 물질이 분리되기 전에 발생한 사건에 대한 정보를 얻을 수 있다. 이는 음향측심기(Echo sounder)를 이용해 해저 구조에 관한 개념을 파악하는 것과 유사하다.

그러나 재결합 이전 시대 우주의 직접적인 영상을 확보하는 것은 대단한 일이다. 불행하게도, 앞에서 이미 말했지만, 이것은 광자로 이뤄진 영상이 될 수는 없다. 그래서 우리는 이온화된 물질로 구성된 짙은 안개에 의해 방해받지 않고 이동할 수 있는 다른 유형의 신호를 찾아야 한다. 물리학자와 우주론 연구자들이 생각해낸 가능성은 두 가지다.

빅뱅과 아주 가까운 시기의 우주 상태에 대한 직접적인 정보를 제공할 수 있는 첫 번째 후보는 기이하고 모호한 입자인 **중성미자**(Neutrino)다. 중성미자는 질량이 작고 거의 빛에 가까운 속도로 이동해서 신호를 전달하는 광자와 비슷한 역할을 할 수 있다. 무엇보다 흥미로운 점은 중성미자가 물질과 아주 미약하게나마 상호작용을 한다는 것이다. 자연에서 알려진 네 가지 힘(중력, 전자기력, 강한 핵력, 약한 핵력) 중, 중성미자는 중력과(질량이 아주 작아서 실질적으로 중력이 크게 영향을 끼치지 않는다) 약한 핵력(약한 상호작용)만 감지하는데, 이 힘은 이름 그대로 강한 핵력(강한 상호작용)이나 전자기력(전자기 상호작용)과 비교해 세기가 매우 약하다(가장 많이 알려진 약한 상호작용 효과는 원자핵의 방사성 붕괴다). 중성미자가 미약하게만 상호작용을 하므로 전하 물질을 포함한 대량의 물질을 손상 없이 통과할 수 있다. (중성미자 무리는 납으로 된 1광년 두께의 벽을 만나도, 절반은 아무 거침없이 통과할 수 있다.)

중성미자(전자, 뮤온Muon, 타우Tau, 이 세 가지 유형일 수 있다)는 자연에 아주 풍부하게 존재한다. 여러분이 바로 앞 문장을 읽는 동안(5초가 걸렸다고 가정해보면), 태양에서 날아온 전자 중성미자 250조 개가 여러분의 몸을 통과했을 것이다(아무런 영향은 없다). 그러나 불행하게도, 중성미자는 그 외 다른 물질과 상호작용을 거의 안 해서 포착하기가 매우 어렵다. 의미를 부여할 수 있을 정도의 수량을 식별하려면, 매우 감도 높은 탐지기를 대량의 물질(단순한 물에서 염소, 혹은 갈륨과 같이 아주 이질적인 물질 등) 근처에 두고, 중성미자가 지나가면서 남긴 흔적이 포착되기를 기다려야 한다. 게다가, 이런 장치들은 다른 입자들의 통행으로 발생하는 간섭을 받지 않아야 해서, 대량의 암석이나 흙 아래에 있어야 한다(예를 들면, 그란 사소 지하연구소Laboratori sotterranei del Gran Sasso). *

중성미자를 효율적으로 관측하기 위해 극복해야 할 기술적 난관은 아직도 엄청나다. 그러나 우리가 천문학자들이 광자를 수집하는 방법을 배운 것처럼 중성미자를 간단하게 수집할 수 있다면 우주가 빅뱅 후 1세기밖에 지나지 않았을 때의 영상을 얻는 데 활용할 수 있을 것이다. 그 전의 시대에는, 아직 미약한 상호작용이 매우 빈번했고, 중성미자

아득 속을 들여다보며

---

* 중성미자 연구는 우주 탄생의 비밀을 풀 중요한 열쇠로 인식돼, 전 세계적으로 연구가 활발히 진행되고 있다. 국내에서도 그 중요성을 인식해, 2022년 10월 강원도 정선 1천 미터 깊이의 갱도에 중성미자와 암흑 물질 관측 시설인 예미랩을 준공했다.

는 우주에 존재하던 전자와 양성자, 중성자의 분포를 충실하게 따라가고 있었다. 이후에 중성미자가 분리돼(시간이 한참 흐른 후, 중성 수소의 원자가 형성되던 시기에 광자가 전자와 양성자로부터 분리된 사건과 비슷하다) 자유롭게 우주에 퍼지기 시작했고, 광자와 달리, 이온화된 물질을 통과했다.

따라서 우주배경복사와 거의 비슷하지만 훨씬 더 이전 시대의 우주 상태에 관한 직접적인 정보를 줄 수 있을 정도의 우주 중성미자 배경이 존재할 것이다(이에 관한 간접적인 증거는 있다). 그러나 이 오래된 중성미자 배경을 밝혀낼 가능성은 현재로서는 가설로만 존재하는, 우주론 연구자들의 금기된 꿈으로 남아 있다.

또 다른 가능성이 있는데, 이는 우리가 우주 지평선을 더욱 확장할 중요한 단서가 될 것이다. 물질적 매개체 속에서 이동하는 파동(예를 들면, 소리)과 진공 속에서 이동하는 파동(전자기장의 교란)이 존재하는 것처럼, 시공간 자체가 뒤틀리면 **중력파**(Gravitational waves)라는 파동이 일어난다. 중력파는 특정 조건에서 질량을 가진 물질이 이동할 때 발생한다. 이렇게 생성된 파동은 빛의 속도로 시공간의 파문으로 전달되고, 이동 경로에 놓인 다른 질량을 가진 물질과의 거리 변화로 감지될 수 있다(바다에 떠서 파도의 이동으로 움직이는 코르크와 약간 비슷하다). 이 중력파는 아인슈타인의 일반상

대성이론에서 제시된 것으로, 2015년 라이고와 버고(LIGO/
VIRGO, 미국과 유럽 중력파 관측소) 관측소에서 약 10억 광년
떨어진 위치에서 두 블랙홀의 충돌로 생성된 시공간의 파
문을 처음으로 포착했다. 이것은 일반상대성이론의 예측이
얼마나 대단한지 다시 한번 확인해줬고, 우주 관측의 새로
운 창을 열었다고 평가받는다.

원칙적으로 중력파는 우리에게 빅뱅 직후 발생한 사건에
관한 직접적인 정보를 전달할 수 있다. 실제로 우주 급팽창
(Cosmic inflation) 모형(나중에 자세히 설명할 것이다)은 가속 팽
창 초기 단계가 끝날 때 생성된 우주배경 중력파의 존재를
예측하게 한다. 이 신호는 방해받지 않고 원시 플라스마를
통과할 수 있어서 우리가 빅뱅 직후 1초 중 아주 짧은 시간
동안 우주의 상태를 직접적으로 파악할 수 있게 한다. 그러
나 우주배경 중력파의 존재를 추정한다고 해도, 이것을 직
접 관측하려면 우주 궤도에 복잡한 측정 장치들이 있어야
한다. 이 장치들은 적어도 수십 년간은 기다려야 할 것이다.

그 사이 우주배경복사에서 원시 중력파가 지나간 흔적
을 발견할 가능성이 있다. 하지만 이 가능성은 엄청난 기
술적 어려움을 안고 있다. 2014년 몇 개월 동안 바이셉투
(BICEP2)라는 실험이 급팽창에 따라 예상되는 우주배경 중
력파가 존재했다는 증거를 발견한 것으로 알려졌다. 하지

만 나중에 플랑크 관측 자료에서 이 증거는 잘못된 것으로 밝혀졌다. 그래도 이 가능성은 분명 나중에 제대로 검증될 것이고, 우주의 초기 순간에 관한 더 많은 물리적인 단서를 제공할 수 있을 것이다.

II

암흑 물질
Queste oscure materie

어두운 방에서 검은 고양이를 찾는 것보다 더 어려운 일은 없다.
특히 고양이가 없을 때는 더 그렇다.

—

공자(公子, BC 551~BC 479)

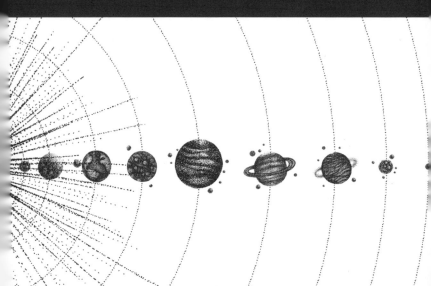

6

우주는 평평하다

La misura del mondo

19세기 초, 독일의 저명한 수학자이자 물리학자, 천문학자
인 카를 프리드리히 가우스(Carl Friedrich Gauss, 1777~1855)
는 하노버(Hannover)주 정부가 의뢰한 임무를 수락했다. 자
신의 분야에서만큼은 천재적인 그에게도 약간 특이한 임무
였는데, 지형도를 제작하는 일이었다. 지표면의 각도와 거
리를 세심하게 측정하고, 매우 복잡한 수학적 계산을 통해
측정치를 연결하는 작업을 해야 했다. 가우스는 이 작업을
아주 진지하게 받아들였고, 이때부터 서로 멀리 떨어져 있
는 지점 간 삼각측량(삼각형 한 변의 길이와 두 개의 끼인각을 알면
그 삼각형의 나머지 두 변의 길이를 알 수 있다는 원리를 이용해 지형을

측량하는 방법)을 정확하게 할 수 있는 장치(회광기^Heliotrope)를 개발했다. 가우스가 이 일을 맡게 된 이유는 단순히 안정적이고 보수가 좋다는 전망을 떠나, '지구와 같은 곡면에 기하학의 정리를 어디까지 적용할 수 있을까'라는 문제 자체에 대한 과학적 관심 때문이었다.

수 세기 동안 수학자들은 유클리드 기하학의 다섯 가지 공준(公準, Postulate)*이 자명하고 증명될 필요가 없다는 전제하에, 이 공준들을 기하학 지식의 배경으로 삼았다. 다시 말해, 유클리드의 공준들은 우리가 사는 세상에 대한 근본적이고 변하지 않는 속성인 듯 보였다. 그러나 이 공준 중 다섯 번째 평행선 공준(Parallel postulate)은 수 세기 동안 수많은 대체 공식과 더불어 심지어 다양한 시도의 검증까지 요구될 정도로 다른 공준과 달리 항상 논란이 있었다. 다섯 번째 공준은 아주 간단한 명제로, 한 직선을 서로 다른 두 직선이 교차할 때, 두 내각의 합이 180도보다 작으면, 이 두 직선을 무한히 연장할 때 두 내각의 합이 180도보다 작은 쪽에서 교차한다는 것이다. 삼각형 내각의 합이 언제나 180도인 공식과 등가 공식이다(혹은, 두 개의 직선이 세 번째 직

---

* 1. 서로 다른 두 점이 주어질 때, 그 두 점을 잇는 직선을 그을 수 있다. 2. 임의의 선분은 더 연장할 수 있다. 3. 서로 다른 두 점 A, B에 대해, 점 A를 중심으로 하고 선분 AB를 한 반지름으로 하는 원을 그릴 수 있다. 4. 모든 직각은 서로 같다. 다섯 번째 공준은 매우 논쟁적인 '평행선 공준'으로, 이후 본문에서 상세히 다뤄진다.

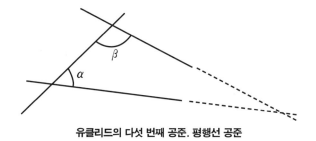

유클리드의 다섯 번째 공준. 평행선 공준

선과 90°를 이루면 이 두 직선은 서로 평행하며 절대 만나지 않는다는 공식과 같다).

유클리드의 다섯 번째 공준은 추상적인 상상의 세계에서만 존재하는 완전히 직관적인 내용인데, 지구와 같은 곡면에서 재현하면 명백한 거짓으로 드러난다. 실제로 평행선에 관한 유클리드의 개념에 완벽하게 부합하는 두 개의 지구 자오선을 적도 근처에서 관측하면(두 자오선이 적도와 90°의 각을 형성), 두 자오선이 서로 다른 두 지점, 즉 극점에서 만난다. 마찬가지로, 삼각형을 종이에 그리면 내각의 합이 180도지만, 구형의 표면에 그리면 그렇지 않다(이 경우, 내각의 합이 180°보다 크다).

그렇다 보니 19세기 초 몇십 년 동안 수학자 다수는 유클리드의 공준 중 하나 이상을 대체하는 기하학을 세울 방법을 골몰하기 시작했다. 가우스는 이 문제를 처음으로 파고들기 시작한 사람 중 한 명이었고, 다섯 번째 공준이 일관성 있는 기하학을 구축하는 데 반드시 전제해야 할 조건이 아니라는 결론에 도달했다. 그리고 '곡률(Curvature)'의 개념을 도입하고, 표면 자체에서 실행되는 각도와 거리 측정에서 시작해 표면의 곡률을 정의할 가능성을 확립하는, 이른바 **빼어난 정리**(Theorema Egregium)를 공식화했다. 예를 들어, 지구가 구형이라는 결론을 내리려고 굳이 위성에서 지구를 관측할 필요가 없다. 지표면에 국한된 상태지만, 지평선들이 만나는 방식을 측정하거나 삼각형 내각의 합을 구하기만 하면 곡률을 유추할 수 있으니 말이다.

지형을 측정하는 과정에서 가우스는 우선 하노버에 있는 세 개의 산 정상이 이루는 각도를 측정했다. 전해지는 이야기에 따르면, 가우스는 이 실험을 통해 자연의 기하 구조가 본질적으로 비유클리드적이라는 점을 증명하려고 3차원 공간에서 만들어질 수 있는 곡률을 알아내려 했다고 한다. 하지만 이 측정은 단순히 가우스가 하던 지형 계산에 지구의 곡률이 끼치는 영향을 평가하는 데 필요했을 가능성이 훨씬 크다. 어쨌든 비유클리드적 기하학의 구성은 이후에 자리를 잡았고, 니콜라이 로바쳅스키(Nikolai Lobachevsky, 1792~1856, 러시아의 수학자)나 보여이 야노시(Jànos Bolyai, 1802~1860, 헝가리의 수학자)와 같은 다른 수학자들이 유클리드의 공준 중 하나 이상을 부정하는 체계를 고안했다. 로

바첵스키는, 공간의 비유클리드적 특성을 알아내는 방법을 처음으로 제시한 것으로 보이는데, 이러한 특성은 6개월 시차를 둔 지구 공전 궤도의 두 극과 하늘의 시리우스(Sirius) 별의 위치를 삼각측량해, 삼각형 내각의 합이 180도와 다르게 나타났다면 그 사실이 명백했을 것이다. 시간이 흘러 19세기 말경, 베른하르트 리만(Bernhard Riemann, 1826~1866, 독일의 수학자)은 비유클리적 기하학을 공식적으로 훨씬 진일보한 수준으로 끌어올렸고, 공간의 지점마다 다른 곡률을 가진 임의의 표면으로 구조를 일반화했다.

가우스는 천재였다. 그리고 기하학에서 그의 개념은 수학적인 관점에서 정확했다. 하지만 물리학의 차원으로 옮기면 시대를 너무 앞서나갔다. 묻혀버린 로바첵스키의 제안을 제외하면, 그 누구도 3차원 공간(실제 물체가 움직이는 명백한 불변의 뉴턴 물리학 시나리오)이 곡선이 되고, 실제 구형의 표면과 비슷하거나 혹은 움푹 파이거나 혹처럼 튀어나올 수 있다는 생각을 하지 못했다.

물리학과 기하학은 절묘한 결합이 필요했다. 비유클리드적 공간에 관한 가우스와 로바첵스키, 리만의 추상적인 개념이 우리의 현실에 부합할 뿐 아니라, 이전 두 세기 동안 군림하던 뉴턴의 설명보다 우리 우주에 관해 더 정확히 설명할 수 있다고 세상을 설득하기 위해서라도 말이다. 그 결합을 실현해낸 것이 바로 20세기 초 알베르트 아인슈타인이 내놓은 일반상대성이론이었다. 그 이후 우주는 고정적이지 않고 절대적이지 않은, 내부에서 물질이 분배되는 방식에 따라 영향을 받는 것으로 이해됐다. 물질이 존재로서 우주를 형성한 것이다.

사실, 이 모든 것들의 기본 개념은 아주 이해하기 쉽다. 그러나 그 개념을 극단의 결과로 이끌어가려면 아인슈타인의 천재성이 필요했다. 아인슈타인은 관측부터 시작했다. 다양한 물체들이 중력장에 떨어지면, 이 물체들의 가속도는 질량이나 물리적 구성과 상관없이 모두 같다. 이러한 사실이 경험에 비추어보면 아닌 것 같지만, 실제로 아주 정밀하게 증명된 것이다. 궤도를 방해하는 대기가 없는 진공 상태에 있다면, 같은 높이에서 낙하하기 시작한 깃털과 망치는 같은 순간에 지면에 도달한다(물리학자들은 굳이 확인할 필요가 없었지만, 아폴로15의 지휘관 데이비드 스콧David Scott은 대중에게 아주 화려하게 증명해 보였다. 공기가 없는 달에서 깃털과 망치가 동시에 지면에 닿는 것을 직접 시현했다). 아인슈타인은 이 실험에서 매우 심오한 결론을 이끌어냈다. 중력장의 존재가 물체에 끼치는 영향은 가속계에 있을 때 발생하는 효과와 완전히 똑같다는 결론이었다. 즉, 중력과 관성력이 같다는 등가원리

(Equivalence principle)다.

이는 간단한 예로 쉽게 이해할 수 있다. 우리가 아주 높은 빌딩에서 두 손에 망치와 깃털을 든 채 엘리베이터를 타고 꼭대기까지 올라갔는데, 불행히도 엘리베이터 케이블이 끊어져 허공 속으로 추락하기 시작한 상황에 놓였다고 생각해보자. 우리가 그 짧은 마지막 시간을 과학을 위해 희생하기로 하고 망치와 깃털을 떨어뜨리는 실험을 했다고 가정해보자. 두 물체 모두 같은 가속도로 추락하고 엘리베이터도 (우리 몸도) 마찬가지이므로, 두 물체가 마치 무게가 없는 것처럼 공기 중에 떠 있는 것을 목격할 수 있다. 다시 말해, 지구의 중력장에서 자유낙하하는 엘리베이터의 가속이 엘리베이터 내부 중력장 자체의 효과를 상쇄하는 것이다. (자유낙하의 이러한 속성은 통제된 방식으로 짧은 시간 동안 낙하하는 특수 비행기 내에서의 무중력 상태를 만들어낼 때 사용된다.) 이번에는 반대의 상황으로, 여러분이 중력장에서 멀리 떨어져 있는 지속적인 가속 상태의 로켓 내부에 있다고 상상해보자. 운동 방향과 반대쪽으로 우리를 짓누르는 압력은 모든 면에서 중력장의 존재로 인해 발생한 압력과 완전히 같아서, 로켓 내부에서 이 '인공' 중력을 실제 중력과 구분하기 위해 우리가 할 수 있는 실험은 없다.

아인슈타인은 중력장에서 물체에 가해지는 가속도가 물

체의 질량이나 구성에 따라 달라지는 것이 아니라면, 중력 자체를 공간(혹은 시공간)의 속성 변화로 생각할 수 있다고 추론했다. 서로 같은 초기 조건하에, 중력장에서 자유롭게 움직일 수 있는 모든 물체는 서로 같은 궤적을 따를 것이다. 따라서 자유낙하 궤적을 중력장의 존재로 유발된 공간의 특성이라 생각해볼 수 있다. 그리고 중력장이 질량의 존재로 인해 생성되므로, 이 추론의 결론은 모든 질량의 주변 공간 구조를 교란해 자유낙하하는 물체가 유연하게 추락하는 '궤도'인 궤적의 기하 구조를 확립한다는 것이다.

아인슈타인이 예측한 중력의 기하학적 속성은 상당히 강력해서, 일반적으로 우리가 완벽하게 직선으로 이동한다고 생각하는 빛조차 주어진 질량의 존재 때문에 확립된 공간의 특성에 종속돼야 한다. 사실 빛이 따라가는 경로는 한정된 공간 내에서 **직선**에 대한 정의를 내리는 데 필요하다. 직선은 두 지점 간의 가장 짧은 경로이며, 이 거리를 지나기 위해 빛이 따라간 경로와 정확하게 일치한다.

공간이라는 것이 그 내부에서 물체가 움직이는 곳이라는 절대적인 실체가 아니라, 물체 자체의 존재에서 형성되는 일종의 탄성적 실체라는 점이 혼란스러워 보일 수 있다. 우주에 관해 아직 뉴턴의 사고에 묶여 있던 20세기 전반의 물리학자들에게는 확실히 당혹스러웠다. 그러나 아인슈타인의 이론은 상당히 명확한 예측을 담고 있었고, 그 예측들이 맞는지 아닌지에 관한 결정은 실험에 달려 있었다. 1919년, 저명한 영국 천문학자 아서 에딩턴(Arthur Eddington, 1882~1944)은 아인슈타인의 생각이 맞는지 직접 확인해보고자 원정대를 결성해 서아프리카 해안으로 갔다. 에딩턴의 목표는 시공간 기하학의 추적자로 빛을 활용하는 것이었는데, 그러자면 같은 해 5월 29일 상투메(São Tomé) 섬과 프린시페(Príncipe)섬에서 관측 가능한 개기일식의 기회를 잡아야 했다. 아인슈타인에 따르면, 먼 별빛이 태양의 질량을 통과하면서 휘어져야 했다. 따라서 일식이 진행되는 동안, 태양의 어두워진 표면에 다가갔던 별들이 평상시의 밤, 즉 태양이 별의 이동 경로에 놓여 있지 않을 때 차지하던 자리와 약간 다른 곳에서 나타나야 했다. 에딩턴의 측정으로 휘어진 각도 계산을 통해 제시된 바와 같이 1.7초의 각도라는 아인슈타인의 예측이 확인됐다(1초는 1도를 360등분한 각도). 어느 개인탐험대도 브라질에서 똑같은 결과를 얻었고 말이다. 뉴턴의 이론을 갱신하고 개선한, 공간과 시간, 중력에 관한 새로운 해석인 아인슈타인의 일반상대성 이론이 승리를 거둔 것이다.

결국, 실제 우주를 더 잘 설명하는 기하학은 비유클리드 기하학이었다. 질량이 공간을 휘어지게 하고, 중력은 두 물

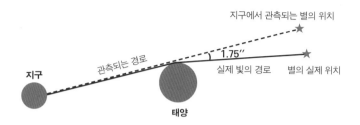

관측되는 별의 위치
실제 빛의 경로
별의 실제 위치
1.75"
관측되는 경로
지구
태양

태양의 중력에 따른 중력렌즈 현상

체 간의 원격 상호작용이 아니라 시공간의 기하학적 특성
이다. 이러한 이론적 도구로 무장하게 된 물리학자들은 몇
십 년 전까지만 해도 절망적이고 의미도 없어 보였던, 유일
하고 거대한 물리계로 여겨지던 우주 전체의 구조와 진화
를 설명하는 과업에 다가설 수 있게 됐다. 다시 말해, 우주
론의 초석을 세우는 것이다. 문제는 대체로 시공간의 기하
구조가 무엇인지, 즉 실질적인 우주의 형태를 확립하는 데
있었다.

　사실 이 문제는 복잡한데, 여기에는 나쁜 소식과 좋은 소
식 두 가지가 있다. 나쁜 소식은 이 문제가 원칙적으로 **정
말로** 복잡하다는 점이다. 질량이 있는 곳마다 공간의 기하
구조가 변화하기 때문이다. 공간은 태양 주위에서만 휘어
지는 것이 아니라 지구나 달, 혹은 우리 은하 근처에서도
휘어진다. 감지할 수 없을 정도지만 우리 몸 주위에서도 휜

다. 우주 사건의 현장은 함몰과 돌출, 구멍, 주름이 흩어져 있는 거대한 공간이다. 또한, 그 속에서 모든 질량이 움직이는 방식이 공간의 형태에 영향을 받고, 공간도 질량의 움직임에 따라 변형된다. 우주에 있는 모든 물질과 에너지가 매 순간 복잡한 시공간의 기하 구조를 바꾼다는 이야기는 듣기만 해도 골치 아파 보인다.

하지만 좋은 소식도 있다. 여러분이 우주론 연구자이고 우주의 복잡한 형태를 확립하는 것이 역할이라면 문제는 간단해진다. 상황을 전체적으로 볼 수 있다면, 중요한 것은 아주 대규모로 바라보는 물질의 분포뿐이다. 국부적인 작은 밀도 변화는 전체적인 시각에서는 사라지므로 관심에서 배제하는 것이다. 위성에서 사막을 바라볼 때 모래언덕 하나하나가 보이지 않고 균질하게 펼쳐진 드넓은 백사장만 눈에 들어오는 것과 마찬가지다. 그리고 우주의 모든 지점이 평균적으로 서로 같다는 합리적인 가정을 할 수 있다. 우주 내에 특별한 구역은 존재하지 않을 것이고, 아주 먼 은하에 있는 외계 우주론 연구자도 우리가 도달한 바와 같은 결론에 도달할 것이다. 이러한 균질성의 조건은 우주론 연구자들이 **우주론 원리**(Cosmological principle)라고 부를 만큼 합리적이다. 이 원리는 오늘날 모든 이론의 기초가 됐다. 이러한 전제로(우주가 평균적으로 어디든 서로 같고, 국소적인 세부사항은 간과할 수 있다는 전제) 보면, 비유클리드 기하 구조에 관한 연구는 비교적 간단한 선택지를 쥐게 된다. 이러한 우주는 어디서나 곡률이 서로 같을 것이다. 이 경우 곡률은 양수나 음수, 혹은 0이 될 가능성 세 가지뿐이다.

이 시점에서, 우리는 3차원의 우주에서 살고 있으므로 3차원의 체적이 4차원에서 휘어지는 일은 불가능할 거로 생각할 수밖에 없다. 우리 중 누구도 이런 상황을 만들 수는 없으므로, 이것을 눈에 보이게 하려면 차원을 낮춰야 한다. 그러니 우리는 2차원(표면)의 우주가 있고 그 표면에 모든 물질이(또는 예상치 못한 생명체가) 접해 있다고 상상해보자. 곡률이 일정한 양수인 표면은 구형이다. 곡률이 음수라면 쌍곡면(말안장과 비슷하지만 무한으로 팽창하는 형태)이다. 마지막으로 곡률이 없는 표면은 유일하게 유클리드 유형의 기하 구조로 설명이 되는 표면으로 평면이다(이것도 무한대다). 우리가 상상한 2차원 우주에서 상상할 수 있는 형태는 이 세 가지뿐이다. 그리고 우리 우주에 허용되는 기하 구조도 이 세 가지와 똑같지만, 실제 공간은 한 차원이 더 높다는 차이가 있다.

아인슈타인이 도입한 질량과 기하학의 관계에 관해 우리가 알고 있는 것을 참고하면, 세 가지 공간 유형 중 우리가 사는 공간을 어떤 유형으로 설정하든 대규모 우주의 곡률을 지배하는 물리량은 우주에 존재하는 모든 물질(에너지 포함)의 평균 밀도라는 사실을 알게 된다. 일반상대성이론을 통해 우주의 평균 밀도가 세제곱센티미터당 10^{-29}그램이라면(지구보다 100배 큰 체적에 단 1g의 물질이 담겨져 있는 수준으로 매우 작은 값), 우주의 대규모 기하 구조는 유클리드 이론에 완벽하게 부합하고, 공간은 종이처럼 평평하다는 것을 보여준다. 밀도가 아주 높으면 곡률은 구형과 비슷한 양수가 되고, 밀도가 매우 낮으면 곡률은 쌍곡면과 유사한 음수가 된다. 그러니까 우주의 대규모 기하 구조나 평균 밀도의 정의는 완전히 똑같게 된다. 이러한 연관성은 우리가 곡률 측정을 통해 우주의 전체적인 틀을 이해할 가능성을 열어준다.

이외에도 우주의 평균 밀도는 우주가 팽창하는 방식을 통제하는데, 사실상 물질 전체의 중력은 브레이크 역할을 한다. 평균 밀도가 우주를 평평하게 만드는 임계 밀도보다 더 크면 공간의 팽창이 점차 느려져 어느 순간 완전히 멈추고 결국 엄청난 붕괴를 일으킬 것이다. 우주는 수십억 년 안에 그 내부로 폭발해 들어가면서 생을 마감할 거고 말이다. 우주의 진화를 시작한 화려한 빅뱅의 운명이 종지부를 찍는 것이다. 하지만 반대로, 평균 밀도가 임계 밀도보다 작으면 팽창 속도는 느려지지만, 팽창은 영원히 계속될 것이다. 우주는 찢겨 마모되면서 서서히 죽음을 맞이하게 될 것이다. 현대 우주론 모형의 핵심은 이러한 우주의 기하 구조와 밀도 그리고 그 운명과 깊은 관계에 놓여 있다.

우주의 평균 밀도 추정치라는 부수적인 결과로 우주의 대규모 기하 구조를 어떻게 정의할 수 있을까? 20세기 초 허블이 제안한 방법이 한 가지 있다. 비유클리드 공간에서 면적과 부피를 계산하는 공식은 우리가 학교에서 배운 것과는 다르다. 예를 들어, 커다란 공에 원을 하나 그린다면, 원주와 반지름의 비율은 2파이(π)가 전혀 아니다. 지구의 적도에 원이 있다고 생각해보자. 이 원의 원주는 약 4만 킬로미터다. 유클리드 공식에 따라 2파이로 나눈 반지름은 약 6천 킬로미터가 된다. 그러나 **지표면상에서** 측정한 반지름, 즉 자오선을 따라 적도를 극에 연결하는 선은 훨씬 더 긴 1만 킬로미터 정도가 나온다. 이와 비슷하게, 3차원의 비유클리드 공간에서 위와 같은 반지름을 가진 구의 부피도 유클리드 공간에서의 값과 다르다(즉 $4\pi/3$에 반지름의 세제곱을 곱한 값). 허블은 일정한 반경에 포함된 부피를 측정하는 데 우주 내 은하의 분포를 사용할 것을 제안했다(항아리에 들어갈 수 있는 콩의 수를 세어 그 부피를 유추하는 것과 비슷하다). 계산된 부피가 유클리드 공식으로 나온 값과 다르다면, 우주가 구부러져 있다는 결론을 내릴 수 있을 것이다. 허블은 자신의 관측을 통해 우주의 곡률이 양수라는 결론을 내릴 수 있다고 생각했다. 불행하게도 허블은 은하들이 균질한 방식으로 분포돼 있고, 그러한 상태에서 은하의 수가 은하를 포함하고 있는 영역의 부피 추정치로 사용될 수 있다는 전제를 바탕으로 계산했다. 이 전제는 잘못됐다. 우주 먼 곳을 바라보면 과거의 시간도 볼 수 있고, 은하의 밀도도 바뀐다. 또한, 밝지 않은 은하들은 잘 보이지 않아서 일정한 거리 이후부터는 수량을 헤아리는 과정에서 더 밝은 은하들보다 불이익을 당할 수밖에 없다.

우주의 기하 구조를 측정하는 가장 간단한 방법은 로바쳅스키가 제안한 것으로, 세 기준점을 연결해 거대한 삼각형을 만든 후 내각의 합을 구하기만 하면 된다. 안타깝지만, 로바쳅스키가 제시한 세 점(지구 궤도의 두 극과 시리우스별)은 우주 전체의 규모로 봤을 때 서로 너무 가까워서 의미 있는 결과를 얻기 힘들다. 변의 길이가 몇백 미터밖에 되지 않는 삼각형의 각을 측정해 지구의 곡률을 구하려는 것과 같다고 말할 수 있다. 우리가 주위를 둘러봤을 때 지구가 거의 완벽한 평면으로 보인다는 것만 생각해봐도 헛수고라는 것을 알 수 있다. 그러나 결국 우주론 연구자들은 거대한 삼각형을 이용해 이 방법을 성공적으로 적용해냈다. 삼각형 두 변의 길이가 사실상 거의 관측 가능한 우주 전체의 크기와 같았다.

핵심은 우주배경복사의 관측이었다. 앞에서 이미 여러 번 말한 것처럼, 우주 광구는 관측 가능한 우주의 경계에 근접해 있다. 이렇게 먼 거리에서는 우주의 곡률이 아무리 작아도 광자의 경로는 간과할 수 없을 만큼 편차가 생길 수 있다. 여기서 우리는 우주 광구를 향해 서로 다른 두 방향을 바라보는 삼각형의 두 변을 만들 수 있다. 그러면 삼각형의 세 번째 변, 즉 광자의 경로 편향을 측정하기 위해 사용할 대조변은 어떤 것일까? 우주론 연구자들은 대적할 수 없는 기준의 척도, 즉 우주 광구에서 관측된 평균보다 차갑거나 뜨거운 지역의 일반적인 크기를 찾아냈다. 이 영역은 원시 플라스마에서 발생하는 물리적 과정에 의해서만 정해지므로, 우주 곡률의 영향을 받지 않는 일종의 단단한 자 같은 것이다. 반면, 우주 곡률의 영향을 받는 것은 우리가 여기서 볼 때 아주 멀리 있는 그 자가 이루는 각도다. 우주가 평평하다면 이 각도는 약 1도가 될 것으로 계산된다. 반면 우주가 곡률이 있는 경우, 이동 경로에 있던 광자가 현시대에 재결합에서 벗어난 편차로 인해 각도가 더 크거나 더 작게 나타난다.

20세기 말, 두 실험에서 1도 미만의 각 규모에서 우주배경복사의 온도가 높은 지점과 낮은 지점의 이력을 재구성하는 데 필요한 세부사항과 함께 처음으로 우주배경복사를 관측했다. 2000년 4월, 《네이처》에 처음으로 결과를 발표한 실험은 부메랑이었고, 뒤이어 맥시마라는 매우 유사한 실험이 진행됐다. (비록 우주의 기하 구조 측정 경쟁에 고작 일주일 차이로 두 번째로 도착하기는 했지만, 당시 나도 맥시마 연구팀의 일원으로 참여했다는 점이 자랑스럽다.) 부메랑과 맥시마에서 관측한 우주 광구상 얼룩에 관한 이론적 예측과 특징적 규모 간의 대조로 우주에 세 유형의 가능성 중 가장 간단한 기하 구조, 즉 우주가 유클리드의 기하 구조, 혹은 평면 기하 구조라는 것이 증명됐다. 이러한 발견은 나중에 다른 실험들에서 더 높은 정확도로 확인됐고, 시간순으로 2003년에는 코비(COBE)의 직계 후손이라 할 수 있는 나사의 위성 더블유맵(WMAP)이 있었다.

유클리드에서 가우스, 아인슈타인에서 다시 유클리드로 돌아오기까지, 우주의 기하 구조를 정의하기 위해 지나온 길이 조금 실망스러워 보일 수 있다. 그러나 우주가 대규모에서 평균 곡률이 0이라는 발견은 정말 중요하다. 한편, 앞에서 말한 것처럼 우주의 곡률 측정은 우주의 평균 밀도가 얼마인지, 즉 얼마나 많은 물질과 에너지가 포함돼 있는지를 설정하는 것과 같다. 전체적인 내용을 직접적인 방식으로 평가해(예를 들면, 우주에 존재하는 은하나 별, 혹은 원자가 얼마나 되는지 계산) 서로 같은 결론에 도달할 수 있을 것이라 믿는다면, 다시 생각해보라. 이 책에 남은 장의 대부분은 우주에 관한 세부목록을 만들기가 얼마나 복잡한지 여러분을 이해시키는 내용을 다룰 것이다. 우주가 대부분 전통적인 천문학 관측 방법을 이용해 거의 완전히 보이지 않는 성분들로 구성돼 있기 때문이다. 그러나 우주가 평평하다는 결론이 나왔다는 점은 우주의 평균 밀도가 세제곱센티미터당 10^{-29}그램이라는 마법 같은 값에 가까워야 한다는 것을 확신시켜준다. 어떤 의미에서 보면 우리가 우주의 무게를 측정한 것이다.

우주가 평탄성을 띤다는 발견이 우주론 연구자들에게 열렬한 환영을 받은 이유는 또 있었다. 1980년대 초에 공식화된 다소 독자적인 이론에 정당성을 갖게 한 이유인데, 이 이론은 신빙성이 없는 우주의 특성 몇 가지를 설명할 수 있었다.

1970년대에 펜지어스와 윌슨이 우주배경복사를 발견한 후 빅뱅 모형은 우주론 연구자들에게 안정적인 기준점이 됐다. 그런데 자세히 보면, 빅뱅 모형은 우주 관측 내용과 가장 일치하지만 몇 가지 문제도 있었다. 빅뱅 모형을 위기에 빠뜨릴 정도로 위협적인 문제는 아니었지만, 우주의 진화가 시작된 조건이 자연스러워 보이지 않는다 점이었다.

무엇보다 우주의 나이가 100억에서 200억 년 사이라는 점은 우주의 평균 밀도가 임계 밀도와 그렇게 많은 차이가 나지 않는다는 것을 의미했다. 밀도가 훨씬 더 큰 우주라면 실제로 오래전에 이미 붕괴했을 것이고, 밀도가 희박한 우주라면 매우 빠른 속도로 팽창해 현재 우리가 관측하는 우주보다 더 비어 있었을 것이다. 평균 밀도가 임계 밀도에 가깝다는 점이 크게 염려할 필요 없는, 그저 그냥 '일어난' 부차적인 문제로 보일 수 있다. 그러나 속을 들여다보면 그렇지 않다. 사실상 빅뱅 모형의 방정식은 이 임계 밀도가 매우 불안정한 값이라는 것을 보여준다. 평균 밀도가 임계 밀도와 다른 값이라면, 시간이 흐르면서 점점 더 격차가 생길 것이다. 다시 말해, 우주의 곡률이 점점 더 커지는 것이다. 곡률이 일정하게 유지되는 경우는 곡률이 0일 때뿐이다. 평균 밀도가 임계 밀도와 정확하게 일치하면 그 상태가 영원히 유지될 것이다. (그러나 밀도는 일정하게 유지되지 않는다. 시간이 지나면 평균 밀도와 임계 밀도 모두 변하지만, 두 값 사이의 격차는 유지된다.)

그렇다면 재앙(빅뱅 직후 붕괴하거나 급속도로 차갑고 텅 빈 사막이 되는 우주)을 피하는 유일한 방법은 밀도가 처음부터 임계 밀도에 아주 정확하게 고정돼 있었어야 한다. 그러나 어떤 물리적 체계가 평균 밀도를 임계 밀도에 그처럼 근접하게 유지시킬 수 있었을까? 그건 분명 정상적인 우주의 진화가 아니었고, 정확히 그 반대의 효과가 나타났다. 우주가 특별한 행운을 타고났다고 믿지 않는다면 뭔가 잘못된 것이다. 이 문제(우리와 비슷한 진화를 거친 우주가 이해할 수 없을 정도로 곡률이 작아야 한다는 점)는 **평탄성 문제**(Flatness problem)로 알려져 있다.

또 다른 문제는 완전히 동떨어져 보이지만 평탄성 문제와 관련이 있고, 우주가 대규모로는 극히 균질하게 보인다는 점이다. 우주에 있는 두 점이 서로 아주 멀리 떨어져 있어도 근본적으로 물리적인 차이가 없다. 예를 들어, 반대되는 두 방향에서 우주 광구를 바라보면 기온이 어느 정도 같은 온도(약 2.7K)로 관측된다. 그러나 이 두 지점이 우주 지평선보다 더 멀리 떨어져 있고, 이 두 지점은 과거에 단 한 번도 물리적으로 접촉할 수 없었다. 그런데 어떻게 이 두 곳의 온도가 약속이라도 한 것처럼 비슷할 수 있을까? 이것은 흡사 완전히 따로 만든 두 음료가 담긴 완벽하게 단열된 두 개의 보온병을 열었는데, 두 음료가 혼합된 적이 전혀 없었음에도 정확하게 같은 온도인 상황과 같다. 처음으로 이 문제를 분석한 우주론 연구자들에게는 우주의 초기 조건이 전혀 이해할 수 없는 방식으로 동기화된 것처럼 보였다. 이 문제가 바로 **지평선 문제**(Horizon problem)다.

이 두 딜레마에 관한 해결책은 1980년대 초, 젊은 MIT 연구원 앨런 구스(Alan Guth, 1947~)가 특정 조건에서 우주가 애초에 고전적인 빅뱅 모형에서 예상한 바와 다른 방식으로 진화했을 수 있다는 의견을 제시하며 등장했다. **급팽창**(Inflation)이라고 하는 이름을 가진, 아주 짧은 시기 동안 우주가 비정상적으로 성장했다는 가설이다. 우주가 심지어 팽창 속도도 평소처럼 느려지지 않고 가속화됐다. 이 명석한 이론적 속임수로 빅뱅 모형의 두 딜레마를 연필 한 획으로 잠재울 수 있었다. 관측 가능한 우주 전체는 거의 균질할 정도로 아주 작은 미시적인 규모의 영역에서 시작됐다. 급팽창 단계가 그 작은 영역을 우주 지평선보다 훨씬 더 크게 만들었고, 그때 이후로 관측 가능한 우주 전체가 서로 같은 물리적 조건에 놓이게 된 것이다. 그리고 지구가 마치 실제로는 구형인데도 지평선 내에서는 평평해 보이는 것처럼, 그 측정되지 않는 급성장이 관측 가능한 우주의 공간을 거의 완벽하게 평평하게 보이게 한 것이다.

앨런 구스의 이 논리는, 고전적인 빅뱅 모형의 정신을 건드리지 않으면서도 여러 문제에서 벗어나며 근본적인 진전을 이뤄냈다고 생각한 이론 우주론 연구자들에 의해 열렬한 지지를 받았다. 게다가 급팽창 모형은 20세기 말 몇십년 동안, 빅뱅 직후의 시대에 존재했을 에너지를 포함해 점점 더 많은 에너지에 상응하는 물리적 상태를 설명하게 해준 가장 현대적인 물리 이론들과도 잘 조화됐다. 심지어 우주가 그토록 균질한데도 태초부터 계속된 밀도 요동이 있었고, 결국 시간이 흐르면서 은하가 탄생하게 된 이유에 관해서도 신빙성 있게 설명할 수 있었다.

급팽창 때문에 우주가 평탄할 것으로 예측됐는데, 이것은 다른 방법으로는 설명이 되지 않았다. 그리고 부메랑과 맥시마에 이어 더블유맵 실험에서 관측한 곡률의 부재가 이 이론을 강력하게 뒷받침했다. 앨런 구스와 급팽창 모형에 관한 이론들이 높이 평가되는 것이 당연한 분위기였다면, 다른 측면에서 우주의 기하 구조가 유클리드적으로 나타난 점은 꽤 당황스러웠다. 20세기 내내, 천체물리학자들이 의심의 여지 없이, 망원경으로 관측 가능한 모든 질량을 계산할 때 결과치가 놀라울 정도로 낮았기 때문이다. 즉, 관측 가능한 모든 질량을 합쳐도 임계 밀도의 1퍼센트가 안됐다. 그러나 우주가 평평하다면, 의심의 여지 없이 우주배경복사가 관측된 것처럼 사라진 모든 물질이 어디에 숨겨져 있는지에 관한 설명이 필요했다.

말하자면, 천체물리학자들의 눈에 우주는 너무 어두운 곳으로 보였다.

7

사라진 물질이 있다

Quello che manca

1859년 9월 12일, 프랑스인 천문학자 위르뱅 르베리에 (Urbain Le Verrier, 1811~1877)는 파리 과학 아카데미에 태양계 행성 중 가장 안쪽에 있는 수성의 궤도에서 비정상적인 움직임을 포착했다고 발표했다. 수성이 태양에 가장 근접하게 되는 지점, 이른바 수성의 **근일점**(近日點, Periheilon)이 시간이 흐르면서 이동했는데, 수성이 공전하는 같은 방향으로 향했다. 그러니까 이 양상을 나타내는 궤도는 케플러의 법칙에서 예측한 바와 같이 완벽한 타원이 아니라 꽃잎이 많이 달린 꽃과 같은 형태였다.

수성의 근일점 이동은 그 자체가 그렇게 이상한 것은 아

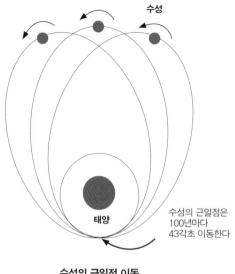

수성

수성의 근일점은
100년마다
43각초 이동한다

태양

수성의 근일점 이동

니었다. 사실 태양계의 천체 궤도에서 그와 비슷한 변화는 잘 알려져 있었고, 각 행성이 고립된 것이 아니라 다른 모든 행성의 중력의 흐름에 영향을 받는다는 점을 고려하면 적절하게 설명됐다. 르베리에는 이러한 분야의 전문 분석가였다. 그는 1846년 몇 개월간의 계산 후, 관측된 천왕성 궤도와 뉴턴과 케플러의 법칙에서 예측한 궤도 간 격차를 토대로 당시까지 알려지지 않았던 해왕성의 존재를 유추해 냈다.

하지만 수성은 상황이 다르게 흘러가는 것 같은 느낌을 받았다. 문제는 태양계 천체 간 상호작용에서 유발된 모든 영향을 고려한 후에도 설명이 안 되는 격차가 여전히 남아 있다는 거였다. 수성 궤도의 근일점이 한 세기마다 예상한 것보다 약 38각초 정도 빨랐다. 아주 사소하긴 했지만, 상당히 거슬리는 이례였다.

르베리에는 자신의 보고서에서, 이 문제에 관해 "알려지지 않은 어떤 작용"에 의해 발생한 "천문학자들의 주목을 받아야 하는 심각한 난관"이라고 지적하면서 동료들에게 경고했다. 수성 주위의 질량이 계산상 추정되는 것보다 더 큰 질량을 가졌다면 별문제가 아니었을 것이다. 예를 들어, 금성의 질량이 10퍼센트 더 크다고 가정하면 문제가 사라진다. 그러나 이는 제외됐다. 해왕성의 존재를 성공적으로 예측했던 것을 떠올린 르베리에는 아직 관측되지 않은 어떤 천체의 존재로 인해 유발될 수 있는 이례라고 추정했다. 다양한 추정 중에는 태양과 수성 사이 공간 내 궤도에 당시까지 망원경에 잡히지 않은 작은 행성이 존재할 수 있다는 생각도 있었다. 르베리에는 '불의 신'을 기리는 의미로 이 가상의 행성을 벌컨(Vulcan)이라고 불렀다.

그러고는 이 신비의 행성, 벌컨 사냥이 시작됐다. 르베리에는 자신이 역사상 유일하게 두 개의 행성을 발견했을 뿐 아니라, 여기에 더해 수학적 계산만으로 행성을 발견한 유일한 학자로 기억될 것이라 확신했다. 그러나 그렇게 작고 태양에 매우 가까운 천체를 관측하기란 쉬운 일이 아니었다. 태양에서 방출되는 빛이 행성의 빛을 뒤덮어 직접적인 관측에 방해가 됐을 것이다. 하지만 거대하고 빛나는 원반에서 이동하는 작은 검은 얼룩, 즉 태양 앞으로 행성이 이동하는 모습을 포착할 수 있으리라고 희망했다.

1859년 12월, 아마추어 천문학자 에드몽 레스카르보(Edmond Lescarbault, 1814~1894)는 르베리에에게 몇 달 전에 태양 앞에서 낯선 물체가 지나가는 것을 목격했다는 내용의 편지를 보냈다. 흥분한 르베리에는 서둘러 행성의 공전 주기를 유추하고, 계산과 측정값을 바탕으로 파리 과학 아카데미에 벌컨의 발견을 발표했다. 이때부터, 목격담이 쏟아지기 시작했다. 특히, 조금이라도 빠른 영광을 누리려는 아마추어 천문학자들의 제보가 많았다. 하지만 안타깝게도 새로운 관측들은 르베리에의 가설을 단단하게 뒷받침하기는커녕 서로 엇갈리게 했다. 그리고 그의 계산으로 예측된 행성의 새로운 이동도 산만해졌다. 시간이 흐르면서 벌컨의 존재는 점점 더 의심을 받았다. 1877년, 르베리에가 사망한 후부터는 이 모호한 행성을 봤다는 사람도 사라졌다. 사실 벌컨이 존재하지 않았으니 전혀 놀랄 일은 아니다. (그러나 벌컨이라는 이름은 대중문화의 아이콘이 됐다. 1960년대 TV 시리즈 《스타트렉》에서 함대의 과학 장교 스팍spock의 고향 행성이 벌컨으로 설정된다.)

사실, 수성 궤도에서의 이상 현상은 다른 이유로 일어난 것이다. 행성의 움직임에 교란이 일어난 것은 작은 질량 때문이 아니라, 중력 상호작용 자체가 뉴턴의 법칙에서 제시한 내용과 다른 방식으로 움직이기 때문이다. 이 사실은 르베리에가 사망하고서 몇십 년 후에야 명확해졌다. 수성의 근일점 이동은 1882년 영국의 천문학자 사이먼 뉴컴(Simon Newcomb, 1835~1909)에 의해 더 정밀하게 측정됐고, 한 세기당 43초(1/3,600도)의 각이 나왔다(이 값은 현재까지도 정확한 값으로 인정되고 있다). 뉴컴은 뉴턴의 법칙을 약간 수정해 관측 내용을 정확하게 설명할 수 있는 가정을 세웠다. 뉴컴의 가설은 물리적 정당성 없이 공식화되기는 했지만, 현실과 그다지 동떨어지지 않았다.

1915년, 결국 알베르트 아인슈타인이 이 문제에 관한 답을 찾았다. 중력 상호작용을 기하학적으로 다룬 일반상대성이론은 뉴턴의 고전적인 견해에서 벗어나, 만유인력의 법칙을 이용해 계산한 행성 궤도와 관련해 약간의 수정을 거친 것이었다. 이 수정치는 태양과 인접한 지역에서처럼 중력의 영향이 훨씬 더 강할 때 커졌다. 아인슈타인은 상대론적 처리에 따른 수성 궤도의 수정이 관측된 것과 서로 같아야 한다고 지적하며, 수십 년 동안 천문학자들이 묶여 있던 골칫거리에 종지부를 찍었다. 결국, 이로써 물리학자들은 아인슈타인이 옳았음을 확신했다(에딩턴이 1919년 아프리카 원정에서 태양에 의한 별빛의 휨을 관측하기도 전이었다).

수성의 비정상 궤도와 파악이 어려운 벌컨 행성 그리고 아인슈타인의 상대론적 해법은 상당히 의미가 크다. 수 세기 동안 천문학자들이 달성한 놀라운 기술력과 관측 내용을 상세하게 분석해 당장 눈앞에 보이지 않는 것에 관한 결론을 도출한 연구 방법의 본보기이기 때문이다. 간혹 해왕성을 발견했을 때와 같이 적용될 때도 있었고, 신기루로 밝혀진 벌컨 행성처럼 그렇지 않은 사례도 있었다. 이 방식의 연구가 어려운, 기억해야 할 측면이다. 이해가 되지 않거나 결괏값이 이론상의 예측과 일치하지 않을 때, 우주에는 직접 관측되지 않는 것들이 실제로 존재할 가능성이 있다. 그러나 이론이 잘못됐을 수도 있다.

20세기의 우주론 연구자들에게는 베일에 싸인 성분들의 존재를 암시하는 듯 보이는 비정상적인 관측을 연구하는 것이 일상적인 관행이 됐다. 우주는 점점 더, 유령이 아닌지 의심스러운 존재인 그림자 속 인형들이 움직이는 피영극(皮影劇, 중국의 그림자 인형극)과 비슷해졌다. 기본 물리학에 관한 우리의 상식 중 근본적으로 잘못된 무엇인가가 있다는 것이 원칙적으로는 가능하지만(예를 들면, 아인슈타인이 뉴턴의 이론을 수정한 것처럼 아인슈타인의 중력이론도 수정될 수 있다),

현재 물리학자와 우주론 연구자들 사이에 가장 널리 인정받는 의견은 우주에 존재하는 물질 대부분이 알려지지 않은 유형이며 직접 관측이 불가능하다는 것이다. 이 파악할 수 없는 '암흑의 물질' 사냥은 벌컨 행성 사냥보다 훨씬 더 어렵고 지금까지도 성공을 거두지 못했다.

천문학자들이 우주에 있는 물질 대부분이 보이지 않을 수 있다고 생각하게 한 관측은, 실제로 르베리에가 벌컨 행성의 존재를 가정하게 만든 것들과 상당한 공통점이 있다. 여기에 사용된 기술은 사실상 본질이 같다. 물리계를 구성하는 물체의 속도와 궤적 측정을 바탕으로 중력의 속성을 확립하려 한 기술이다. 단순하고 일반적이며 효과적인 방법을 사용한다. 어떤 물리계가 중력에 의해 결합한 상태를 유지한다면, 이 물리계의 부분들은 특정한 조건에 순응해야만 움직일 수 있다.

이를테면, 우리 태양계를 보자. 태양은 태양계의 거의 모든 질량을 스스로 구성하므로(작가 아서 클라크Arthur Clarke는 태양계가 사실 "태양과 목성 그리고 잔해"라고 말한 바 있다), 규칙을 부과하는 것도 태양이다. 각 행성은 타원형 궤도를 따라 상당히 정확한 속도로 이동해야 한다. 그리고 행성을 궤도에서 멀어지게 하는 원심력이 행성을 태양 쪽으로 미는 중력과 균형을 잡아야 한다는 조건에 의해 고정된다. 천문학자는 태양에서 행성까지의 거리와 공전 주기를 측정해 별의 질량을 아주 정확하게 설정할 수 있다. 설령 태양이 보이지 않는다고 해도, 행성들이 공전하는 방식으로 공전한다는 사실에 기초해 태양의 존재를 유추할 수 있다.

1933년, 스위스계 미국인 천문학자 프리츠 츠비키(Fritz Zwicky, 1898~1974, 천문학 이야기에서 언제나 '괴팍한 츠비키'로 소개되는 인물인데, 성격 때문이기도 하지만 만화 주인공 뽀빠이와 비슷하기도 해서 이런 별명이 붙여졌다)는 이 방식의 계산을 태양계보다 훨씬 더 크고 복잡한 물리계, 즉 지구에서 3억 5천만 광년 정도 떨어진, 천문학자들에게 **머리털자리**(Coma Berenices) 은하단(혹은 간단히 라틴어에서 차용한 **코마**)으로 알려진 천 개 이상 은하의 무리에 적용하려고 했다. 츠비키는 도플러 효과에 따라 선 스펙트럼이 이동하는 일반적인 방법을 이용해 은하단의 은하들이 움직이는 속도를 측정했다. 그리고 자신이 본 은하들의 수를 헤아리고 그 광도를 통해 각각의 질량을 추정해(더 밝은 은하는 더 크고 무거울 것이고, 모든 은하는 지구에서 대체로 같은 거리에 있어야 한다) 은하단 전체의 질량을 측정하고자 했다. 그런데 자료를 비교하던 츠비키는 무언가가 잘못됐다는 것을 감지했다. 눈에 보이는 물리계의 질량을 그대로 취하면, 은하들의 속도가 중력에 의해 균형이 맞춰지기에 지나치게 빨랐기 때문이다. 계산 상 은하는 흩어져 우주 속으로 날아갔어야 했고, 은하단은 이미 산산조각났어야 했다. 정말 운이 좋게 천 개의 은하가 우연히 짧은 시간 동안 저편에서 지나가는 것을 보게 되지 않는 한, 츠비키의 관측은 중력 접착제로서 역할을 하는 보이지 않는 대량의 물질이 있다고 가정해야만 해석 가능한 것이었다.

츠비키는 다른 천문학자들에게 이 머리털자리 은하단에 수많은 암흑 물질이 있을 것이라고 설득했지만, 진지하게 받아들여지지 않았다. 츠비키의 추정치로 판단하면 보이지 않는 물질이 은하단 전체의 90퍼센트를 차지해야 했다. 믿기 힘든 수치였다. '괴팍한 츠비키'는 틀에 박히지 않은 생각과 그 생각을 옹호하는 방식이 상당히 과격해서 유명해진 사람이었다. 예를 들어, 츠비키는 팽창하는 우주론에 반대하는 관점을 가지고 있었다. 그러다 보니 은하의 적색이동에 관한 관측을 설명하려고 은하에서 방출된 광자의 주기가 중력에 의해 변화된다는 가설을 내놓기도 했다(이른바 '피곤한 빛에 관한 이론'이었는데, 확실히 사람들에게 좋은 인상을 주기 어려운 명칭이었다). 이는 실제로 아인슈타인의 이론에 따른 결과로 나타나는 효과이기는 하지만, 은하의 적색이동을 설명하기에는 결정적으로 그 비중이 너무 작다.

동료들이 이치에 맞는 비판을 하자 츠비키는 격하게 반응했다. 그가 좋아하는 욕이 '동그란 녀석(spherical bastard, 어느 면을 봐도 똑같은 사람이라는 조롱)'이었는데, 허블도 그의 공격에서 벗어나지 못했다. 츠비키는 허블이 관측 내용을 날조했다고 비난하면서 그의 과학적 정직성에까지 의문을 제기하기에 이르렀다. 이런 태도 또한 은하단의 숨은 질량에 관한 츠비키의 가설을 대하는 당대의 회의적 분위기에 일조했던 듯싶다.

암흑 물질은 천문학자들이 이 문제를 다시 들춰볼 수밖에 없게 만든 새로운 관측들이 나타난 1970년대 말까지 외면당했다. 츠비키의 아이디어를 정당화한 사람은 (암흑 물질에 관한 가설에만 국한된다) 천문학자 베라 루빈(Vera Rubin, 1928~2016)인데, 동료 천문학자 켄트 포드(Kent Ford, 1931~)와 함께 나선은하가 회전하는 방식을 연구하는 프로그램에 참여했다. (우리 은하와 안드로메다 은하가 유명한 나선은하의 예다.)

이 은하들(**원반 은하**Disc galaxy라고 부르기도 한다)의 빛은 주로 별이 빽빽하게 들어찬 거의 구형에 가까운 형태의 중심핵에서 나오며, 드물게는 별을 비롯해 기체와 먼지로 형성되는 다소 평평한 외부 원반에서도 나온다. 매우 높은 밀도의 이 핵이 거의 단단한 구체처럼 자전하는 동안, 원반 물질은 다른 방식으로 회전한다. 핵으로부터 특정 거리에 있는 모든 고리는 자체 궤도를 따른다. 천문학자들은 원반의 회전 곡선을 재구성해(핵에서의 거리에 따른 회전 속도) 은하 내 물질의 분포를 정의할 수 있었고, 같은 방식으로 뉴턴의 중력 법칙을 적용해 행성들의 궤도 특성에서 태양의 질량을 유추할 수 있었다. 말하자면, 은하의 회전 속도 측정은 매우 간단한 일이 됐다. 분광기를 준비해 원반에 풍부하게 분포하는 수소에서 나오는 21센티미터 선 스펙트럼의 이동을 측정하기만 하면 된다.

나선은하 내 질량 분포가 빛의 분포를 따라간다면, 우리는 물질 대부분이 중심핵에 집중돼 있다는 결론을 내릴 수 있다. 그러면 원반 내 물질의 궤도들은 중심별의 질량에 따라 정확하게 통제되는 태양계 행성들의 궤도와 유사할 것이다. 케플러와 뉴턴의 모형에 따르면, 행성 궤도의 움직임은 아주 간단하다. 가장 바깥에 있는 행성들은 아주 느리게 회전하는데, 빨리 회전하면 원심력으로 인해 궤도에서 이 행성들은 벗어나게 된다. 반면, 가장 안쪽에 자리 잡은 행성들은 태양과 더 많이 결속돼 있으므로 더 빠른 속도로 이동한다.

루빈과 포드가 은하의 회전 곡선에 관한 자료를 모으기 시작했을 무렵에는 행성 궤도와 아주 다른 움직임을 발견하리라고 예측하지 못했다. 원반 물질의 속도는 중심핵에서 멀어질수록 조금씩 감소해야 했기 때문이다. 그런데 실제 상황은 달랐다. 루빈과 포드는 속도가 감소하는 것이 아니라, 핵과의 거리에 관계 없이 거의 일정하게 유지된다는 사실을 알아냈다. 두 사람은 여러 은하를 관측하고 그 핵들로부터 점점 더 멀어지는 거리를 보면서 자료를 모으기 시작했다. 1970년대 후반까지 루빈과 포드가 나선은하 20여 개의 회전 곡선을 재구성한 결과 항상 서로 같게 나왔고, 속도를 측정할 수 있는 한 회전 곡선은 계속 평평했다.

이 같은 나선은하의 회전에서 나타나는 불규칙을 설명할 가능성은 두 가지뿐이었다. 첫 번째는 중력의 법칙이 은하와 비견될 정도의 큰 규모에는 적용할 수 없다는 거였다. 결국, 뉴턴의 법칙은 태양계 내에서만 정확하게 확인됐고, 해당 질량들이 이미 너무 커졌을 때는 아인슈타인의 상대론적 수정을 도입할 필요가 있었다. 루빈의 불규칙 관측은, 은하의 거리에서만 중요하게 되는 미지의 중력 효과 때문이 아니었을까?

또 다른 가능성은 천문학자들이 오랫동안 착시 현상의 희생양이었으며, 은하에서 보이는 것은 전체적인 구조물 중 작은 일부일 뿐이라는 거였다. 이 설명은 바로 천문학자들 사이에서 큰 호응을 얻었다. 은하가 대부분 보이지 않는 물질로 구성돼 있다고 가정하면, 루빈과 포드가 관측한 회전 곡선이 완벽하게 설명될 수 있다.

천문학자들이 암흑 물질의 존재를 선호하게 된 이유는 수년간 축적된 여러 이상 현상을 단 하나의 가설로 설명할 수 있게 했기 때문이다. 1930년대, 츠비키가 머리털자리 은하단을 통해 보고한 것뿐만 아니라, 뒤이어 다른 은하단에서도 은하단 내 은하의 속도에 관한 문제가 여전히 제기됐다. 여기에 더해 이론적인 측면에서 우주론 연구자들이 1980년대 초에 구스가 제시한 급팽창 모형을 통해 강화된, 임계 밀도와 같은 밀도를 지닌 평탄한 우주에 관한 '미학적' 선호가 커졌다는 점도 있었다. 그러나 우주의 모든 빛나는 물질의 질량을 추정해보면, 대규모 유클리드 유형의 기하 구조를 얻는 데 필요한 것보다 수백 분의 1만큼 작은 밀돗값을 얻게 된다.

그리고 나선은하들이 불규칙한 회전을 하는 특성을 가졌다는 것 외에, 존재할 수 없는 물질로 보였다는 점도 있었다. 1970년대 초, 우주론 연구자들은 중력에 의해 결합한 거대한 입자들의 무더기가 보이는 움직임을 시뮬레이션하기 위해 최초로 컴퓨터를 사용하기 시작했다. 프린스턴 대학 우주론 연구자 제임스 피블스(Jim Peebles, 1935~)*와 제레미 오스트라이커(Jeremiah Ostriker, 1937~)는 처음으로 나선은하를 컴퓨터로 재현해보려 했으나 실패했다. 은하의 원반이 너무 불안정해서, 불가피하게 은하 내 중력 교란의 영향으로 단시간에 산산조각날 것 같았다. 나선은하의 존재는 (우리 은하를 포함해) 물리학 법칙에 대한 노골적인 도전으로 보였고 말이다. 피블스와 오스트라이커는 이러한 모순을 해결하려면 은하 원반이 훨씬 더 큰 구형 구조물 안에 갇혀 있어서 보이지 않는다는 전제를 할 수밖에 없었다. 이른바 **헤일로**(Halo) 같은 것들이(헤일로는 은하에서 보이는 부분보다 수십 배가량 더 크게 퍼져 있을 수 있다) 은하를 묶어주는 중력 시멘트 역할을 해야 했다. 그뿐만 아니라, 암흑 물질의 구형 헤일로에 의해 결집해 있는 나선은하 모형은 루빈과 포드가 관측한 회전 곡선도 완벽하게 설명할 수 있었다.

이러한 이유로 인해, 1980년대 천문학자들과 우주론 연구자들은 암흑 물질에 관한 새로운 패러다임으로 대거 갈아탔다. 컴퓨터 실험과 관측에서 얻어진 우주에는 당시까지 관측되지 않은 물질로 채워진 거대한 그림자 영역이 있었다. 이 물질은 어디에나 있는 것처럼 보였다. 은하단 속 모든 은하에 우주의 밀도가 희망 임계 밀도에 이를 수 있을

---

* 제임스 피블스는 빅뱅 직후 우주가 무한히 팽창하고 식어가는 과정에서 일어나는 우주 배경복사를 추적해, 우주의 물질 중 단 5%가 별과 행성부터 나무와 우리 몸까지 만물을 형성하고 나머지 95%는 알려지지 않은 암흑 물질과 암흑 에너지로 남아 있다는 미스터리를 밝혀낸 공로로 2019년 노벨 물리학상을 수상했다.

정도의 양이 곳곳에 퍼져 있었다.

그렇다면 남은 건 단 하나, 어떤 종류의 물질이 그토록 잘 숨을 수 있는지를 알아내는 것이었다.

사실, 우주에 있는 모든 물질이 밖으로 드러날 정도로 충분한 양의 빛(혹은 다른 형태의 전자기 복사)을 방출하는 건 아니라는 생각 자체는 그리 어렵지 않다. 예를 들어, 우리는 별 이외에 나선은하 속에도 수많은 먼지가 있다는 것을 알고 있다. 아주 맑은 날 밤이면 그 먼지들이 어떤 영향을 끼치는지 볼 수 있는데, 은하수가 보이는 영역에 줄무늬를 만드는 검은 띠의 형태로 나타난다. 그러나 원반에 있는 먼지는 회전 곡선의 불규칙을 설명하는 데 사용될 수는 없다. 이미 확인했다시피, 우리에게는 구형 헤일로에 퍼진 어두운 성분이 필요하다.

태양계에서는 태양만 자체의 빛을 방출하고, 행성과 다른 작은 천체들은 어둡다(이 천체들이 방출하는 소량의 열복사를 무시한다는 가정하에 그렇다). 태양계의 거대 행성들은, 거대지만 어두운 완벽한 원형의 천체를 이룬다. 예를 들어, 목성은 수소와 헬륨으로 이뤄진 거대한 구체로, 태양 무게의 천 분의 1이고 태양계의 다른 모든 행성을 합친 것보다 2.5배 더 무겁다. 목성이 100배 더 무거웠다면, 내부의 압력에 따라 핵융합 반응이 일어나 하나의 별이 돼 태양의 작은 동반자로 남았을 것이다. 그러나 목성은 우주의 어두운 물체들 사이에 갇혀 있어서 우리가 하늘에 두 개의 태양이 뜨는 장관을 볼 기회를 잃었다. (소설 《2010: 스페이스 오디세이*2010: Odyssey Two*》에서 작가 아서 클라크는 슈퍼 테크 외계 문명이 핵융합 반응을 인공적으로 일으켜 목성을 별로 변형시키는 상상을 하기도 했다.)

결국, 은하에는 보이지 않는 물질이 전자기 복사를 그다지 많이 방출하지 않는 조밀하고 무거운 물체의 형태로 대량 존재한다는 가정을 할 수 있는 것이다. 목성과 같은 거대 행성 외에도 갈색왜성(목성보다 70배 정도 무거웠으나 별이 되지 못한 천체)이나 백색왜성(처음에는 태양과 비슷했으나 핵연료가 고갈돼 밀도가 매우 높고 조밀해진 별), 혹은 블랙홀이나 중성자별과 같이 더 신기한 천체들을 비롯해 우리에게 알려진 다른 후보들도 많다.

1980년대 말부터 1990년대 초까지, 천문학자들은 구형 헤일로 속에 퍼진 이러한 천체들의 양이 나선은하의 회전 곡선에 관한 관측 내용을 설명할 수 있을 정도로 충분하다는 희망을 품기 시작했다. 사라졌거나 이제 거의 보이지 않는 이 모든 별을 종합적으로 표현하기 위해 마초(MACHO, Massive Astrophysical Compact Halo Objects, 헤일로에 존재하는 무겁고 조밀한 천체물리적 물체)라는 약어도 등장했다. 사라진 질량의 미스터리를 해결하려면 나선은하 속 진짜 별마다 수백 개의 마초가 있어야 했다. 상당히 많지만 불가능하지는 않은 수였다. 문제는 마초의 존재를 포착하고 그 수를 헤아리는 것이었다.

천문학자들이 정착시킨 기술은 알베르트 아인슈타인이 예측한 빛이 휘어지는 효과를 이용하는 거였다(1919년 일식이 진행되는 동안 에딩턴도 같은 효과를 측정했다). 이 작고 어두운 천체 중 하나가 어느 별 앞을 지나가는 것이 발견된다면, 그 빛은 **중력 렌즈 효과**(Gravitational lensing effect)라는 것에 의해 왜곡됐을 것이다. 결과적으로 특정한 매개변수에 따라 정렬이 된다면, 잠깐 사이 별의 광도가 증가하는 현상이 관측될 것이고, 충분한 기술적 지식이 있다면 이러한 변화가 마초의 이동에 의한 것으로 판단할 수 있으며, 다른 현상에 의해 발생하는 마초와 구분도 할 수 있을 것이다. 하나의 마초가 별 앞을 지나가는 것은 예측할 수 없고 매우 드문 일이기는 하지만, 천문학자들은 은하 내에 수백만 개의 별을 관측하고 충분한 기간을 두고 광도의 변화를 기록하면서 적당한 횟수의 우주쇼를 관측하고 헤일로에 있는 마초의 수를 통계적으로 추정할 수 있을 것이다.

1990년대에 진행된 마초 연구 프로그램은 성공과 실망을 동시에 안겨줬다. 중력 렌즈 효과를 바탕으로 한 이 기술은 성과를 거뒀고(아인슈타인 이론의 가공할 만한 효율성을 다시 확인한 계기였다), 우리 은하의 별 앞에 있던 어둡고 작은 물체들의 이동에 의한 것이라 여길 수 있는 수많은 사례를 찾아냈다. 그러나 불행하게도 그러한 천체들의 총 추정치가 마초들이 암흑 물질의 문제에 적절한 답이 될 수 없다는 것을 보여줬다. 회전 곡선의 관측 결과를 설명하기에는 결정적으로 그 수가 너무 적었다. 우주에서 사라진 질량을 설명하려면 다른 길을 찾아야 했다.

암흑 물질이 별을 형성하는 데 사용된 물질이 아니라 평범한 유형의 물질일 뿐이라는 (또한, 잘 보이지 않는 물질) 기대는 마초가 해결책 명단에서 사라진 후 완전히 식었다. 하지만 그 이전부터 우주론 연구자들과 천문학자들이 이 문제를 더 상세하게 연구하면서 이미 조금씩 희망을 잃어가고 있었다. 이 수수께끼는 시간이 흐르고 관측 내용이 늘어나면서 점점 더 당혹스러워졌다. 우주 여기저기를 아무리 들여다봐도 질량이 대거 집중된 곳이 시야에 나타나지 않았다. 게다가 나선은하들은 거대하고 투명한 헤일로 속에 잠겨 있는 듯 보였고, 은하단의 은하들은 보이지 않는 올가미에 걸려 있는 것 같았다. **타원 은하**(Elliptical galaxy, 원반이 아닌 럭비공 형태의 은하) 속 별들도 빛을 내는 질량에 의한 중력

결합과 양립되지 않는 속도로 움직이는 것 같았고 말이다. 수많은 은하가 허블이 발견한 우주의 일반 팽창의 법칙에서 부분적으로 벗어나, 밀도가 높은 지역의 물질에 의해 끌리는 것처럼 독립적인 경로를 따른다는 단서가 점점 더 많아졌다. 이 물질들은 또다시 관측되지 않았다.

허블의 법칙이 적용되지 않는 이러한 은하의 **특이 운동**(Peculiar motion)이라는 속도를 처음 발견하게 된 것도 베라 루빈과 켄트 포드 덕분이었고, 이번에도 천문학자들은 쉽게 받아들이지 않았다. 은하가 일반적인 우주의 팽창 운동에서 벗어나려면 강한 중력이 있어야 하므로, 물질의 분포가 매우 불규칙해야 한다.

그런데 눈에 보이는 것 중 적합해 보이는 조건은 전혀 발견되지 않았다. 은하의 특이 운동이 일어날 것으로 보이는 지역들에서 인력의 중심이 될 수 있는 구조물의 흔적이 없는 것 같았다.

그러나 관측 가능한 질량 기준으로 파악할 수 없는 중력 우물에 대량의 물질이 빠져들도록 유도되는 것처럼 보였다. 이 거대한 이동에 관한 반박의 여지가 없는 증거는 1970년대 중반 조지 스무트 연구팀이 우주배경복사 관측 내용을 이용해 찾아냈다. 우주 광구에서 전달되는 광자의 주파수에 따른 세기를 아주 정밀하게 살펴보면, 주파수가 하늘의 절반에서는 저주파 쪽으로, 반대쪽 절반에서는 고주파 쪽으로 체계적으로 이동하는 것을 발견할 수 있었다. 이러한 주파수 차이에 관한 설명은 간단했다. 우리 은하가 어떤 속도를 가지고 우주의 한 방향으로 이동하고 있고, 이로 인해 우주배경복사의 광자들이 도플러 효과를 겪으면서 움직임이 발생한 방향으로는 스펙트럼의 청색이동이(즉, 주파수가 더 높아지는), 반대 방향으로는 적색이동이 나타난 거였다. 스무트와 그의 동료 연구자들은 이러한 관측에서 우리 은하(사실상 우리 은하를 포함해서 중력에 의해 수십 개 정도의 은하가 결합된 **국부 은하군**(Local group 전체)의 속도가 우주배경복사를 기준으로 한 좌표계와 비교해 상당히 빠른 초속 600킬로미터 정도라고 유추했다.

이러한 결과로 비춰 볼 때 천문학자들은 루빈과 포드의 관측이 타당하다고 확신했다. 한편, 이와 유사한 관측이 계속 쌓여갔는데, 1980년대 중반에 수억 광년 규모의 특이운동 관측으로 천문학자들이 **거대 인력체**(Great attractor)라고 이름 붙인, 수만 개의 은하의 질량과 비슷한 수준의 거대한 구조물에 관한 가설을 세웠다.

1990년대 초, 암흑 물질을 진지하게 다뤄야 하고 무엇보다 완전히 다른 관점에서 바라봐야 하는 문제라는 점이 분명해졌다. 사실상 자료를 통해 암흑 물질이 우주 곳곳에 존재하는 듯이 보였고, 관측의 규모가 점점 확장하면서 빛을 내는 물질과 관련된 자료도 훨씬 더 풍부해졌다. 태양계에는 거의 아무것도 없었고, 은하들 속에는 약간, 은하단에는 훨씬 많았으며, 거대한 특이 운동을 일으키는 보이지 않는 초고농축 물질에 상당히 많았다. 그리고 우주의 평균 밀도가 급팽창의 조건인 임계 밀도에 도달하게 하려면, 암흑 물질이 거의 우주에 있는 총질량에 가까워야 했다.

이러한 주성분이 우주의 다른 모든 것을 구성하는 성분과 같은 종류라면, 어떻게 아주 작은 조각 하나로 별과 은하를 밝히고, 그 외에 대부분은 전혀 활성화되지 않은 어두운 상태로 남아 있게 됐을까? 암흑 물질의 특성이 별이나 행성, 인간을 비롯해 우리 주위에 보이는 모든 사물을 형성하고 우리에게 익숙한 특성과 같다는 개념은 점점 신빙성이 떨어져 보였다.

다양하지만, 결국은 일치하는 대량의 관측 결과에 압도된 우주론 연구자들은 우주의 구성에 관한 지식이라 믿었던 내용들을 조금씩 재검토하기에 이르렀다. 급팽창으로 물질의 밀도가 임계 밀도에 매우 가까워졌다고 예측하고, 우주배경복사의 관측으로 그 예측을 확인했으며, 우주의 기하 구조를 유클리드 유형으로 확립했다. 그러나 우주에는 보이는 질량이 임계 밀도에 도달할 수 있을 정도로 많지 않았다. 게다가 중력으로 결합한 체계 내에 있는 보이는 물체의 속도(별이나 은하, 혹은 은하 무리와 은하단 전체의 속도)가 보이는 것보다 훨씬 더 큰 질량이 존재한다는 것을 체계적으로 암시하는 것처럼 보인다.

지난 세기 천문학자들이 달성한 업적 중에는 모든 천체가 평범한 특성을 띠고 있고, 우리가 실험실에서 찾을 수 있는 친숙한 것들로 구성돼 있다는 사실의 증명도 포함돼 있었다. 그런데 지금은 그에 관한 확실성이 다른 관측들로 인해 다시 논쟁의 대상이 됐다. 처음부터 다시 시작해, 우주를 이루고 있는 물질이 무엇인지 진중하게 자문해야 했다.

8

아무것도 없는 세계

Qualcosa piuttosto che niente

사상과 과학의 역사에서 가장 흔한 질문 중 하나는 "세상은 무엇으로 이뤄져 있는가?"이다. 흥미로운 점은 그토록 다양하고 수많은 문화를 겪은 그 긴 시간 동안, 이 질문에 대한 답이 실질적으로 같았다는 것이다. 고대 그리스도 로마나 동양 문명과 마찬가지로, 우리를 둘러싼 모든 사물의 구성과 그 변형이 네 가지 기본 성분(불과 흙, 물, 공기)의 혼합과 교환에서 이뤄진다고 생각했다. 아리스토텔레스(Aristotle, BC 384 ~ BC 322)는 여기에 **퀸테센스**(Quintessence), 혹은 **에테르**(Aether)라고 명명한 다섯 번째 성분을 추가해 세상 밖 사물들의 구성, 즉 천체에 포함되는 것들로 이뤄진 사물들의 범주를 설명했다. 네 가지 성분을 바탕으로 한 설명은 우주의 구성에 관한 기초적인 설명이지만, 자연현상에 관한 설명의 필요성이 제한된 범위 내에서만 성공적이었다.

사실, 물질의 상태를 더 아주 정교하게 파악하기 위한 최초의 시도는 중세 이후부터 시작됐다. 이러한 시도의 동기도 그다지 순수하지는 않았다. 마법적 사고와 원시 과학적 실험을 혼합한 연금술사들은 금속의 속성을 바꿔 값싼 금속을 값비싼 보석으로 바꿀 수 있다는 꿈을 좇았다. 어쩌면 결국 불멸의 비밀을 손에 넣었는지도 모르겠다. 일관성 있는 과학적 틀이 없었음에도, 연금술사들의 다양한 시도는 현재 우리가 원소 화학이라 부르는 실질적인 지식을 발전시켰고, 이후 화학 발전의 토대를 마련했다는 점은 부인할 수 없는 사실이다. 케플러가 최초의 현대 천문학자였지만 전과학적(前科學的) 사고방식에 빠져 있던 것처럼, 연금술사인 동시에 의사, 실험가 파라켈수스(Paracelsus, 1493~1541, 독일계 스위스인 연금술사)는 다섯 가지 성분으로 이뤄진 세상과 현대 화학의 세상을 연결하는 고리 역할을 한 인물로 표현되는 경우가 많다.

세상을 이루고 있는 기본 성분이 기존의 네 가지보다 많다는 것을 처음으로 깨달은 것은 로버트 보일(Robert Boyle, 1627~1691, 아일랜드의 화학자이자 자연철학자)이고, 때는 17세기 말경이었다. 그러나 1789년경 최초의 현대 화학 원소 목록을 만드는 데 큰 공을 세운 사람은 앙투안 라부아지에 (Antoine Lavoisier, 1743~1794, 프랑스의 화학자)다. 라부아지에의 목록(《물체를 구성하는 성분으로 간주할 수 있는, 자연의 모든 왕국에 속하는 단순 물질의 표*Tabella delle sostanze semplici appartenenti a tutti i regni della natura, che si possono considerare gli elementi che compongono i corpi*》라는 제목으로 소개됐다)은 서른두 개의 원소로 구성돼 있다. 그러나 현재 우리가 실질적으로 기본이라 생각하는 원소 외에 빛과 열, 혹은 실제로 다른 원소들의 조합으로 구성되는 점토나 석고와 같은 물질까지 목록에 포함돼 있다는 점 때문에 아직도 혼란스러운 지표다. 그러나 라부아지에가 이룬 성과는 상당히 흥미로웠고, 전근대적인 개념과의 궁극적인 단절을 의미한다는 데는 큰 이의가 없다. 자연에는 화학 반응을 통해 다른 원소로 변형될 수 없는 원소들이 있다.

시간이 흐르면서 다른 화학 원소들은 분리됐고, 그 원소들의 속성에서 규칙성도 발견됐다. 러시아의 드미트리 멘델레예프(Dmitrij Mendeleev, 1834~1907)의 연구 덕분에 1869년 처음으로, 화학 학도들에게 십자가이자 기쁨이 된 주기율표에 원소들이 채워졌다. 그러나 주기율표에 원소를 배열한 규칙성은 20세기 초, 어니스트 러더퍼드(Ernest Rutherford, 1871~1937, 뉴질랜드 태생 영국의 핵물리학자)의 실험

연구로 물질의 원자 모형이 확인될 때까지 제대로 파악되지 않았다.

우리 주변의 모든 것은 주기율표에 있는 원소인 원자들의 조합으로 이뤄져 있고, 각 원소는 고유의 특성을 띤다. 그러나 원자에는 구조가 없다. 각 원자는 양전하를 띠는 무거운 입자인 양성자와 훨씬 더 가볍고 음전하를 띠는 입자인 전자로 구성된다. 양성자는 중성자와 함께 중심핵에 있는데, 중성자는 조금 더 무겁지만 전자가 없다. 그러나 원소의 화학적 특성과 원소들이 서로 결합하는 방식을 설정하는 건 핵 주위 전자의 배열이다.

원자론은 우리에게 익숙한 물질의 구성을 완벽하게 설명했고, 분광학의 진보로 실험실뿐 아니라 우주의 나머지 영역에서도 물질의 화학 구성을 특성화할 수 있게 했다. 별도 지구에서 볼 수 있는 것과 같은 유형의 원자로 이뤄져 있다. 천체의 특성을 설명하기 위해 이질적인 성분들에 관한 가설을 세울 필요가 없다. 전자기 스펙트럼의 전파 영역(Radio window)*이 천문학 연구에 활용 가능해지면서, 별들 사이에 있는 매우 복잡한 원자와 분자의 구분도 가능해졌

---

* 전자기 복사 스펙트럼에서 지구 대기를 통과할 수 있는 범위의 진동수를 말한다. 그 파장은 약 1센티미터에서 약 11미터에 이른다.

다. 어디를 봐도 우주는 우리의 몸을 구성하고 있는 물질과 같은 것들로 이뤄진 것 같았다.

이제 남은 일은 그처럼 다양한 종류의 원자가 자연에 존재하는 이유가 무엇인지, 왜 몇 가지 원자는 다른 것들보다 훨씬 더 많은지 등을 파악하는 것이었다. 왜 수소(양성자 1개)나 헬륨(양성자 2개)같이 핵에 양성자가 별로 없는 가벼운 원자와 금(양성자 79개)이나 납(양성자 82개)과 같은 무거운 원자가 있는 걸까? 그리고 무엇보다 궁금했던 것은 르네상스 시대의 연금술사들이 그토록 원했던 납을 금으로 바꾸는 게 불가능했던 이유였다. 두 금속은 단지 원자핵 내 중성자 세 개 차이밖에 없는데 말이다.

또 다른 미스터리는 러더퍼드가 실험적으로 확인한 원자핵 자체의 이론과 관련이 있다. 전자기 법칙에 따르면, 양성자는 양성 전하를 갖고 있어서 서로 밀어내야 한다. 그렇다면 양성자는 어떻게 원자핵의 아주 작은 공간 속에 채워져 있을 수 있었을까? (원자가 운동장만 한 크기라면, 핵은 이 문장 끝에 있는 마침표 정도의 크기와 비슷하다. 원자^{주: 물질}는 주로 빈 공간으로 이뤄져 있다.)

사실 라듐(양성자 88개)이나 우라늄(양성자 92개)과 같이 더 무거운 원자들은 특이한 성질을 띤다. 그 어떤 화학 반응에도 얽히지 않고 대량의 에너지를 자발적으로 방출한다(1kg

의 라듐으로 30분 안에 물 1 *l* 를 끓일 수 있다). 이러한 현상을 설명하고 원자핵에 관한 완전한 물리적 틀을 만들려면 **강한 상호작용**(Strong interaction, **강한 핵력**)과 **약한 상호작용**(Weak interaction, **약한 핵력**), 두 가지 새로운 유형의 힘(상호작용)을 끌어들여야 한다는 사실을 금방 파악했다. 두 힘 모두 아주 짧은 거리에 떨어져 있는 입자에만 어느 정도 영향을 끼친다. 강한 상호작용은 핵 내에 양성자를 채워 반발 전기력을 이겨내고, 약한 상호작용의 중재 덕분에 원자핵 내부의 중성자가 양성자로 변형될 수 있다.

이 과정에서 손실된 질량(중성자는 양성자보다 약간 더 무겁다)은 아인슈타인이 발견한 그 유명한 질량과 에너지 등가의 법칙에 따라 에너지로 전환된다.

20세기 전반에 발견된 이 새로운 물리적 체계는 아주 무거운 원자들의 이상한 습성을 파악할 수 있도록 했다. 다수의 양성자와 중성자를 포함하고 있는 이 원자의 핵은 매우 불안정하고 더 작은 핵으로 분열하는 경향이 있어서 강한 상호작용이 더 쉽게 일어날 수 있다. 예를 들어, 라듐은 헬륨 핵(양성자 2개와 중성자 2개로 형성)을 내보내면서 라돈으로 변형될 수 있다. 이 과정에서 방출된 에너지는 새로 만들어진 핵들이 함께 있게 하는 매우 강한 결합으로 설명할 수 있다. 혹은 약한 상호작용이 중성자를 양성자로 변환시킬 수 있는데, 예를 들어 세슘 원자(양성자 55개)의 경우 바륨 원자(양성자 56개)가 될 수 있다. (이 반응 중에 중성미자와 전자도 생성되는데, 전자가 양성자의 양전하와 균형을 맞춰 전기적으로 중성을 유지한다.)

그러니까 연금술사들의 꿈은 현실이었던 셈이다. 원자핵 간의 변형은 가능하다. 무거운 원자가 쪼개져 더 가벼운 원자로 변형될 수 있고, 이 과정에서 에너지도 추출할 수 있다. 이러한 **핵분열**(Nuclear fission) 체계는 자연에서 자연스럽게 발생하는 것으로 보였고, 적절한 기술을 사용한다면 통제 및 강화, 활용도 가능했다(안타깝지만 평화롭지 못한 목적으로도 사용됐다).

그러나 아주 가벼운 원자의 핵이 변형되고 다른 핵들과 병합해 더 무거운 원자를 생산할 수 있는 체계가 있다. 예를 들어, 수소 핵 네 개의 양성자들은 결합할 수 있으며, 일련의 중간반응을 통해 헬륨 핵(양성자 2개와 중성자 2개를 포함한 핵)으로 바뀌며 에너지를 생산한다.

이러한 **핵융합**(Nuclear fusion) 현상은 이론적으로는 가능하지만, 자연에서 관측된 적이 단 한 번도 없다. 그 이유는 자연스러운 핵분열 과정과 달리 융합은 핵들이 서로 가까이 다가가 핵력이 작용하기 전까지 핵 간의 전기적 반발을 극복할 때 매우 높은 에너지가 필요하기 때문이다.

1940년대 후반, 천문학자들은 융합이 일어나는 데 필요한 에너지를 지구상에서 얻기는 어렵지만, 태양 내부에서는 그리 어렵지 않을 거라고 확신했다. 태양 핵 내부의 엄청난 압력과 온도 조건은 융합 반응이 진행되는 상태를 유지하고 수소를 계속 헬륨으로 전환할 수 있다. 이 융합 반응은 영향력이 엄청나다. 매초 5억 톤 이상의 수소가 거의 전체적으로 헬륨으로 전환되고, 그 질량의 차이는 에너지로 전환된다. 이 에너지는 태양이 켜진 상태로 유지하도록 하고, 이 과정에서 생성된 압력은 중력 붕괴로 인해 물질이 파멸적인 폭포 효과(Cascading effect) 상태가 될 때까지 계속 압축되는 것을 막아준다.

핵융합 체계에 관해 완전히 이해하게 되자, 물리학자들과 천문학자들은 별 내부 핵 간의 변환이 자연에 다른 모든 화학 원소의 존재를 설명하는 핵심이 될 수 있을 것으로 생각했다. 초기 우주가 단순히 양성자와 중성자, 전자로만 이뤄졌다고 가정하면 핵반응을 통해 주기율표에 있는 모든 원소를 서서히 생산했을 수 있다고 상상한 것이다.

수소는 구성이 아주 간단한 원소였고, 실제로 특별한 생산 과정도 없다. 양성자 하나와 전자 하나를 합치면 이미 수소 원자 하나가 만들어지고, 핵반응을 거칠 필요도 없다.

따라서 초기 별들은 단순히 수소로 이뤄져 있었고 여기서 헬륨이 생성되기 시작됐을 수 있다.

수소가 고갈되면 별이 다시 수축하기 시작하고, 내부 온도는 증가하며 다른 핵반응이 시작될 수 있는데, 이번에는 이전 단계에 생산된 헬륨을 원료로 사용한다. 이렇게 별의 죽음은 지연되고, 이후의 세부적인 진화는 질량과 같은 초기의 물리적 특성에 따라 달라진다. 핵반응을 유지하는 데 필요한 조건이 부족할 경우, 별은 이제까지 생산된 원소들을 우주 공간에 흩뿌리면서 생을 마감한다. 그 후 이전 세대 별들이 생산한 풍요로운 원소들을 자양분 삼아 새로운 별이 탄생하고 말이다.

다양한 유형의 별 내부에서 발생 가능한 핵반응으로 복합적인 특성을 분석하면서 천체물리학자들의 계산은 철(자연에서 가장 안정적인 핵)을 비롯한 모든 무거운 원소들이 별 내부에서 쉽게 생성될 수 있다는 것을 증명할 수 있었다. (철을 구성하는 아주 무거운 원소들은 일부 별이 소멸하는 초신성 폭발 단계에서 단기적인 핵반응이 필요하다.)

20세기 중반, 천체물리학과 핵물리학이 우주의 구성을 설명하는 데 성공한 것은 그야말로 대단한 일이었다. 자연에 있는 원소들의 함량비*는 별의 핵 내에서 아주 오랜 시간 동안 일어난 복잡한 반응 과정에 의해 결정된 것이다.

우리를 구성하는 물질과 별을 빛나게 하는 물질 사이에는 과거에 생각지 못한 관계가 있다. 우리는 단순히, 별을 구성하고 있는 것과 같은 물질로 구성돼 있지 않다. 우리는 말 그대로 별에서 만들어졌는데, 안타깝게도 완벽한 영광을 망치는 오점이 하나 있다.

자연에 존재하는 화학 원소의 함량비를 종합하면, 수소 다음으로, 두 번째로 가장 많이 분포하는 원소는 헬륨이다. 이 두 원소의 합이 우주에 있는 모든 원소의 99.99퍼센트를 차지하는데, 더 무거운 원소들을 모두 구성하기까지 필요한 복잡한 여러 반응을 생각하면, 두 원소의 양이 많다는 것 자체가 그리 놀라운 일은 아니다.

정작 놀라운 것은 수소와 헬륨 간 비율이다. 우주에는 헬륨 원자 한 개당 수소 원자가 대략 열 개 정도 존재한다. 이를 질량 차원에서 이해하자면, 대략 우주의 4분의 3은 수소, 4분의 1은 헬륨으로 이뤄져 있고, 나머지 원소들은 전체 질량 중 아주 작은 부스러기 조각을 두고 경쟁하는 셈이다. 그러나 계산에 따르면, 별 내부에서의 핵반응은 그 모든 헬륨을 생산하기에 속도가 너무 느리다.

---

* 우주에 존재하는 원소의 함량비를 뜻한다. 수소와 헬륨이 각각 75%와 25% 정도를 차지하고, 나머지 원소들은 1%도 안 되는 비율을 차지하고 있다.

1940년대 중반, 우크라이나계 미국인 괴짜 물리학자 조지 가모프와 그의 동료 랠프 앨퍼와 로버트 허먼은 **원시 핵합성**(Primordial nucleosynthesis)의 작동 체계를 가설로 세워 헬륨의 수수께끼에 관한 해법을 찾았다. 이들의 이론에 따르면, 자연에 있는 가장 가벼운 핵들은 별에서만 생산된 것이 아니라 대부분 빅뱅 이후 우주에 퍼진 뜨거운 플라스마 도가니에서 생산됐다. 당시 이용 가능했던 매우 높은 온도와 밀도는 핵반응을 일으키기에 완벽했고, 원시 플라스마에 흩어져 있는 양성자와 중성자를 결합해 점점 더 무거운 핵을 형성했다.

가모프와 앨퍼, 허먼의 가설은 전체적으로 매우 간단하다. 우주가 열평형 상태에서 양성자와 중성자, 전자, 중성미자, 전자기 복사를 포함한 채 시작했다는 것이다. 이 뜨거운 수프 속에 있던 중성자와 양성자 간 관계는 우주 온도에 의해 결정되는데, 시간이 흐르면서 우주가 팽창하며 중성자의 비율이 떨어진다. 빅뱅 후 약 1초 정도가 흐른 무렵에 각 중성자에는 여섯 개 정도의 양성자가 있게 된다. 이 불균형이 발생한 이유는 중성자의 질량이 상대적으로 무거워 에너지 없이도 양성자로 전환할 수 있기 때문이다. 그런데 이런 식으로 중성자가 계속 양성자가 됐다면, 우주는 금방 밋밋한 수소 수프가 됐을 것이다.

다행히 빅뱅 후 100초 정도 됐을 때는 온도가 '고작' 10억 도까지 내려가, 핵 안에 평범한 양성자 외에 중성자도 가진 수소의 변종인 **중수소**(Deuterium)가 형성됐다. (양성자 수는 같지만 중성자 수가 다른 원자핵을 **동위원소**^{isotope}라고 한다.) 핵융합 반응은 상당히 효율적이어서 양성자와 중성자를 신속하게 결합해, 사용 가능한 중성자만큼 중수소의 핵을 생성했다. 잉여 양성자는 플라스마 속에 자유롭게 남아 있고 말이다.

중성자가 중수소 핵에 일단 한번 갇히면, 양성자로의 전환이 어려워진다. 쉽게 말하자면, 중수소의 형성이 우주에 있던 중성자와 양성자 간 관계를 동결시킨 것이다. 빅뱅 후 3분 정도에는 각 중성자에 일곱 개 정도의 양성자가 있었다. 중수소 생산의 또 다른 영향은 더 많은 핵융합 반응을 시작하게 해주는 것이었다.

이는 마치 댐이 붕괴하는 것과 같다. 몇 가지 중간반응을 거쳐 중수소는 곧바로 다른 중수소와 결합해 헬륨 핵을 형성했다. 간단한 계산에 따르면, 이 시점에 각 중성자당 일곱 개의 양성자가 있고 모든 중성자가 헬륨 핵(중성자 2개와 양성자 2개 포함)에 갇혀 있으면, 모든 헬륨 원자의 질량은 중성자와 양성자를 합한 총 질량의 4분의 1이 된다. 정확하게 우리가 찾던 함량비다.

가모프와 알퍼, 허먼이 고안한 이 개념 특유의 우아함과 이 개념이 가진 우주에 있는 헬륨의 함량비를 설명하는 단순함은 천체물리학자들이 가벼운 핵들의 합성이 다른 원소들의 합성과 다른 과정을 거쳤다는 믿음을 주기에 충분했다. 자연에서 관측한 헬륨 대부분이 우주 탄생 후 3분 내, 즉 가모프가 입에 달고 다니던 표현에 따르면 "오븐에서 오리를 요리하는 것보다 더 짧은 시간" 동안 요리됐다. 이같은 헬륨의 함량비에 관한 예측은 사실상 빅뱅 모형을 지탱하는 강력한 증거다.

그런데 여기서 그치지 않는다. 원시 우주에 있던 가벼운 핵들의 합성을 상세하게 연구할 때 더 많은 흥미로운 점이 발견된다. 일단 헬륨이 우주 초기 몇 분 동안 생성된 것 외에도, 리튬이나 베릴륨과 같은 좀 더 무거운 원소들의 흔적이 약간 남는다(빅뱅 후 20분쯤 됐을 때는 기온이 이미 너무 많이 내려가 더 무거운 원소들이 만들어질 수 없었다). 게다가 모든 중수소가 헬륨 핵으로 전환된 것도 아니다. 핵반응이 제시간 내에 완전히 소진되지 않아 남은 것들의 흔적이 주변에 작게 남는다. 이 가벼운 핵들, 특히 중수소의 함량비를 측정하면서 천문학자들은 '우주에 얼마나 많은 원자가 있을까?'라는, 도대체 찾을 수 없을 것 같았던 질문에 대한 답을 찾을 가능성을 얻게 됐다.

중수소는 별 내부에서 합성되지 않는 원소다. 반대로, 별의 핵에서 도달하는 온도인 100만 도 이상의 온도에서 파괴된다. 즉, 우주에서 소량의 중수소를 관측하는 일 자체가 빅뱅 이후 뜨거운 단계에서 중수소가 생성됐을 것이라는 증거다. 이제, 중수소를 헬륨으로 바꾼 핵반응의 효율성이 완벽했다면, 약간의 중수소가 남아돌아서도 안 된다. 그러나 헬륨 생산 반응의 효율성은 무엇보다 물리적 매개변수, 즉 우주에 있는 모든 중성자와 양성자의 밀도에 의해 좌우된다. 밀도가 높으면 헬륨이 많이 생산되고 남아도는 중수소는 얼마 안 되고 말이다. 반대로, 밀도가 낮으면 사용되지 않은 채 남아 있는 중수소의 양이 늘어난다.

우주론 연구자들이 빅뱅 후 우주에 있는 중수소의 양을 빅뱅 핵합성 이론의 예측과 신중하게 비교하면 우주에 있는 모든 중성자와 양성자의 밀도를 아주 정확하게 구할 수 있다. 전자의 질량이 양성자나 중성자 질량의 천 분의 1 수준인 것을 고려하면, 중성자와 양성자가 원자 물질 질량의 대부분을 차지한다. 사실상 중수소의 함량비를 측정하는 것은 우주에 있는 모든 원자의 질량을 알아내는 것이다. 그리고 여기서 '모든'이란 표현을 쓸 수 있는 것은 정말 모든 것을 일컫는 것이기 때문이다. 이 표현에서 빠져나갈 수 있는 원자 유형의 물질은 없다. 물질이 별과 행성을 어떻게 형성했는지 등, 우리가 물질을 직접 볼 수 있는지 또는 물질이 빛이 거의 없는 구조 속에 숨어 있는지는 중요하지 않다. 만약 숨은 물질이 있다면, 우주 탄생 직후 몇 분 동안만 중수소의 생산에 영향을 끼쳤을 것이므로 찾아낼 수 있다.

그런데 이러한 분석들의 결과들은 우리를 혼란스럽게 한다. 원자의 밀도 추정치는 빛을 내는 물질에서 얻는 값보다 훨씬 크고, 우리가 예측한 것처럼 숨어 있거나 빛을 거의 방출하지 않는 물체에 갇혀 있거나, 혹은 흔적을 남기지 않고 퍼져 있는 원자들이 생각보다 많다는 점을 보여준다. 그러나 이 모든 원소를 합쳐도 그 질량은 급팽창과 우주가 평탄하게 되는 데 필요한 임계 밀도에 이를 정도의 질량에 여전히 턱없이 부족하다. 원소의 총 질량이 만드는 밀도는 임계 밀도의 5퍼센트 정도 되는데, 이 밀도는 은하 회전 곡선이나 은하단 내 은하들의 속도와 같이 관련 있는 천체들의 운동을 모두 설명하기에 너무 작은 수치다.

누군가는 어딘가에 이론상 결함이나 오류, 혹은 이러한 결론으로 이끈 관측에 오류가 있다고 생각할 수도 있다. 하지만 그건 잘못된 바람이다. 사실, 현재의 우리는 이미 완전히 다른 방식으로 얻은 우주의 원자 밀도를 독립적으로 측정하는 방법을 가지고 있다. 이 측정 방법 역시 우주배경복사 내 온도 요동 관측을 활용한다.

이 온도 요동이 재결합 시기 우주 광구에 영향을 끼친 방식은 사실 원시 플라스마의 구성에도 영향을 끼친다. 플라스마 내 원자핵의 함량이 많거나 적으면 밀도의 섭동(Perturbation)*이 중력에 의해 붕괴해 압력을 이겨내는 방식에 영향을 끼친다. 이 같은 섬세한 균형은 우주 광구의 차갑거나 따뜻한 얼룩 패턴으로 뚜렷하게 대비되는 독특한 흔적을 남긴다. 맥시마를 시작으로 부메랑, 뒤이어 더블유맵을 통해 우주배경복사 관측을 분석한 우주론 연구자들은 플라스마 내 원자들의 밀도가 임계 밀도의 약 5퍼센트였다는 결론을 내렸다. 가벼운 원소들의 원시 함량비를 이용해, 완전히 독립적인 방식으로도 정확하게 같은 값이 나온 것이다.

결국, 빠져나갈 길은 없다. 우주에 있는 원자 수는 암흑물질의 수수께끼를 설명하기에는 가능성이 너무 떨어진다. 지난 수십 년 동안 천체물리학자들이 수집한 이상한 관측 자료들을 설명하는 데 빠진 질량은 훨씬 더 이상하고, 지금까지 알려지지 않은 유형일 것이다. 우리는 우주 대부분을 이루는 것으로 보이는 물질이 아닌, 별을 이루는 것과 똑같은 성분으로 구성돼 있다.

---

* 攝動. 역학적으로는 주요한 힘의 작용에 따른 운동이 부차적인 힘의 영향으로 인해 교란돼 일어나는 운동을 말하며, 천문학에서는 천체의 운동을 교란하는 인력을 말한다.

그렇다면 우주는 무엇으로 이뤄져 있을까? 우리는 그것이 무엇인지는 모르지만, 우리에게 익숙한 원소들, 즉 우리가 흔히 접할 수 있는 물질이 우주 전체로 보면 매우 희귀한 물질이라는 점은 확실하게 말할 수 있다. 그보다 더 성가신 점은 이 희박한 원소들이 전혀 존재하지 않을 위험도 있다는 것이다. 사실, 상당히 오래전에 제기됐지만, 아직도 완전한 답을 모르는 문제가 있다. 바로 '왜 아무것도 없는 게 아니라 무엇인가 있는 걸까?'라는 문제다.

1927년, 물리학자 폴 디랙(Paul Dirac, 1902~1984, 영국의 이론물리학자)은 전자의 특성을 설명하는 이론을 체계화하는 과정에서 우연히 한 가지를 발견했는데, 처음에는 그도 단순한 수학적 호기심의 결과로 여겨 큰 의미를 두지 않으려고 했다. 디랙이 발견한 방정식은, 전자와 비교해 전하만 반대로 나타나고 완전히 서로 같은 입자의 존재를 예측하는 것이었다. 이후 몇 년 동안 추가적인 연구를 한 디랙은 이 이상한 입자가 쉽게 제거되지 않는다고 확신했고, 1931년에 불가사의한 **양전자**(Positron)*에 관한 예측을 공식화하는 논

* 반전자(Antielectron)라고도 한다. 이는 인류가 발견한 최초의 반물질로, 전자와 스핀과 질량, 전하의 크기도 같지만 반대 전하를 갖는다. 양전자는 주변의 다른 전자와 만나면 소멸돼 전자와 함께 사라진다. 그 과정에서 전자와 양전자의 질량이 에너지로 바뀌어 광자를 방출하는데, 이 광자를 소멸 광자라고 부른다.

209 | Queste oscure materie

문을 냈다.

그러던 1년 후, 물리학자 칼 데이비드 앤더슨(Carl David Anderson, 1905~1991, 미국의 이론물리학자)이 우주에서 온 전하를 띤 입자 무리인 **우주선**(Cosmic ray)을 포착하기 위해 사용 중이던 탐지기에서 반전자(디랙을 제외하고 학자 대부분은 반전자의 존재에 승부를 걸 뜻이 없었다)를 발견했다. 디랙이 제대로 예측했고, 모든 면에서 일반적인 물질의 입자와 서로 같지만 반대의 전하를 띤 **반물질**(Antimatter)* 입자가 존재한다는 증거가 나온 것이다.

이때부터 반물질은 공상과학 작가들의 상상을 자극했다. 원자나 반물질로 이뤄진 온전한 천체, 일반 은하와 구분되지 않지만 반원자로 이뤄진 은하 그리고 심지어 반물질 우주까지도 최소한 이론적으로는 완벽히 가능해 보였다. 물리학자 리처드 파인만(Richard Feynman, 1918~1988)은 강의 중 학생들에게 지구에서 아주 먼 어느 은하가 실제로 반물질로 이뤄졌다고 확신할 방법을 생각해보라고 하기도 했다.

---

* 물질이 입자로 이뤄진 것처럼, 일반 입자와 전하가 반대인 반입자로 이뤄진 물질이다. 본문에 설명이 이어지지만, 짧게 먼저 이해하자면 다음과 같다. 즉, 우주는 물질로 이뤄져 있는데, 물질과는 숨겨진 쌍둥이 형제로서 질량이나 에너지는 같지만 전기적 성질이 정반대인 반물질이 존재한다. 물질과 반물질은 1:1로 만나서 함께 사라지며 빛을 만들어내거나(쌍소멸), 반대로 빛이 물질과 반물질을 만들기도 하는데(쌍생성), 빅뱅 당시 물질이 반물질보다 10억 분의 1 수준으로 미세하게 더 많이 생성되면서 물질로 구성된 지금의 우주가 탄생한 것으로 본다. 이러한 물질과 반물질 간의 비대칭성은 우주 탄생의 비밀을 얻는 열쇠로 평가되며 꾸준히 연구되고 있다.

답은 생각보다 어렵지 않았다. 어떤 사람이 자기와 꼭 닮은 사람을 만나면 곧바로 죽는다는 전설처럼, 입자와 그 반입자가 만나면 서로를 소거한다. 두 입자가 아무것도 없이 사라지면서 그 유명한 아인슈타인의 질량과 에너지 등가의 법칙에 따라 두 입자의 질량과 일치하는 에너지를 생성한다. 이 과정에서의 에너지 생산은 TV 시리즈 《스타트랙》의 작가들이 물질과 반물질 간의 소멸 작용이 엔터프라이즈 우주선의 엔진을 구동시킨다는 상상을 낳게 할 정도로 상당히 효율적이다. 반물질로 이뤄진 우주 영역이 존재한다면, 그 영역들과 물질로 이뤄진 주변 영역들이 만나는 지점에서 대량의 에너지가 방출될 것이다. 하지만 지금까지의 관측 중 그 어떤 것도 이러한 현상이 우주 어딘가에서 일어나고 있다는 증거를 보여주지 못했다. 우주의 나머지 영역과 분리된 대규모 반물질 영역의 존재는 현재로서 그다지 가능성이 없어 보인다. 그러나 우주에서 전달되는 반물질을 연구하면서 우주에 있는 반물질 섬의 존재에 관해 정확한 한계를 설정하려는 실험은 진행하고 있다.

물질과 반물질 간의 상쇄 작용이 에너지를 생산하는 것처럼, 반대의 상황, 즉 충분한 에너지를 사용할 수 있으면, 입자와 반입자 쌍이 만들어지는 것도 가능하다. 이런 상황이 일어나는 예를 들어보면, **우주선** 중 전하 입자가 거의 빛에 가까운 속도로 대기로 들어오면서 에너지를 방출하고, 이 에너지가 때때로 입자-반입자 쌍으로 전환된다. 소설 《천사와 악마(*Angels and Demons*)》에서 작가 댄 브라운(Dan Brown)은 제네바에 있는 유럽 입자물리연구소(CERN)에서 제작한 '물질-반물질 폭탄'을 상상하기도 했다. 댄 브라운이 가정한 내용은 모두 상상이 만들어낸 각본이다(CERN 홍보부서는 이 책과 책을 영화화한 론 하워드[Ron Howard]의 장편에서 나오는 광고 수익을 유용하게 사용하는 현명한 선택을 했다). 그러나 그런 거침없는 환상은 제쳐두고, 반물질 입자는 항상 입자 가속기에서 생성됐고, CERN은 반전자가 반양성자의 주위를 도는 수소의 반원자(혹은 반수소 원자, 여러분이 편한 용어를 선택하시길 바란다)를 수차례 생성했다. 어쨌든 실험실에서 반물질을 생산하는 것은 어려운 과정이고(비용도 많이 든다), 물질로 이뤄진 세상에서 반물질을 관리하는 것도 상당히 복잡하다.

그러나 원시 우주에서는 반물질의 생산이 훨씬 더 간단했다. 빅뱅 이후 에너지가 상당히 많아 입자와 반입자 쌍이 계속 자연스럽게 생성될 수 있었다. 모든 쌍이 서로를 소거하는 한편, 다른 곳에서 또 다른 쌍이 생산되고, 그렇게 균형이 유지됐다. 그런데 팽창 중 어느 순간, 이 쌍들이 서로를 소거하기만 하고 새로운 쌍은 생성되지 않는 시점까지 우주의 에너지가 감소했다. 입자-반입자 쌍의 상쇄, 이른바 쌍소멸(Pair annihilation)은 빅뱅 이후 몇 분의 1초 동안 엄청 난 양의 전자기 복사를 만들었는데, 현재 곳곳에 존재하는 우주배경복사의 형태로 볼 수 있는 것이다. 그러나 이 닮은 꼴 간의 엄청난 대결 중 뭔가 이상한 일이 일어난 것으로 보인다.

이 쌍소멸은 불완전했을 것이다. 그렇지 않았다면, 현재 단 하나의 물질 입자도 없었을 것이다. 물질과 반물질은 서 로 상쇄돼 우주에서 사라지고, 대량의 전자기 복사만 남겼 을 것이다. 결국, 우주 안 모든 물질의 존재 그리고 결국 우 리 자체의 존재는 물질과 반물질 사이의 초창기 비대칭을 가설로 해야만 설명할 수 있다. (또 다른 가능한 설명은 우주 전 체가 처음부터 물질로만 구성됐다는 것이지만, 물리학자들은 대체로 이 가능성을 배제한다.)

이 비대칭은 실제로는 말이 안 될 정도로 작았을 것이다. 이에 관한 생각은 현재 우주에 있는 양성자 수와 우주배경 복사의 관측에서 얻은 광자(쌍소멸의 '잔여물' 정도로 생각할 수 있다)의 수를 대조만 하면 얻을 수 있다. 빅뱅 직후 10억 개 의 입자-반입자 쌍마다 짝을 이루지 못한 입자가 대략 하나 정도 있었을 것으로 추정한다. 물질과 반물질 사이에 비대 칭이 생기는 정확한 원인은 아직 아주 사소한 것조차 알아내지 못했다. 이 미스터리를 설명하기 위한 가장 가능성 있는 방향은 몇 가지 기본적인 대칭을 비대칭하게 조작하는 과정을 연구하는 것이다. 실제로 자연이 입자와 반입자 중 하나를 우호적으로 선택할 수 있는 환경을 만들어보는 방법이 있다. 이것을 가능하게 하려면, 물리학의 법칙들 속에 이 닮은 꼴들을 구분하는 방법, 다시 말해 입자와 반입자와 구분할 방법이 있어야 한다.

비유하자면, 거울을 보고 있는 사람의 사진을 두고 둘 중 어느 쪽이 진짜 사람이고 어느 쪽이 반사된 사진인지 식별하는 것과 비슷하다. 이것을 구분하는 유일한 방법은 거울을 볼 때 인식할 수 있는 방식으로 조작된 신호를 사진에서 찾는 것이다. 예를 들면, 셔츠에 적힌 문구 같은 것이 그런 신호가 될 수 있다. 물리학자들은 기본적인 대칭 조작 몇 가지를 구분해 이 조작들이 물리학의 법칙을 바꾸지 않는지에 의문을 품는다. 예를 들어, 우주의 모든 입자 전하 기호를 뒤집는다고 생각해보자(**전하 켤레 대칭**Charge conjugation symmetry 이라고 하며, C-대칭이라고 한다). 이때 무엇이 달라졌는지 우리가 알아볼 수 있을까? 정말 놀랍게도 물리학자들은 중력과 전자기 상호작용, 강한 상호작용에서는 변하지 않지만, 약한 상호작용에서 감지될 정도의 변화가 일어난다는 사실을 발견했다(물리학자들의 전문적인 표현에 의하면, 약한 상호작용에서는 전하 켤레 대칭이 깨진다). 공간 좌표가 모두 전환돼도 같은 현상이 발생한다. 거울을 통해 세상을 보는 것과 비슷하지만, 위아래의 위치도 바꿔야 한다는 차이점이 있다(이 작업을 **반전성 변환**Parity transformation이라고 하며, P-대칭이라고 한다). 이 경우에도 약한 상호작용이 비대칭으로 나타나며, 거울에 보이는 세상을 식별할 때 사용할 수 있다. 이것이 셔츠에 적힌 문자와 비슷하다.

약한 상호작용의 습성이 이상하지만, 물리학자들은 자연이 C-대칭과 P-대칭을 동시에 적용할 경우, 즉 CP-대칭을 인식하지 못할 거로 예측했다. 입자의 전하가 공간 좌표의 방향과 함께 전환된 우주를 분간할 방법이 없다고 본 것이다. 그러나 1960년대에 소련의 물리학자 안드레이 사하로프(Andrej Sakharov, 1921~1989)는 초기 우주가 물질을 선택한 경향성을 만들었을 수 있는 조건 중 하나가 C-대칭과 CP-대칭의 동시 위반이라는 결론에 도달했다. 전혀 예상치 못하게 1960년대에 처음으로 CP-대칭 위반이 실험을 통해 실제로 관측되고, 1990년대에 확인이 되자(이때도 약한 상호작용으로 제한됐다), 이것이야말로 우리가 알았던 것처럼 초기 우주에서 반물질의 소실을 파악하는 열쇠가 될 거라는 희망을 키웠다. 그러나 CP-대칭의 위반이 현재 반물질에 관한 물질의 우위를 설명하는 가장 유망한 길이라 여겨지는데도, 실험으로 관측된 위반이 현재로서는 너무 작아서 우주에서 관측된 모든 물질 중 그저 아주 작은 부분의 존재만 설명할 수 있을 뿐이다. 이 난제를 풀기 위한 다양한 이론적 가설이 있지만, 실험실에서 확인된 것은 아직 아무것도 없다.

이렇듯 우주에 물질이 존재하는 것이 매우 당연해 보이는 이 문제도 실은 오늘날 물리학이 풀지 못한 난제 중 하나다. 우리가 우주에서 관측하는 물질은 빅뱅 직후 몇 분의 1초 동안 완전하게 소실된 훨씬 더 많은 양의 물질과 반물질의 잔여물로 추정된다.

물리학자들이 반물질 소멸의 신비를 설명하기 위해 어떤 길을 찾아내든, 우리를 구성하는 원자는 여전히 우주에 존재할, 훨씬 더 숨겨져 있고 신비스러운 물질에 비하면 매우 적다는 사실이 남아 있다.

9

신비한 입자

Particelle misteriose

과학은 언제나 보이는 것과 보이지 않는 것 사이의 불확실한 경계 영역에서 움직였다. 아직 볼 수 없는 것들을 가정하고, 그러한 것들을 밝히기 위해 현존하는 수단의 가능성을 최대로 끌어 올린다(혹은 새로운 장비를 개발하기도 한다). 가끔 찾고자 하는 것들이 너무나 모호해서 직접적인 증거를 얻기가 쉽지 않을 때도 있다. 그러나 수많은 간접적인 단서와 증거가 같은 방향을 향하고 그 어떤 대체 가설로도 사실을 설명하지 못하면, 새로운 관측이 모든 것에 의문을 제기하지 않는 한 과학자들은 이에 만족할 수밖에 없다. 물리학자들이 처음으로 원자의 존재를 이론화했을 때 아무도 원자를 본 적이 없었고, 이후 오랫동안 증거는 강력했지만 간접적일 뿐이었다. 20세기 과학계 전체에서 원자가 정말 존재한다(현재는 터널 효과를 이용한 현미경으로 사진까지 찍을 수 있다)는 가설에서 출발해 대단히 성공적으로 그 특성을 설명해냈다. 또 블랙홀을 본 사람이 아무도 없었고, 앞으로도 그 특성상 아무도 직접 볼 수 없을 것이다. 그러나 간접적인 증거가 무수히 많아 블랙홀이 존재한다고 믿는다. 마찬가지로 공룡을 본 사람은 아무도 없지만, 그 거대 생명체들이 정말 지구상에서 걸어 다녔다는 것을 증언하는 화석 더미가 있다.

20세기 말경, 천문학자들의 관측과 우주론의 발전에 힘입어 물리학자들은 원자가 우주에 존재하는 유일한 물질의 유형이 아니라는 결론에 도달했다. 실제로, 이러한 물질만으로는 우주의 전체적인 기하학적 특성이나 우주의 구조가 중력에 의해 결합한 방식을 제대로 설명할 수 없었다. 새로운 가설이 필요했고, 이런 경우 흔히 그렇듯 전혀 탐험한 적이 없는 방향으로 넘어가려면 아는 것부터 시작해야 했다.

우리는 암흑 물질에 관해 무엇을 알고 있을까? 우주론 관측 자료에서 나온 대량의 변칙적 결과를 설명할 단 하나의 원인을 찾을 수 있을까? 이것은 우리가 수집해낸 정보들을 이용해 의심이 갈 만한 용의자를 줄여야 하는 범죄 수

사와 비슷하다. 다른 유형의 물질에서처럼 암흑 물질도 기본 입자로 이뤄져 있다고 생각할 수 있다. 그렇다면 이 가상의 입자는 어떤 유형의 특성을 띠고 있을까?

일단 가장 분명한 점은, 암흑 물질은 분명히 '어둡다'는 것이다. 가시광선을 방출하지 않을 뿐 아니라, 전자기 스펙트럼의 모든 대역에서 완전히 침묵하고 있으니 눈에 보이지 않는다. 이러한 첫 번째 요건은 마초(MACHO)나 은하 먼지 같은 어두운 물체에도 부분적으로 해당한다. 그러나 앞에서 본 것처럼, 이들이 우주에서 사라진 질량 문제를 풀수 있을 정도로 많은 양이 존재하지 않는다는 점이 문제다. 여기에 하전 입자들이 전자기 복사를 쉽게 방출한다는 점 때문에 용의자 명단에서 모든 하전 입자를 제외할 수 있다.

원시 핵융합 계산과 우주에서 관측된 가벼운 원소의 함량비가 우주에 있는 모든 원자의 밀도를 임계 밀도의 5퍼센트 정도로 제한한다는 점을 생각하면, 암흑 물질은 원자로 이뤄져 있을 수 없다.

우리가 찾는 입자는 은하나 은하단과 같이 거대한 구조를 중력으로 연결 짓는 데 중요한 역할도 하는 것으로 추정된다. 이것은 한편으로는, 이 물질이 질량을 갖고 있어서 (나중에 보게 되겠지만 규모도 크다) 중력의 영향을 받는다. 다른 한편으로는, 신비로운 입자가 꽤 오랫동안 우주를 머물며 중력이 제 할 일을 하게 했을 것이다. 입자물리학자들의 동물원은 매우 드넓고 온갖 종류의 동물들로 가득 차 있다.* 그러나 그 동물 중 상당수는 수명이 유한하고 입자 가속기에서 탄생해 몇 초 후에 아무것도 남기지 않고 사라진다. 우리가 궁극적으로 찾는 것은 안정적인 입자다. 양성자나 전자와 같은 입자로 빅뱅 때부터 우주 전체 진화 동안 존재한 입자 말이다.

마지막으로, 이러한 가상 입자는 중력을 통하지 않고서는 나머지 물질과의 상호작용이 쉽지 않을 것이다. 그렇지 않았다면 탐지기에 명백한 흔적을 남겼을 것이고, 우리는 오래전에 이미 실험실에서 관측했을 것이다. (사실 두껍고 검은 덮개를 떠올리는 **암흑 물질**이라는 단어보다는 나머지 물질이 아무런 영향도 끼치지 않고 지나갈 정도로 미세하고 보이지도 않는 물질이므로 **투명한 물질**이라고 부르는 게 적합하다.)

수사관들은 범인을 찾을 때 보통 피해자의 주변 사람들부터 탐문하기 시작한다. 마찬가지로, 물리학자들도 중성에 안정적이고 파악하기 어려운 비원자 유형의 입자로서, 이미 우리의 손에 닿는 범위에 들어와 있으며 용의자의 몽

---

* 입자 동물원(Particle zoo). 입자물리학에서 상대적으로 광범위한 수의 알려진 입자 목록을 마치 동물원에 있는 수백 가지 종류의 동물과 같다 해서 만들어진 비유적 표현이다.

타주와 완벽하게 일치해 보이는 **중성미자**(Neutrino)를 의심했다.

중성미자의 발견에 관한 이야기는 그 자체가 눈에 직접 보이지 않아도 무엇인가가 있을 수 있다는 확신을 가질 수 있음을 보여주는 교과서적 사례다. **베타 붕괴**(Beta decay)라고 하는 특정 유형의 방사성 붕괴에서 중성자는 양성자로 **변환되는데**(예를 들어, 55개의 양성자와 82개의 중성자를 가진 세슘 핵은 56개의 양성자와 81개의 중성자를 가진 바륨으로 전환된다), 전하를 보존하기 위해 이 과정에서 전자도 생성한다(양성자의 전하와 전자의 전하는 서로 같지만, 부호가 반대라서 서로 상쇄된다). 그런데 20세기 초 물리학자들이 이 베타 붕괴에서 생산된 전자를 관측했는데, 뭔가 잘못된 구석이 있었다. 에너지 일부가 흔적 없이 사라지는 것처럼 보였는데, 이는 물리학에서 건들 수 없는 초석 중 하나인 에너지 보존의 법칙에 반하는 도저히 이해할 수 없는 일이었다(물론, 물리학자 닐스 보어[Niels Bohr, 1885~1962]는 이 현상도 다른 현상처럼 유효하게 설명 가능하다고 생각했다).

1930년대 초, 볼프강 파울리(Wolfgang Pauli, 1900~1958, 오스트리아의 이론물리학자)와 엔리코 페르미(Enrico Fermi, 1901~1954, 이탈리아계 미국인 물리학자), 두 물리학자가 이 문제에 대한 해법을 제안했는데, 매우 가볍거나 어쩌면 질량 자체가 없고, 중성이며 상호작용이 약한 새로운 입자의 생성으로 이 에너지 상실을 설명할 수 있다고 가정했다. 당시 발견한 지 얼마 안 된 중성자와 혼동하지 않도록, 페르미는 그 수수께끼 같은 입자에 **중성미자**라는 이름을 붙였다. 1950년대에 이 중성미자의 존재가 직접 증명됐는데, 원자로에서 생산된 물질(반입자인 **반중성미자**(反中性微子, Antineutrino))로 수조에 담긴 수소 원자의 양성자와 상호작용을 일으키게 한 후여기서 나타난 반응, 즉 이론상 예측된 바대로 정확하게 중성자와 양전자(전자의 반입자)가 생산되는 모습이 관측됐다.

중성미자는 확실하게 존재할 뿐 아니라, 한 가지만 있는 것도 아니었다. 시간이 흐르면서 파울리와 페르미가 예측한 내용은 특정 유형의 중성미자 형태로 밝혀지면서 **전자 중성미자**(Electron neutrino)라는 더 적절한 이름으로 바뀌었다. 중성미자에는 적어도 **뮤온 중성미자**(Muon neutrino)와 **타우 중성미자**(Tau neutrino), 이 두 가지가 더 있었는데, 이런 이름이 붙은 것은 두 입자가 전자와 매우 유사하지만, 더 무겁고 수명이 아주 짧기 때문이다. (뮤온 중성미자의 존재는 1960년대 실험을 통해 일찍 확인된 데 비해, 타우 중성미자는 2000년이 돼서야 직접적으로 확인됐다.) 전자와 뮤온, 타우와 각 중성미자로 구성된 세 쌍을 통칭해 **경입자**(輕粒子, Lepton)라는 명칭이 붙었다.

이쯤 되니 마치 자연이 물리학자들과 장난을 치는 것처럼 느껴졌다. 경입자 중에서 전자만 원자와 일반 물질을 형성하는 데 사용될 수 있을 정도로 안정적이어서, 전자만 무언가에 '사용(serve)'되는 것처럼 보였다. 그렇다면 세 쌍의 경입자는 왜 있었던 걸까? (1936년 뮤온이 발견됐다는 소식을 들은 물리학자 이지도어 아이작 라비Isidor Isaac Rabi, 1898~1988는 "이걸 누가 이렇게 시킨 거지?"라고 농담하기도 했다.)

이렇듯 물리학자들이 미시적 세계를 조금씩 상세하게 탐구하면서 상황은 훨씬 더 복잡해졌다. 새로운 입자들이 계속 나타났다. 물질의 파편 간 충돌에서 단명하는 파편들이 생성됐는데, 너무 잘 깨져 몇 분의 1초밖에 되지 않는 찰나의 순간에 태어났다 죽으면서 측정 장치에 일시적인 흔적을 남겼다. 이 입자들은 아무런 역할도 하지 못하는 것처럼 보였고, 우리 주위의 물질을 구성하는 데 사용될 수 있을 정도로 안정적이지도 않았다. 마치 이상하고 위태로운 동물원과 물리학자들의 악몽을 채우기 위해서만 존재하는 것 같았다. 경입자와 달리 이 입자들은 강한 핵력을 통해서도 상호작용하고 훨씬 더 무거웠다. 다시 말해, 뮤온과 타우가 공통적으로 전자와 어떤 관계가 있는 것처럼, 이 입자들도 더 무거운 물질의 구성 성분, 즉 양성자와 중성자를 닮은 것처럼 보였다. 물리학자들은 이 입자들을 경입자와 구분하기 위해 **강입자**(Hadron, 하드론)라고 부르기 시작했다.

설득력은 있었지만, 여전히 너무 혼란스러운 연구 분야가 되던 내용을 정리하기 위해, 1960년대에 물리학자 머리 겔만(Murray Gell-Mann, 1929~2019, 미국의 물리학자)과 조지 츠바이크(George Zweig, 1937~ , 러시아 태생 미국의 물리학자)는 자연에서 관측된 모든 강입자가 자신들이 명명한 **쿼크**(Quark)라는 가상의 입자들을 조합하면 생성될 수 있다는 가설을 세웠다. 예를 들어, 양성자와 중성자는 세 개의 쿼크로 구성될 수 있다. 다른 모든 강입자도 세 개, 혹은 두 개의 쿼크로 구성된다. 쿼크 이론은 알려진 입자 무리를 명석하게 체계화한 분류 체계였는데, 멘델레예프의 주기율표로 알려진 화학 원소를 정리한 것과 비슷하다. 그러나 쿼크의 존재는 그 즉시 받아들여지지 않았다.

물리학자들에게 쿼크가 실질적으로 존재한다는 확신을 주기까지 수년의 시간과 추가적인 이론 연구 그리고 무엇보다 수많은 실험적 확인이 필요했다. 현재 알려진 쿼크는 여섯 종류이며, 다소 상상에 의존한 방식으로, 질량의 증가 순으로 위(up), 아래(down), 기묘(strange), 매력(charm), 바닥(bottom), 꼭대기(top)로 표기한다. 쿼크의 특성은 자연에서 단독으로는 존재하지 않고 강입자 내에서만 다른 쿼크

우주 탐험

들과 결합한 상태로 갇혀 있다. 또한, 경입자에서와 같이, 자연이 쿼크의 수를 부풀리는 경향성이 있다. 위 쿼크(UP quark)와 아래 쿼크(Down quark)만 일반 물질을 형성할 수 있을 정도로 안정적인 결합을 한다. 양성자와 중성자는 각각 두 개의 위 쿼크와 한 개의 아래 쿼크, 두 개의 아래 쿼크와 한 개의 위 쿼크로 구성된다. 다른 쿼크들은 이질적이고 순간적인 조합을 만드는 데 사용되는 것이 확실해 보인다. 실제로 물질의 구성에는 대칭 형태가 있는 것으로 관찰된다. 여섯 개의 쿼크와 여섯 개의 경입자가 있지만, 여기에서 한 쌍의 쿼크(위 쿼크와 아래 쿼크, 양성자와 중성자의 형태로 결합)와 한 쌍의 경입자(전자와 전자 중성미자)만 물질의 세계에 발을 디딜 수 있다.

어쨌든, 쿼크와 경입자는 입자물리학의 표준 모형(Standard model)*으로서의 틀이 됐다. 이 모형은 우리 주위의 모든 물질과 입자 가속기 내에서, 또한 실험실에서 실행된 모든 관측 내용을 놀라울 만큼 효율적으로 설명하는 이론 체계인 것으로 밝혀졌다. 하지만 아직도 명확하지 않은 점들이 몇 가지 있다. 예를 들면, 입자의 질량이 왜 현재와

---

* 오늘날 명확하게 증명하지 못한, 중력을 제외한 모든 물질과 모든 상호작용을 기술하는 양자장론 모형으로 현대 물리학의 근간으로 취급된다. 자연계를 이루는 기본 입자 12개(쿼크 6개, 렙톤 6개)와 이들 사이의 힘을 매개하는 입자(게이지 입자) 4개에, 질량을 부여하는 힉스까지 총 17개의 입자로 세상의 모든 현상을 설명한다.

같은지 설명하지 못하고 있고, 왜 꼭 여섯 개의 쿼크와 여섯 개의 경입자가 존재하는 것인지도 모른다. 사실 아직 발견되지 않은 쿼크 및 경입자 계열의 입자가 더 있는지에도 의문을 품을 수 있다.

이러한 의문은 입자물리학과 우주론 간에 시작된 원활한 소통 중 한 가지의 배경이 된다. 중성미자를 다시 살펴보면, 사실 이 입자들은 매우 가벼워서 우주에서 거의 빛에 가까운 속도로 이동하고 전자기 복사(전자기 복사로 구성되며 항상 정확하게 빛의 속도로 이동하는 광자는 질량이 전혀 없다)와 아주 비슷한 방식으로 다뤄야 한다는 것을 금방 파악할 수 있다. 이는 매우 중요한 실질적인 결과를 낳았다. 중성미자의 존재를 염두에 두고 원시 우주에 있던 가벼운 핵의 합성을 계산하면, 중성미자가 예측된 함량비를 변형시키는 데 역할을 한다는 점이 밝혀졌다. 특히, 중성미자가 활발히 움직이면 생성된 헬륨 핵의 양이 증가했다. 헬륨의 생산량이 실제로 관측된 양을 초과하지 않는다면(헬륨이 우주에 있는 원자 전체 질량의 4분의 3 정도라는 점을 상기하면), 중성미자의 수가 너무 많을 수 없다. 그래서 1970년대에 우주론 연구자들은 이미 알려진 종류의 중성미자 외에, 단 하나의 새로운 유형, 둘도 아닌 단 하나의 유형을 위한 공간이 있다는 판단을 내릴 수 있었다. 이 모든 일이 입자물리학자들이 세 종류 이상의 가벼운 중성미자가 존재할 수 없다는 것을 개별적으로 증명하기 전에 일어났고, 우주론과 기초물리학 사이의 상호 교환이 매우 흥미로운 결과를 끌어낼 수 있다는 점을 보여줬다. 이 시기에 수많은 입자물리학자가 우주론에 관심을 두기 시작했는데, 원시 우주는 기본적인 상호작용을 연구하기에 매우 훌륭한 자연 실험장이었다. (가장 유명한 예는, 입자물리학의 표준 모형 창시자 중 한 명인 물리학자 스티븐 와인버그Steven Weinberg, 1933~2021가 빅뱅 직후 우주의 물리적 조건에 점점 더 관심을 두기 시작한 점이다.)

중성미자에 관한 우주론 연구자들의 사랑은 표준 모형의 범위 내에서 중성미자가 암흑 물질의 수수께끼를 푸는 역할을 할 수 있는 유일한 입자 유형이라는 것을 알게 되면서 더 깊어졌다. 그러나 안타깝게도 풀어야 할 중요한 문제가 있었다. 우주론에 유용한 물질이 되기 위해서는 어떤 용도로든 중성미자가 질량을 가져야 한다. 그런데 정말 그럴까?

표준 모형에 따르면, 중성미자는 질량이 전혀 없다. 측정치로만 보면 이러한 예측과의 충돌이 없는 것처럼 보이지만, 중성미자의 질량이 실험 한계를 벗어난 수준으로 너무 작아서, 실제로 질량이 전혀 없는 0인 상태와 구분이 불가능하다. 게다가 순전히 이론적인 관점에서 보면, 표준 모형 자체에서 중성미자를 질량이 있는 입자로 수정하면 간단히 바뀌기도 한다. 문제가 완전히 열려 있는 것이다. 하지만 너무 파악하기 어려운 중성미자의 특성으로 인해 기존의 방식으로, 실험실에서의 측정을 통해서는 이 의문을 풀기가 너무 어렵다. 중성미자의 질량을 측정하는 일은 절대로 장난스러운 일이 아니기 때문이다.

그러나 천체물리학자와 우주론 연구자들은 입자물리학자들이 난관에 빠진 이러한 문제에 관해 뭔가 할 말이 있어 보인다. 무엇보다 우주론 연구자들은 입자물리학의 표준 모형에서 중성미자 질량이 0인 이유가 우리가 100억 년 이상 된 우주에 살고 있다는 간단한 사실에서 비롯될 수 있다는 점을 깨달았다. 사실 질량이 너무 크면 우주의 밀도가 임계 밀도보다 훨씬 더 커져서 아주 짧은 시간 안에 우주가 다시 붕괴하도록 이끌었을 것이다. 기본적으로 이러한 점들을 고려하면, 중성미자의 질량은 전자보다 적어도 만 분의 1보다 작아야 한다. 실험실에서 도저히 측정할 수 없는 한계다. 그러나 중성미자의 질량은 아무리 작아도 원칙적으로는 0이 아니다. 질량이 있는 중성미자만이 암흑 물질의 입자 역할을 할 가능성을 가질 수 있으므로, 우주론 연구자들에게는 이것이 큰 차이로 느껴질 수밖에 없다.

그리고 이 지점에서 천체물리학이 중성미자 물리학에 두 번째 역할을 한다. 물리학자 브루노 폰테코르보(Bruno

Pontecorvo, 1913~1993, 이탈리아 태생 소련의 핵물리학자)가 세운 이론에 따르면, 특정 유형의 중성미자(전자, 뮤온, 타우)는 다른 유형의 중성미자로 전환될 수 있고, 이후에 다시 원래의 유형으로 돌아갈 수 있다. 이 이론이 흥미로운 것은 서로 다른 유형의 중성미자가 질량이 다른 경우에만 요동한다고 예측한 점 때문이다. 따라서 요동을 관측하는 것 자체가 중성미자에 질량이 있다는 증거가 된다. 안타깝게도 실험실에서는 중성미자의 짧은 이동 거리로 인해 요동을 인지하기에 매우 어렵다. 그러나 천체물리학적 규모의 아주 긴 경로에서는 요동이 관측될 수 있을 것이라는 희망 섞인 예측을 했다. 태양은 계속 엄청난 수의 중성미자를 방출한다. 지구에 도착한 특정 유형의 중성미자의 수가 예상과 다르다면, 이는 곧 중성미자가 이동하는 과정에서 바로 변형됐다는 증거다.

태양에서 생성된 중성미자가 지구를 향해 오는 중 요동을 한다는 사실은 20세기에서 21세기로 넘어가던 시기에 최종적으로 확인됐다. 이를 통해 오늘날의 우리는 중성미자가 무엇인지는 정확하게 알 수 없지만, 질량을 가지고 있다고 확신하게 됐다. 불행하게도 그사이 중성미자가 암흑물질의 입자로서는 좋은 후보가 아닐 것이라는 확신도 함께 갖게 됐다. 중성미자의 질량이 사실상 아주 작아서 아주 빠른 속도로 끊임없이 움직일 수밖에 없기 때문이다.

여기에 더해, 질량이 작다는 말은 중력이 중성미자를 매우 약하게 잡고 있다는 뜻이기도 하다. 이런 사실들을 고려하면 중성미자를 어떤 은하 속(우주의 규모에서는 작은 크기의 구조)에 가둬 두는 것이 사실상 불가능하다는 점을 알 수 있다. 중성미자는 빠른 속도로 사방으로 퍼져 나가려고 하고, 그러면 은하의 헤일로를 구성하는 물질의 후보로서 작별을 고해야 한다.

영국 속담처럼, 동화 속 요정은 두 번 불러올 수 없다. 중성미자는 베타 붕괴의 기이함을 설명할 때 나타나 물리학자들을 구출해냈지만, 우주의 숨은 구성 성분에 매달린 우주론 연구자들의 상황은 구제할 수 없었다. 이제 다른 출구를 찾아야 했다.

우주론 연구자들이 숨은 질량의 수수께끼를 해결할 쉬운 방법으로 중성미자를 활용하겠다는 의지를 포기하게 만든 결정적인 계기는, 우주의 구조를 형성하는 방식에 관한 더 많은 지식과 물질이 대규모로 우주에 배분되는 경향성에 관한 더 나은 관측이었다. 원시 우주의 물리적 조건을 연구하면, 완전히 균질한 조건에 매우 가깝다는 결론이 나온다. 이러한 상황은 현재 우주에서 관측되는 바와 근본적으로 다르다. 오늘날의 우주는 아주 복잡하다. 실제로 일부 지점들은 비어 있고, 어떤 곳들은 믿을 수 없을 정도로 구조화돼 있다. 우주론에서 굵직한 문제 중 하나는 언제나 원시 우주의 단순성과 현 우주의 복합성 사이에 다리를 놓아 이 풍요로운 구조가 어떻게 생기게 됐는지 명확히 하는 것이었다. 그런데 최근에야 이 문제가 밝혀지기 시작했다.

지난 몇십 년 동안, 사실상 천문학자들은 거대한 우주의 부피 속에서 물질의 분포를 재구성할 수 있도록(적어도 눈에 보이는 성분으로 제한된다) 3차원 공간에서 수백만 개 은하의 위치를 포함한 방대한 목록을 작성하는 중대한 임무를 수행해야 했다. 이것은 마치 세상의 모든 해변에 있는 모래 알갱이를 하나씩 찾아 그 수를 세는 것과 비슷하다. 관측된 모든 은하의 하늘에서의 위치를 알아야 할 뿐 아니라, 거리 지표로 사용하기 위해 은하의 적색이동 위치도 알아야 한다. 게다가 은하의 빛이 너무 희미한 경우가 많아서 충분한 양의 광자를 수집하려면 하늘의 각 구역에서 상당한 관측 시간을 써야 한다. 1970년대 중반 무렵, 관측 과정이 자동화되며 자료를 훨씬 더 효율적으로 모을 수 있게 되기는 했다.

하지만 우주의 모든 은하를 완벽하게 지도로 제작할 수 있을 정도로 관측하는 데 걸리는 시간은 적어도 현재 기술로는 불가능한 숙제로 남아 있다. 그러나 어느 정도 규모가 있는 부피에서 충분한 수의 은하를 관측하면, 해당 부피 내에서 재구성한 3차원 분포가 나머지 우주 영역을 대표한다고 여길 수 있다.

이러한 유형의 목록을 제작하기 위한 첫 번째 시도는, 1977년 매사추세츠주 케임브리지에 있는 천체물리센터(Center for Astrophysics, CfA)에서 시작됐다. 몇 년 후, CfA 목록에는 천 개의 은하 적색이동이 포함됐고, 1980년대 중반부터 1990년대 초반까지 은하의 수가 수만 개가 됐다. 현재 은하의 분포 재구성에 주력하는 주요 프로젝트들인 2dF(2 degree field, 한 번에 관측할 수 있는 하늘 영역의 각도 크기) 은하 적색이동 탐사와 슬론 디지털 하늘 탐사(Sloan Digital Sky Survey, SDSS) 등은 수십만 개에 달하는 은하의 위치와 거리를 보유하고 있다.

이러한 관측이 점점 더 큰 규모의 우주를 범주화하면서, 은하들이 과거에는 생각할 수 없던 방식으로 무리를 이루는 것으로 드러났다. 20세기 전반 우주론 연구자들의 대체적인 믿음과 달리 은하들은 절대 균질한 방식으로 분포돼 있지 않은 것이다. 은하는 점점 더 풍부하고 복잡한 계층 구조로 무리를 이룬다. 소규모 그룹이든 거대한 은하단이든 그것들이 다시 한번 무리를 이루고 더 방대한 구조를 형성하고(은하단의 무리, 혹은 **초은하단**^{Supercluster}, 수억 광년의 규모), 이 구조는 훨씬 더 거대한 장성(Wall)이나 필라멘트(Filament)로 범주화된다. 동시에, 우주에는 모든 물질이 어딘가로 빨려 들어간 듯해 보이는 거대한 거품처럼 완전히 비어 있는 지역도 많다. 우리가 물질의 분포를 볼 수 있는 곳에서는 거의 상상할 수 없이 복잡한 연결망을 드러낸다. 우주의 대규모 구조는 언뜻 스펀지의 구조나 바다 거품과 비슷해 보인다. 어떤 규모에서 보든 우주의 구조를 관측하면, 새롭고 흥미로운 상세한 것들이 나타난다. (그러나 이 복잡함도 한계가 있다. 관측 가능한 규모 전체로 확장해 우주를 관측하면, 비행기에서 바라보는 바다의 움직임처럼 물질의 분포가 굴곡 없이 균질해진다. 이는 우주의 물리적 조건이 모든 지점에서 평균적으로 서로 같다는 우주론 원칙과 완벽히 일치하는 바다.)

점점 더 확장되는 은하 목록을 만드는 일은 우주의 구조를 이해하는 데 필요한 노력 중 일부에 지나지 않는다. 그만큼 중요한 일은 관측된 구조들이 결합하게 된 물리적 체계를 파악하려는 이론 우주론 연구자들의 임무다. 이 임무는 초강력 컴퓨터와 거대한 규모에서 중력 효과를 재현할 수 있는 프로그램이 없었다면 불가능했을 것이다. 비유컨대, 과학자들을 위한 '심시티(SimCity)' 같은 거대하고 정교한 비디오게임과 비슷한데, 상상의 도시 대신에 우주 전체를 건설한다는 점이 다르다. 우리는 우주를 건설하기 위한 이론적 요소들, 즉 우주에 있는 물질의 양과 종류를 비롯해 우주가 얼마나 빨리 팽창하고 있는지, 현재 일어나는 모든 현상을 시작하게 만든 밀도 교란의 규모가 어느 정도인지, 이 대규모 구조가 건설되기까지 얼마나 오랜 시간이 걸렸는지 등과 같은 우주 모형의 매개변수를 제공한다. 컴퓨터가 해당 내용을 수치로 환산하고 나머지 작업을 한다. 결국, 컴퓨터 화면에 장난감 우주가 담겨 있는 것이다. 우리는 유리구슬에 들어 있는 수많은 우주 모형 중 하나를 손에 넣고 관찰하며 이리저리 돌려보고, 신중하게 분석해 망원경으로 보이는 우주와 얼마나 닮았는지 파악할 수 있다. 대조한 상태가 일치하면, 물리적 가설이 맞고 컴퓨터에 입력된 매개변수들이 우리 우주에 관해서 제대로 설명하고 있다는 것을 의미한다. 일치하지 않는다면, 처음부터 다시 시작해야 하는 건 물론이다.

이 분야도 지난 몇십 년간 끊임없이 발전했다. 초기에는 컴퓨터가 추적할 수 있는 수준이 상대적으로 좁은 면적에서 수천 개의 입자 간 중력 상호작용을 파악하는 정도였다(각 입자는 우주에서 의미 있을 정도로 큰 질량을 나타내는데, 예를 들면 입자들의 무리를 은하로 간주한다). 현존하는 가장 큰 시뮬레이션(**밀레니엄 시뮬레이션**Millennium simulation)*은 100억 지점, 즉 은하 2천만 개 정도에 해당하는 지점을 포함한 20억 입방광년 내에서 우주의 움직임을 재현해낸다. 생성된 구조물을 더 상세하게 분석하기 위해 5분의 1 작은 부피를 재현하는 데도 같은 수의 입자가 사용된다. 그리고 당연하게도 더 발전하는 컴퓨터 활용 능력에 힘입어, 몇 년 안에 훨씬 더 풍부한 시뮬레이션과 점점 더 사실적인 우주를 만들 가능성이 생길 것이다.

어쨌든, 컴퓨터에서 재현한 우주와 은하 목록에 수집된 관측 내용을 대조하면서 우주의 구조를 형성시킨 전체적인 그림의 윤곽을 잡을 수 있었다. 무엇보다, 복잡한 우주 연결망이 나타나는 동안 그늘 속에서 중력의 작용을 이끈 암흑 물질의 신비한 입자에 관한 아주 세밀한 몽타주를 얻을 수 있게 됐다.

우리는 오늘날 물질 분포의 씨앗이 빅뱅의 초기 순간, 즉 급팽창 단계에 뿌려졌다고 생각하고 있다. 다시 말하자면, 미시적인 규모에서 세상의 움직임과 대규모 우주의 도면 간에 놀라운 연관성이 드러났기 때문이다. 1927년, 물리학자 베르너 하이젠베르크(Werner Heisenberg, 1901~1976, 독일의 이론물리학자)가 처음으로 발표한 **불확정성 원리**(Uncertainty

---

* 현재 가장 큰 시뮬레이션 중 하나는 한국의 고등과학원 연구진들이 수행한 호라이즌 런 시뮬레이션(The Horizon Run Simulation)이다.

principle)*는 임의의 정밀도를 이용한 시뮬레이션으로 측정되지 않는 물리적 크기의 쌍(couple), 예를 들어 입자의 위치와 속도, 혹은 어떤 사건과 그 사건의 에너지가 발생하는 시간적 간격이 존재한다는 점을 확립했다. 이 원리는 우리가 과학자로서 무능했음을 공식화한 것 이상이었다. 이 원리는 자연의 기본적인 우연성과 무한성을 담고 있고, 미시적 차원에서 물질의 움직임을 설명하는 물리학 분야인 양자역학의 토대가 되는 이론이다. 급팽창 모형에 따르면, 관측 가능한 우주 전체는 아주 작은 시공간 영역의 팽창에 기원을 두고 있다. 이 영역은 양자의 불확실성으로 인해 불가피한 요동을 제외하고, 초반에는 거의 완벽하게 균질했다. 급팽창이 끝나고, 이 요동은 거시적인 규모로 거대해졌으며, 중력이 물질을 집중시켜 은하와 은하단 등을 형성하게 만든 씨앗이 됐다.

급팽창 중 발생한 밀도 요동의 우발적 성격은 특정 규모를 가리지 않는다. 우열이 없던 초기 조건이 급팽창 후 발생한 물리적 과정으로 변형되면서 은하나 은하단의 전형적

---

* 입자의 위치와 운동량을 동시에 정확히 알아낼 수 없고, 두 측정치의 부정확도를 일정 이하로 줄일 수 없다는 양자역학의 원리다. 고전 역학의 예측과 달리, 양자역학에서는 위치와 운동량이 동시에 확정인 값을 가질 수 없다. 양자역학이 지배하는 미시세계가 고전적인 거시세계와 근본적으로 어떻게 다른지를 극명하게 보여주는 대표적인 원리다.

인 질량과 크기가 설정됐을 것이다. 여기서 우리의 모형과 컴퓨터 시뮬레이션에 도입한 매개변수가 개입되는데, 이론적 결과와 관측 내용의 일치 여부가 빅뱅부터 현재까지 수십억 년 동안 어떤 일이 일어났는지 밝히는 역할을 한다.

우주의 구조를 구성하는 조리법에서 중요한 재료는 암흑 물질이라는 가상 입자의 질량이다. 우주론 연구자들이 컴퓨터에서 우주를 재현하기 시작하면서 암흑 물질의 역할을 하는 후보들을 크게 두 가지로, 즉 **뜨거운** 유형의 암흑 물질과 **차가운** 유형의 암흑 물질로 구분할 필요가 있다는 것을 알았다.

이 두 유형 간의 차이는 암흑 물질의 입자들이 이동하는 전형적인 속도에 있다. 질량이 작은 입자들은 더 빨리 움직이는 경향이 있는 데 반해, 질량이 더 큰 입자들은 관성이 더 크고 대부분 느리게 움직인다. 기체 분자는 기체가 뜨거울 때 더 빠르게 움직이고, 기체가 차가울 때는 더 천천히 움직인다. 암흑 물질의 두 유형에 붙은 이름은 기체 분자의 움직임과 유사하기 때문이다.

중성미자는 전형적인 뜨거운 암흑 물질의 입자다. 앞에서 이미 이야기한 것처럼, 뜨거운 암흑 물질은 우주에서 관측되는 아주 작은 구조들을 결합할 수 있는 접착제로서 역할을 해낼 수 없다. 뜨거운 암흑 물질을 포함한 시뮬레이

선에서 구조는 더 큰 것들, 즉 질량이 작은 입자를 가둘 수 있는 중력이 작용할 수 있는 것들부터 형성하기 시작한다. 그리고 시간이 지나면서 파편으로 조각나면서 점점 더 작은 구조를 형성한다. 이렇게 하향식(top-down) 구조의 결과로, 가장 작은 무더기인 은하가 실제 우주에서 관측되는 것보다 시뮬레이션에서 훨씬 더 늦게 형성하는 것으로 나타난다. 반대로, 구조 형성이 차가운 유형의 암흑 물질로 유도되면, 입자가 덜 분산되는 경향이 있어 물질이 상향식(bottom-up)으로 뭉치게 되며, 은하가 먼저 생성되고 그다음에 은하단, 그다음으로 초은하단 등 순으로 만들어진다. 우주 건설의 창조에서 이러한 층위는 우리가 실제로 현실에서 관측하는 것과 상당히 일치한다. 이런 논리로 1990년대에 뜨거운 암흑 물질은 버려지고 차가운 암흑 물질이 선택됐다.

그러나 중성미자가 후보 명단에서 탈락했다는 것은, 알려진 입자 중 그 어떤 것도 암흑 물질의 미스터리를 설명하기 위해 끌어들일 수 없다는 것을 의미하기도 했다. 이제까지 아무도 못 본 입자를 찾아야 한다는 말과 같았다.

우려했던 것과 달리, 물리학자들은 상상력이 부족하지 않았고 나름의 유머 감각도 있었다. 우주의 물질을 대량으로 형성했을, 신비하고 거대하며 상호작용이 약한 입자를 총칭하기 위해 물리학자들이 생각한 이름은 약하게 상호작용하는 무거운 입자, 이른바 윔프(Weakly Interactive Massive Particle, WIMP)였다. 영어로 윔프(wimp)는 운이 별로 없고 의지가 약한 사람에게 사용하는 별칭으로, 마초(MACHO, 일반적인 물질로 이뤄진 작고 검은 물체)와 장난기 넘치는 대조를 이룬다. 물리학자들은 새로운 입자에 세례를 해주는 것 외에, 그 특성을 설명하고 당시까지 실험실에서 한 번도 관측된 적 없는 물질의 기본 성분의 존재를 예측할 수 있는 모형도 찾아야 했다.

문제는 이것이 이미 알려진 물질의 기본 구성뿐 아니라 모든 자연현상을 포괄하는 네 가지 상호작용 중 세 가지를 매우 잘 설명하는 모형인 입자물리학 표준 모형에 다시 논란을 일으키는 일이라는 점이었다. 물론, 빠져나갈 구멍은 있었다. 표준 모형이 완전한 성공을 거두기는 했지만, 원래도 문제가 없지는 않았기 때문이다. 우선 중력을 다른 힘들과 같은 방식으로 처리할 수 없었다. 또한, 세 가지 경입자의 존재 이유나 중성미자가 질량을 갖고 있다는 사실을 설명하지 못했으며, 전체적으로 여러 기본 입자들의 질량값을 설명하지 못했다. 이런 이유로 오래전부터 이론물리학자들이 표준 모형을 확장해 더 일반적인 모형으로서의 틀을 잡기 위해 노력했던 것이다.

이론물리학자들의 이러한 시도 중 가장 유망해 보이는 것은 **초대칭**(Supersymmetry)의 존재를 바탕으로 한 개념이다. 이 대칭은 물리학에서 매우 중요한 개념으로, 자연법칙에서 규칙성을 찾고 통일된 방식으로 명확하게 다른 현상들을 설명하게 해준다(앞에서 C와 P, T 전환에서 몇 가지 대칭의 예를 살펴봤다). 대칭은 대개 깊이 숨겨진 경우가 많아서 밝혀내려면 복잡한 수학적 수단이나 특이한 물리적 조건이 필요하다. 추상적이고 수학적인 공간에 숨겨진 대칭의 존재를 추적하면, 물리학자들이 공통 형식, 즉 표준 모형의 형식을 통해 두 상호작용과 전자기 상호작용을 설명할 수 있게 된다. 세 가지 상호작용은 사실 한 가지 상호작용의 세 가지 측면인데, 일상의 현실 속에서 분리돼 보이는 것은 그저 작용하는 에너지가 매우 작기 때문이다. 반면, 원시 우주에서는 표준 모형의 대칭이 완벽하게 실현되는 조건이었을 것이다. (약한 상호작용과 전자기 상호작용이 합쳐진 **전기-약 작용** Electroweak interaction은 입자 가속기에서나 구현될 수 있을 정도로 에너지가 낮아서 예측했던 대칭성이 실험으로 확인됐다.)

초대칭을 바탕으로 한 모형은 기본 법칙에서 좀 더 높은 수준의 규칙성을 찾는 것을 목표로 한다. 결국, 우주에서 일어나는 모든 일을 입자 간 상호작용으로 거슬러 올라갈 수 있게 되는 것이다. 물질을 구성하는 모든 입자는 물리학자들이 **페르미온**(Fermion)이라고 부르는 유형의 물질로 구성되는 한편, 입자 간 모든 상호작용은 **보손**(Boson)이라고 부르는 또 다른 유형의 입자에 의해 전달된다(페르미온은 엔리코 페르미Enrico Fermi, 1901~1954, 이탈리아계 미국인 물리학자, 보손은 사티엔드라 나드 보즈Satyendra Nath Bose, 1894~1974, 인도의 물리학자의 이름에서 따온 명칭이다). 실제로 페르미온은 존재하는 모든 것의 구성 성분이며, 보손은 입자가 감지하는 힘에 관한 정보를 전달하는 매질이다. 자연은 왜 이런 역할 분화를 선택했을까? 초대칭 모형은 페르미온과 보손 간 이러한 분화를 무효화한다. 초대칭 세계에서 페르미온과 보손은 모두 초대칭 변환에 따라 상호 교환될 수 있는 초대칭 짝을 갖는다. 초대칭 변환을 통해 페르미온은 보손 짝으로, 보손은 페르미온 짝으로 변환될 수 있다(페르미온이 정수의 반에 해당하는 1/2, 3/2 등과 같은 스핀을 갖는 데 반해, 보손은 0, 1, 2 등과 같은 정수 스핀을 갖는다).

그런데 이 상황은 폴 디랙이 맞닥뜨렸던, 일반적인 물질과 완전히 서로 같지만 반대 부호의 전하를 가진 반물질 입자의 존재를 가정했을 때를 상기시킨다. 실제로 초대칭도 표준 모형의 몇 가지 어려움을 극복하기 위한 순전히 이론적인 근거만 가진 가정의 결과물이었다. 그 결과 아원자 입자(Subatomic particle)* 세계에 존재하는 이미 다수였던 입자가 그 배가 됐다. 따라서 전자의 초대칭 짝 **셀렉트론**

(Selectron)과 중성미자의 초대칭 짝 **스뉴트리노**(Sneutrino), 쿼크의 초대칭 짝 **스쿼크**(squark) 등이 존재해야 한다. (보통 초대칭 입자의 명칭은 초대칭 짝 이름 앞에 s를 붙여 만든다.) 오늘날 우주에서 초대칭이 깨진 원인에 페르미온과 보손이 분명한 역할을 한 것으로 보이는데, 초대칭 이론이 예측한 초대칭 짝의 흔적이 존재하는 것 같지 않아 보이는 이유는 언제나 그렇듯 에너지가 너무 낮아서다. 그러나 오늘의 우주와 달리 빅뱅 직후에는 이 에너지를 사용할 수 있었을 것이다. 그 시기에는 현재 우주에 존재하는 모든 입자에 서로 같은 질량의 초대칭 짝이 있었을 것이다. 이후, 초대칭이 사라지자 초대칭 짝들이 일반 입자들과 다른 길을 가게 됐다. 특히, 이 짝들의 질량이 일반 물질을 구성하는 입자들보다 어마어마하게 커졌고(수만 배), 시간이 지나면서 다른 입자로 붕괴했고, 이 붕괴한 입자가 또다시 붕괴하는 과정이 계속돼 거의 모든 초대칭 입자가 멸종해 흔적도 남기지 않고 우주에서 사라져갔다(완전히 다른 방식으로 진행됐지만, 반물질 입자도 이와 비슷한 운명에 놓였다).

초대칭 입자가 완전히 소멸하지 않았을 수 있다. 암흑 물

---

* 중성자, 양성자, 전자와 같이 원자보다 작은 입자. 중성미자, 반전자, 반양성자, 반중성자, 뮤온 중성미자, 보손도 아원자 입자임이 나중에 밝혀졌다.

질의 신비를 설명하려는 시도에 관해 이야기하고 있으니 말이다. 실제로 여러 이론 모형에 따르면, 무엇인가 멸종되지 않고 살아남아서 윔프 호칭의 후보가 될 가능성이 있기는 하다. 실제로 더는 붕괴할 가능성이 없는 입자의 일종인 잔여물이 생성돼 초대칭 입자의 연쇄 붕괴를 막았을 수 있다. 초대칭 모형에서 **뉴트랄리노**(Neutralino)라 불리는 이 입자는 완벽한 윔프로, 전기적으로 중성이며 매우 무겁고 (이론적 추정치는 양성자보다 수백 배 더 큰 질량을 갖고 있다), 무엇보다 안정적이다. 따라서 뉴트랄리노는 우주 진화 기간 내내 존재하면서 그늘 속에서 구조의 진화를 이끌고 있었을 가능성이 있다.

하지만 안타깝게도 아직까지 뉴트랄리노를 비롯한 암흑 물질의 신비를 완벽하게 풀어줄 특성을 띠는 다른 입자의 존재에 관한 직접적인 증거가 전혀 없다. 이렇듯 물리학자들의 온갖 노력을 다했음에도 윔프가 그물망을 피해가고 있는 것은 실제로 존재하지 않는다는 의미가 아닐까? 암흑 물질을 찾아다니는 것이, 혹시 유령을 쫓고 있는 것은 아닐까?

10

단서는 많지만, 범인이 없다

Tanti indizi, nessun colpevole

빠져나갈 구멍이 없다. 천체물리학적 관측 내용을 해석하기 위해 기존의 물리법칙을 사용하고 직접 관측할 수 있는 물질만 검토하면, 상황이 좀처럼 들어맞지 않는다. 천체물리학자 대부분은 이러한 불일치에서 오는 피할 수 없는 결과가, 우주에 우리가 볼 수 없고 또 실질적으로 아무것도 모르는 이상한 물질이 너무 많아서라고 생각한다. 이런 생각은 기존의 물리법칙은 지켜낼 수 있지만, 누군가가 직접적인 증거가 없는 새로운 이론에 불편함을 느껴 다른 해법을 내놓을 수 있다는 사실을 인정해야 한다. 물론, 그 길을 선택한 물리학자가 한 손에 꼽힐 정도여서 문제지만 말이다.

모르더하이 밀그롬(Mordehai Milgrom, 1946~)은 그 흔하지 않은 길을 선택한 한 명이다. 1983년, 이 이스라엘의 물리학자는 콜럼버스의 달걀 일화처럼 나선은하의 회전 운동에서 관측된 이상 현상에 관한 설명을 내놨다. 사실 밀그롬은 이 문제를 그저 다른 관점에서 바라봤을 뿐이었다. 흔히 중력이 우리가 생각하는 것처럼 작용한다면, 나선은하 주위에서 별이 핵을 중심으로 회전하는 속도가 너무 빨라 눈에 보이는 질량에서 가해지는 인력이 균형을 잡지 못한다. 암흑 물질이 없다면, 나선은하는 이미 아주 오래전에 붕괴했을 것이다. 그러나 밀그롬은 잘못된 것이 그 시작에 있을 수 있다고 생각했다. 어쩌면 새로운 성분을 끌어들이기보다는 중력의 작용을 재고하기로 마음먹은 것이다. 그의 개념이 맞는다면 암흑 물질은 신기루와 같은 것으로 여겨질 수 있다.

　그런데 이미 확립된 전제들을 포기하는 일이 물리학에서 그렇게 드문 일은 아니다. 수 세기 전 뉴턴이 고안한 만유인력의 법칙도 20세기 초 아인슈타인이 재검토해 성공적으로 업데이트됐다. 중력장이 매우 강하면(대량의 질량이 집중된 경우) 뉴턴의 중력이 물러나고 훨씬 더 상세한 예측을 할 수 있는 일반상대성이론이 등장해야 한다. 아인슈타인의 이론은 수성의 근일점에서 일어나는 세차 운동이나 빛의 휘어짐과 같이 뉴턴의 이론으로 설명이 안 되는 관측 사항들을 정확하게 해석했다. 그리고 블랙홀이나 빅뱅 직후의 우주와 같이 극단적인 물리계를 설명하는 수준까지 올라갈 수 있었다.

그러나 은하의 회전 운동과 관련되면, 아인슈타인의 이론도 뉴턴의 이론과 본질상 다를 것이 없다. 은하가 아무리 거대한 체계라 해도, 그 안의 중력은 평균적으로 일반상대성이론을 사용해야 할 정도로 높은 수치로 올라가지 않는다. 뉴턴의 법칙이 그랬던 것만큼 그 역할을 충실히 수행할 수 있어야 한다. 그렇다면 우리가 아는 물리학을 위기에 처하게 할 만큼 극단적인 은하의 특징으로 무엇을 꼽을 수 있을까?

밀그롬은 초반에는 은하를 특별하게 만드는 것이 중력 상호작용의 힘이 아니라 그 거대한 규모라고 생각한 것 같다. 만유인력의 법칙(어떤 힘의 크기가 거리의 제곱에 반비례한다는 역제곱 법칙)을 그처럼 거대한 규모로 직접 시험한 사람은 아무도 없었다. 안타깝게도 밀그롬은 거리에 관한 중력의 의존성을 변경하는 것이 회전 곡선에서 발생하는 변칙을 설명하기에 그다지 가망 있는 방법은 아닌 것 같다는 사실을 금방 깨달아야 했다.

이후로도 몇 번의 재고 끝에 밀그롬은 은하를 특별하게

만드는 또 다른 무엇인가가 있다는 것을 알아챘다. 중력(다른 힘도 마찬가지다)이 어떤 물체에 작용하면 물체가 가속하는데, 이 가속도를 속도의 변화로 나타낼 수 있지만(대부분이 생각하는 가속도의 개념이다), 방향의 전환으로도 나타낼 수 있다. 바로 이 방향 전환 때문에 행성들이 태양 주위의 궤도에 머물러 있는 것이다. 또한, 별의 중력이 지속함으로써 행성의 궤도를 휘게 만드는 것이고(그렇지 않으면 궤도가 직선으로 뻗으려 할 것이다).

은하에서 원반의 별을 핵 주위의 궤도에 있도록 유지토록 하는 가속도는 우리에게 익숙한 값에 비하면 아주 작다. 이를 설명하자면, 지구의 중력장 근처에서 자유낙하하는 물체는 1초 동안 대략 초속 0에서 10미터까지 가속한다. 반면, 나선은하 내에서는 서로 같은 시간 간격에서의 속도 변화는 초당 100억 분의 1미터밖에 되지 않는다. 밀그롬은 매우 강한 중력장이 일반상대성이론을 필요로 한 것처럼, 이렇게 작은 가속도를 적절하게 처리하려면 물리법칙들을 수정해야 할 수 있다고 생각했다.

밀그롬은 이러한 직관에 따라, 힘과 가속도를 연결하는 법칙에서 적용 가능한 원인을 찾으려고 했다. 뉴턴에 따르면 특정한 힘을 받는 물체는 힘의 크기에 비례해 가속한다(물체의 질량과는 반비례). 가속도의 규모를 이용해 새로운 자연 상수를 도입한 밀그롬은 보이지 않는 물질이 대량 존재한다는 가정을 하지 않고도, 회전 곡선의 관측 내용을 설명할 수 있도록 상황을 조정할 수 있다는 것을 깨달았다. 밀그롬이 도입한 새로운 매개변수는 기존의 움직임(뉴턴의 이론)과 힘이 가속도의 제곱에 비례하는(단순한 비례가 아님) 수정된 움직임 간의 전환을 제어했다. 가속도가 작은 은하의 중심에서 멀리 떨어지면, 중력이 이상한 방식으로 작용했고, 베라 루빈 이후부터 천문학자들이 관측했던 것처럼 회전 속도가 일정해졌다.

밀그롬이 고안한 새로운 모형은 몬드(MOND), 즉 **수정 뉴턴 역학**(Modified Newtonian dynamics)이라는 이름을 얻었다. 처음 놀라웠던 점은, 수정 뉴턴 역학이 다른 관측들에도 적용되기 시작했을 때(수정 뉴턴 역학의 동기가 된 은하의 회전 곡선에만 모형을 적용한 것은 아니다), 마법처럼 갑자기 계산이 맞아떨어지는 것이었다. 예를 들면, 수정 뉴턴 역학은 별의 속도와 은하의 광도 간 특정한 상관관계를 정확하게 설명해냈다. 즉, 기존의 법칙을 활용했을 때 더 큰 물체(예를 들면, 은하단)의 역동적인 움직임을 재현하려 했을 때 점점 더 많은 보이지 않는 질량이 필요하다는 사실을 보여줬다.

한편, 암흑 물질을 바탕으로 한 모형들에는 나름의 문제가 있었다. 보이지 않는 입자들을 포함하는 신비스러운 종의 존재(하나 이상의 종)도 필요했지만, 각 모형에 원칙적으로 임의의 물리적 특성들을 가정해야 했다. 입자의 질량은 얼마일까? 어떤 상호작용을 할까? 은하나 은하단에서 어떻게 분배될까? 그런 것들이었다. 컴퓨터 시뮬레이션이 항상 필수적인 모든 자유 매개변수를 정확하게 관리할 수 있을 정도로 아주 정교한 편도 아니었고, 심지어 말이 안 되는 결과를 내놓는 사례도 있었다. 예를 들면, 관측된 바와 반대로 은하의 핵 근처에서 밀도가 재앙 수준으로 높이 치솟는 경향이 있는 것으로 예측되기도 했다. 반면, 수정 뉴턴 역학 모형에서는 대량의 관측 내용을 설명하는 데 단 하나의 매개변수만 필요로 했을 뿐이다(가속도의 전환치). 가설의 경제적 관점(물리학자들이 매우 좋아하는 이론들의 특징)에서 보면, 수정 뉴턴 역학 모형은 암흑 물질을 바탕으로 한 모형을 능가할 수 있을 것 같았다.

그러나 수정 뉴턴 역학 모형이 만병통치약이 되지는 못했다. 사실상 천체물리학적 관측 내용을 경험적으로 해석하는 것이 아니라면, 압도적인 이론적 전제 없이 새로운 시나리오를 지지하기 위해 기존의 굳건한 물리적 법칙들을 포기해야 했기 때문이다. 여기에 더해 수학적 관점에서, 아인슈타인의 일반상대성이론을 고려한 더 광범위한 설명에 수정 뉴턴 역학 모형을 통합하려는 시도는 처음부터 거북

하고 무익해 보였다. 또한, 실험실이나 태양계에서 경험할 수 있는 가속도가 새로운 모형이 담은 가속도보다 훨씬 더 크다는 점으로 볼 때, 위와 같은 시도를 실험하기 위한 직접적인 방법이 없어 보였다(반면, 암흑 물질은 적어도 조만간 제대로 고안된 실험이 윔프의 이동 흔적을 보여줄 개념으로 대접받을 수 있었다).

이 모든 이유로 천문학자와 물리학자 다수는 암흑 물질을 바탕으로 한 패러다임이 열린 질문임에도 막상 이를 포기하는 데 아쉬워하는 태도를 드러냈다. 수정 뉴턴 역학 모형은 모호한 이단 논리이자 우위의 시나리오에 대한 불편한 경쟁자의 역할만을 하게 된 것이다. 그러나 이 역할도 점점 대안이 부족해지는 분야에서는 어쨌든 과소평가하면 안 된다.

한편, 수수께끼 같은 암흑 물질은 새로운 관측으로 다시 수면으로 올라왔다.

1990년대 초, 코비 위성이 처음으로 우주배경복사에 미약한 온도 요동이 있다는 것을 밝혀낸 것이다. 이것은 빅뱅 직후 막 38만 년이 됐을 때 은하의 형성이 시작됐다는 흔적이다. 원시 물질의 분포에서 약간의 불균질성이 존재한다는 것을 직접 확인한 이 사실은 우주론에서 대단한 성과였다. 그러나 그 씨앗을 시작으로 우주론 연구자들이 중력을 이용해 은하의 형성을 재현하려 했다면, 그 결과는 걱정스러웠을 것이다. 이 씨앗이 너무 작아 보였고, 그 후로 거의 140억 년이 지났어도 중력이 오늘날 우주에서 우리가 관측하는 거대한 구조들을 병합하기에는 충분치 않았기 때문이다.

그러나 이 씨앗이 있어서 은하도 있을 수 있었다. 이 두 사실을 조화시키는 유일한 방법은 암흑 물질의 힘을 빌리는 것뿐이었다. 우주에는 원자와 다른 유형의 물질, 온 우주가 뜨거운 플라스마에 잠식된 엄청난 단계를 통해 아주 온전하게 지나올 수 있었던 물질이 존재했을 것이다. 모든 상호작용과 무관하고 자체적인 중력에만 반응하며, 나머지 우주가 플라스마의 하전 입자와 복사 사이의 충돌로 움직이기 시작한 압력파가 다시 한번 통과하는 사이에 덩어리로 응축되기 시작할 수 있는 물질이다. 코비가 관측한 씨앗들이 그토록 작을 수 있었던 것은 훨씬 더 큰 다른 씨앗들, 우주 광구에 몇 가지 흔적도 남긴 씨앗들이 있기 때문이었다. 우주가 드디어 투명해졌을 때, 이제 막 형성된 수소 원자들은 이미 작업이 대부분 완성된 상태에 놓여 있었기 때문에 암흑 물질이 찾아놓은 길을 게으르게 따라가면서 자신을 지배하는 중력을 받으며 빠른 속도로 모이게 되면서 우주에서 처음으로 불을 밝히게 됐다.

그래서 다시 한번, 피할 수 없는 결론에 도달했다. 은하와 은하단의 존재 자체가 보이지 않을 뿐만 아니라 별을 구성한 물질과 완전히 다른 특성을 띠는 새로운 성분이라는 가설 없이 쉽게 설명할 수 없었다. 컴퓨터 시뮬레이션으로 은하나 은하단의 형성을 재현하려 하자, 이 구조들을 묶어놓은 시멘트 역할을 하는 암흑 물질이 빛을 내는 일반적인 물질과 완전히 다른 반죽으로 만들어졌다는 것이 보였다. 기존의 물리법칙에 따라 우주의 물질을 움직이게 해서 이 가공할 정도로 복잡한 분포를 컴퓨터 시뮬레이션에서 재현하게 하려면, 흡사 어느 대성당의 어두운 전면에서 반짝이는 유리만 보이는 것처럼, 은하들을 떠받치는 보이지 않는 비계(飛階, 높은 곳에서 공사할 수 있도록 임시로 설치한 가설물)가 있다고 가정해야 했다. 우주에서 볼 수 있는 것은 전체 그림 중 아주 작은 부분뿐이다. 비유하자면, 판도로 빵 위에 뿌려진 설탕 가루나 어느 산 어두운 쪽에 자리 잡은 마을의 불빛 몇 개 정도를 볼 수 있는 것과 비슷하다.

안타깝게도 수정 뉴턴 역학은 이 모든 것에 반론을 제기할 것이 별로 없었다. 오히려 일반상대성이론 내에서 수정 뉴턴 역학 모형을 구성하면서 봉착한 난관들이, 수학적 관점에서 팽창 중인 우주 내에서의 우주 구조 형성을 적절하게 정리하고 우주배경복사에 존재하는 온도 요동의 실체를 예측하는 데 방해가 됐다. 이 두 문제는 전통적인 우주론 모형에 암흑 물질만 추가하면 효율적으로 처리될 수 있던 것들이다. 따라서 이런 경우, 경쟁 상대인 두 시나리오를 직접 대조하는 것이 불가능했다. 수정 뉴턴 역학은 일부 현상은 아주 잘 설명할 수 있었지만, 암흑 물질과 달리 천체물리학이 마주한 광범위한 비정상 상황에 대해서는 일관된 설명을 제공할 수 없었다. 그럼에도 21세기 초, 새로운 지지자들을 많이 모으지는 못했지만, 그런대로 잘 버텨냈다. 치명적이라거나 결정적이라고 할 만한 타격은 없었다.

2006년, 나사의 찬드라(Chandra) 인공위성 망원경의 관측 자료를 분석한 연구원들은 희귀하고 엄청나게 놀라운 특징을 갖는 천체를 발견했다고 발표했다. 이 인공위성 망원경은, 어마어마한 충돌 직후 단계의 분위기가 가득한 이상한 방식으로 배치된, 이웃해 있는 두 개 은하단의 모습을 포착했다. 두 은하단 중 더 작은 은하단은 재구성된 영상의 오른쪽에 있었고, 옆에 있는 더 큰 은하단의 저편에서 이편으로 통과해 지나간 것으로 보였다. 작은 은하단은 오른편에 호를 이룬 물질에 둘러싸여 있었는데, 우리가 노출 시간을 아주 짧게 설정하고 멜론을 통과하는 총알을 사진으로 찍으면 볼 수 있는 충격파였다. 천문학자들은 방금 발생한 우주 범죄 현장에서 수집된 증거인 이 놀라운 영상을 **총알 은하단**(Bullet Cluster)이라 불렀다. 이 영상이 포착한 사건 현장은 단순했지만, 그 중요성은 엄청났다. 실제로, 연구원들은 사진에 담긴 증거들을 분석한 자료를 암흑 물질의 존재를 증명하는 최초의 직접 증거로 제시했다. 그런데 어떻게 이런 결론에 이르게 됐을까?

이 질문에 답하려면 한발 뒤로 물러나 우주에서 중력으로 결합한 가장 큰 구조물인 은하단의 구조와 구성을 더 자

찬드라 X-선 망원경으로 관측한 총알 은하단 모습. 은하단 가시광 영상에서 푸른색은 암흑 물질, 붉은색은 가스의 분포를 잘 보여준다(컬러 영상을 보면, 가운데 부분은 붉은색, 양옆은 푸른색으로 보인다)

© NASA

세히 파악해야 한다. 보통 질량이 큰 은하단은 수백만 광년의 지름 내에 은하가 천 개 정도 포함될 수 있다(각 은하당 수천억 개의 별과 암흑 물질의 거대한 헤일로 포함). 프리츠 츠비키가 처음으로 언급한 바와 같이, 은하단의 은하들은 초당 천 킬로미터 정도의 속도로 움직이는데, 이것은 해당 지역에 은하들을 집중시킨 중력 올가미가 우리가 직접 볼 수 있는 유일한 물질로 단정 지을 수 있는 것보다 훨씬 더 강해야 한다고 믿게 한다. 실제로 지난 몇십 년 동안, 모든 전자기 스펙트럼 대역에서 은하단을 연구한 결과, 은하 외에 훨씬 많은 것이 있다는 것이 밝혀졌다.

전자기 복사를 방출할 수 있는 성분 중 가장 중요한 것 하나는 은하단이 차지하는 부피 전체에 퍼진 이온화된 수소 원자의 미약한 플라스마가 있다. 은하들을 묶는 중력 우물에 갇힌 채, 초당 수백 킬로미터 정도의 속도에 의해 흔들리고 전하를 띠는 플라스마의 자유전자들이 고주파의 전자기 복사를 대량 방출한다. 이 뜨거운 기체(온도가 수천만 도인 기체)에서 방출되는 X선에 관한 연구를 통해, 그 분포와 밀도를 재구성할 수 있다. 이러한 방식으로, 가시광선을 방출하지 않는 넓게 퍼진 가스의 질량이 은하단의 모든 은하보다 더 크다는 것을 알게 됐다. 그뿐만 아니라 찬드라와 같이 X선에 민감한 망원경의 기체에 관한 연구는 은하단이 사실상 중력에 의해 합체된 거대한 구조물이라는 것을 분명하게 알게 해줬다(츠비키가 가정한 바와 같다). 잘 생각해 보면, 이것은 비원자 유형의 암흑 물질을 구성 성분으로 추가하지 않으면 상상하기 어려운 일이다. 자유전자가 빅뱅에서 나온 미약한 우주배경복사 광자와 산란을 일으키면서 에너지를 약간 변화시키는 이른바 **수냐에프-젤도비치 효과**(Sunyaev–Zel'dovich effect)라는 현상이 일어난다는 점에서 은하단 내 뜨거운 기체의 존재도 확인됐다.

천문학자들은 은하의 속도 연구와 X선 대역 내 가스 관측을 통해, 은하단 내에서 일반 물질(은하와 넓게 퍼져 있는 가스, 그 외 형태의 보통 물질)과 암흑 물질(혹은 큰 가능성으로 윔프)의 관계가 암흑 물질로 인해 매우 불균형할 것이라는 결론에 도달했다. 원자로 이뤄진 보통 물질은 임계 밀도(우주를 평평하게 만드는 데 필요한 밀도)의 5퍼센트밖에 되지 않는 데 비해, 암흑 물질은 25퍼센트 정도에 이른다. 은하단의 전형적인 거대 규모로 인해, 우주론 연구자들은 은하단의 구성이 우주 전체의 구성을 반영한다고 생각하는 경향이 있다. 그래서 은하단도 우주에 원자보다 알려지지 않은 유형의 암흑 물질이 훨씬 더 많다고 말하고 있는 것이다.

은하단의 전체 질량 추정치를 구하는 데 또 다른, 아주 놀라운 방법도 사용할 수 있다. 아인슈타인의 일반상대성이론에서 예측한 것처럼, 빛은 질량이 밀집된 근처를 지날 때 휘어진다. 이 중력 렌즈 현상은 원칙적으로 대량의 보이지 않는 물질의 존재를 파악할 수 있게 해준다. 예를 들어, 아주 먼 은하와 우리 사이에 자리 잡은 거대한 은하단을 관측한다고 상상해보자. 배경에 있는 먼 은하의 빛이 우리에게 오려면 은하단을 거쳐야 할 것이고, 그 사이 은하단을 형성하는 밀집된 질량에 의해 휠 것이다. 거대한 중력 렌즈로 인해 배경에 있는 은하의 영상이 변형된 덕에 우리가 은하단 내 물질의 전체적인 분포를 재구성할 수 있게 된다. 당연히 이러한 유형의 분석은 극단적으로 복잡하다. 은하가 렌즈를 통과하지 않았다면, 은하가 어떻게 나타났는지 알 수 없다. 우리는 은하의 원래 형태에 관한 합리적인 가설을 세우고, 우리 눈에 보이는 변형된 영상을 만들 수 있는 렌즈의 유형을 재구성해야 한다.

요즘 들어 이러한 유형의 기술이 완성돼 아주 흥미로운 결과를 만들어내고 있다. 천문학자들은 다시 한번 우주 먼 곳에서 날아오는 약한 빛의 광자까지 짜내는 데 성공했다. 은하단을 중력 렌즈 효과로 확인한 결과, 이 거대한 구조물에 담긴 총질량이 가시광선 형태든 다른 스펙트럼 대역이든 전자기 복사를 방출하는 영역의 모든 질량보다 몇 배나 더 컸다. 이 말은 곧, 은하단이 엄청난 양의 암흑 물질을 감추고 있으며, 우리가 은하단의 구성에 관해 생각하는 것이 맞다고 보면, 은하단은 이 이상한 암흑 물질이 우주에서 가장 풍부한 물질이라고 암시하는 듯 보였다.

은하와 기체 입자의 속도 연구를 비롯해, 중력 렌즈 효과에 따른 먼 은하들의 왜곡된 영상은 은하단 안에 비원자 암흑 물질이 존재한다는 강력한 단서다. 그러나 어떤 의미에서는 간접적인 증거이기도 하다. 어느 정도 노력을 기울이면, 수정 뉴턴 역학 모형을 바탕으로 한 대안과 같이 암흑 물질을 끌어들이지 않고도 이러한 유형의 관측 내용을 설명할 방법을 생각해볼 수 있다. 그런데, 총알 은하단의 관측이 은하단에 암흑 물질이 존재한다는 **직접적**인 증거로 환영받았던 이유는 뭘까?

일반적으로 은하단을 관측하면, 은하단의 다양한 구성 성분이 완벽하게 정렬된 것처럼 보인다. 서로 같은 지역에서 가시광선 대역(혹은 적외선 대역) 내에 은하들이 집중해 있고, 뜨거운 기체에 의해 X선이 강하게 방출되며, 중력 렌즈 효과에 의해 먼 은하들의 영상이 왜곡되는 것을 볼 수 있다. 이 세 가지 현상이 집중되는 영역은 대체로 대칭을 이룬다. 이러한 사실은 다양한 현상이 공통적인 물리적 기원(즉, 은하단의 존재)을 갖고 은하단 자체가 중력에 의해 균형 상태를 유지하는 구조라는 것을 파악하게 해준 단서이기도 하다.

그러나 총알 은하단의 관측은 완전히 다른 물리적 상황을 보여줬다. 한 물리계에서 격렬한 충돌이 일어나 일반적인 평형이 붕괴한 것이다. 모든 구성 요소가 각자의 고유한 물리적 특성을 반영한 경로를 따랐고 말이다. 두 성단이 충돌했을 때, 엄청난 간격으로 떨어져 있던 은하들은 거의 손상되지 않았고 거의 구형인 두 지역 내에서 원래의 분포 상태를 유지했다. 뜨거운 기체는 상황이 달랐는데, 하전 입자들의 가공할 만한 상호작용 능력이 거의 시속 천만 킬로미터의 속력으로 발생한 충돌에서 더 작은 은하단의 기체가 더 큰 은하단의 기체 저항력에 의해 뒤로 이끌려 가게 했다. 충돌로 발생한 충격파는 영상 내에서 웅장한 아치 구조의 형태로 나타났다. 특히나 천문학자들에게 아주 중요한 점은, 충돌이 뜨거운 기체와 은하를 거의 완전히 분리했다는 점이다. 총알 은하단의 영상이 포착된 순간, 충돌이 일어난 곳에서 1억 4천만 광년 떨어진 거리의 기체는 아직 초기 평형을 이루지도 못한 상태였다.

가시광선을 통해 X선 대역 내 기체 분포와 은하 분포를 분석한 후 찬드라 연구팀에게 남은 과제는 은하단 간 충돌의 결과로 예상치 못한 비원자 암흑 물질에 어떤 일이 발생했는지 파악하는 것이었다. 이론적인 모형에 따르면, 이 암흑 물질은 충돌로 인해 최소한의 영향도 받지 않았어야 했다. 윔프는 그 특성상, 주위에서 격렬한 사건이 일어나도 감지할 수 없을 정도로 약하게 상호작용을 한다. 천문학자들은 암흑 물질을 구성하는 성분들의 움직임을 파악하기 위해 총알 은하단 영역을 세세하게 분석하고 은하들의 빛 속에서 중력 렌즈 효과로 인한 왜곡의 징후를 찾았다. 최종적인 결과는 보이지 않는 물질의 구성 요소가 실제로 존재했고, 정확하게 예상한 바대로 움직였으며 충돌 중이나 후에도 변함없었다.

이런 종류의 충돌을 관측할 수 있다는 것은 정말 우주적인 행운이었다. 은하단을 구성하는 여러 성분을 지배하는 다양한 물리적 과정을, 거의 실험실에서처럼 처음으로 개별적으로 관측할 수 있었으니 말이다. 그리고 관측된 것이 당시까지 가정했던 내용을 완벽하게 확인시켜주는 듯했다.

암흑 물질의 존재에 대한 의심을 가졌던 과학자들에게는 상당히 큰 타격이었다. 그러나 과학적 방법을 적용할 때 보통 그렇듯, 이 과학자들은 총알 은하단에서 발생한 듯 보이는 일에 관한 대안적인 설명을 찾으려고 했다. 하지만 회의론자들의 대표 격이었던 모르더하이 밀그롬은 특별히 당황하지 않았다. 밀그롬은 수정 뉴턴 역학 모형이 총알 은하단의 관측에 관한 설명을 할 수 있다고 여겼다. 그는 은하단 중심에 기체 외에 일반적인 유형이지만 관측하기 어려운 다른 물질, 즉 중성미자나 약한 별, 갈색왜성, 혹은 거대 행성과 같이 알려진 입자들이 있을 것이라고 가정했다. 이러한 관점에서 중력 렌즈 효과를 통해 관측된 암흑 질량은 일반적인 유형 물질의 존재로도 설명할 수 있고, 또 수정 뉴턴 역학도 은하와 기체 하전 입자의 비정상적인 속도를 해석하는 데 사용될 수 있다고 피력했다. 이론적으로 가능한 설명이었지만, 대부분 천문학자에게는 처절할 정도의 임시방편으로 보였다. 게다가 수정 뉴턴 역학 모형을 일반상대성이론과 통합하면서 맞닥뜨린 난관을 해결하는 데 핵심적인 역할을 하는 중력 렌즈 효과의 정확한 실체 예측도 어렵게 만들었다. 어쨌든, 얼마 남지 않은 수정 뉴턴 역학 모형 추종자들도 이제 어쩔 수 없이, 적어도 은하단 내에서는 수많은 물질이 숨겨져 있다는 것을 인정해야 했다.

이제, 저울의 추가 비원자 유형의 암흑 물질 쪽으로 점점 더 기울어진 분위기고, 천문학자, 우주론 연구자, 물리학자 대부분은 최근 몇십 년 동안의 천체물리학적 관측에서 축적된 모든 결과를 적절하게 설명하기 위한 미지의 입자 존재에 대해 가설을 세울 필요가 있다는 것에 동의하는 편이다. 하지만 충분한 근거가 있는 대안, 특히 수수께끼 같은 윔프의 존재에 관한 증거가 확보될 때까지는 열린 자세를 유지하는 것이 좋다. 실제로 고대하던 신비의 입자를 손에 넣을 가능성이 있으니 말이다.

윔프가 우주에 가득 차 있다면, 재빠르게 빠져나가는 특성이 있고 상호작용도 희박하지만, 흔적을 남길 것이다. 윔프는 중력 상호작용을 통해 느껴지기도 하지만, 때때로 상쇄되면서 쿼크나 경입자, 혹은 광자 등 감지되기 훨씬 쉬운 다른 입자로 변형될 수도 있다. 이 입자들은 우주선을 구성하는 다른 입자들과 함께 지구에 도달할 수 있다. 이 입자들을 어느 정도 파악해 그 발생 기원을 추적하면 이론 모형에서 예측한 바와 같이 우리 은하 내에 비원자 암흑 물질이 존재한다는 간접적인 증거가 될 수 있다. 그다지 특이하지 않은 다른 과정에서 불가사의한 암흑 물질 입자의 소멸 흔적을 구분하는 일은 복잡하고, 자료 분석에 관한 전문 지식뿐 아니라 아주 신중한 실험도 필요하다. 현재 가장 정교한 실험 중 하나는 우주선의 구성과 에너지를 연구하는 유럽의 위성인 파멜라(PAMELA) 실험으로, 암흑 물질의 신비를 푸는 것뿐만 아니라, 물질과 반물질 간 비대칭의 기원을 파악하는 데도 공헌할 수 있다.

파멜라 실험이 우주선을 구성하는 하전 입자에 집중하는

사이, 나사를 중심으로 한 페르미 감마선 우주 망원경(Fermi Gamma-ray Space Telescope)이나 애자일(AGILE)과 같은 다른 우주 실험들은 우리 은하의 헤일로에 있는 웜프의 소멸에서 생성될 수 있는 고에너지 광자인 감마선 연구를 통해 암흑 물질의 흔적을 찾고 있다. 이 광자들은 지상의 장비들을 통해, 예를 들면 체렌코프 효과(Cherenkov radiation)라고 하는 것에 관한 연구를 통해 감지할 수도 있다. 감마선이 대기에 진입할 때 매우 빠른 속도의 하전 입자 무리를 생성하고, 이 하전 입자들도 복사를 방출하기 때문이다(초음속 비행기의 폭발음과 비슷하지만, 음파 대신 광파가 발생하는 구조). 이러한 유형의 복사를 탐지하기 위해 다양한 장비들(예를 들면, 매직 MAGIC이나 헤스HESS)이 지구 곳곳에서 작동되고 있다. 전통적인 망원경과 유사하지만, 체렌코프 빛의 희미한 광도를 감지할 수 있는 이러한 장비들은 우리 은하 중심에 있는 웜프에 관한 귀한 정보를 밝혀줄 수 있을 것이다.

웜프의 소멸은 실험실에 설치된 장비 내에서 직접 구현하는 것도 가능하다. 이 소멸을 확인하려면 암흑 물질 입자와 일반 물질의 상호작용에서 예상되는 매우 드문 사건들이 겹쳐지거나 가려질 수 있는 각종 원인을 제거하고, 강박적인 수준으로 주의를 기울여 탐지기를 준비해야 한다. 입자와 상호작용할 때 빛을 발하는 '반짝이는' 특성을 띠는 대량의 결정체가 일반 입자 무리와 상호작용하지 못하도록 보호하기 위해 지하 깊숙이 묻는다. 이러한 장비 중 하나는 다마(DAMA) 실험의 핵심을 구성하며, 그란 사소(Gran Sasso) 실험실 내부 수백 미터의 암석 아래에 숨겨져 있다. 이 실험에서 7년의 관측 동안 연간 주기의 신호를 찾아냈다. 관측된 변화는, 우리 행성이 태양의 주위를 돌면서 은하의 헤일로에 있는 암흑 물질을 가로지를 때 예상할 수 있는 결과와 모순되지 않는 것으로 보인다. 다른 연구단 측의 확인과, 서로 같은 실험을 조금 더 정교하게 발전시킨 버전의 추가적인 연구를 기다리는 동안, 우리는 다마에서 관측한 신호가 정말 암흑 물질의 '바람(wind)'에 의해 유도됐다고 완전히 확신할 수 없다. 그러나 수년간 열정적으로 윔프를 추적해서 얻은 가장 흥미로운 신호 중 하나인 것은 분명하다.

그리고 암흑 물질의 입자들이 '인공적으로' 생성될 가능성도 있다. 예를 들어, 유럽 입자물리연구소가 소재하는 제네바 근처에 지하에 뚫은 긴 터널이 있다. 27킬로미터 길이의 원형 입자 가속기인 대형 강입자 충돌기(LHC)에서 양성자 무리가 빛에 가까운 속도로 충돌하면서 2차 입자 폭포를 생성했고, 물리학자들이 초대칭 이론에서 예측한 입자 신호를 비롯해 이 새로운 입자들을 분석할 것이다. 이 입자 중에는 윔프의 역할을 하기에 이상적인 후보가 될 거대하고 안정적인 입자가 포함됐을 수 있다.

이 입자들은 직접 드러나지는 않겠지만, 장비에서 감지한 입자에 의해 운반된 에너지를 계산할 때 무엇인가가 빠져 있다면 입자가 존재한다는 강력한 단서가 된다. 저울에서 빠져나가는 그 작은 에너지 파편들은 아마 정확하게 파악하기 힘든 암흑 물질의 입자에서 나온 걸 것이다.

이처럼 윔프를 탐지하려는 시도 중 어떤 것은 머지않은 미래에 성공을 거둘 수 있다. 그러나 그런 성공이 있더라도, 역사상 가장 거대한 과학적 난제 중 하나를 풀었다고 확실하게 확인할 수 있기 전까지는 별도의 확인과 교차 대조 및 추가적인 연구 등 긴 과정을 거쳐야 한다. 현재 상황에서 우리가 알거나 안다고 믿는 것은, 우리의 물리학적 모형들이 일반 물질보다 다섯 배 풍부한 미지의 모형에 의존해야만 우주의 구조를 만족스러운 수준으로 설명할 수 있다는 것이다.

모퉁이만 돌면 암흑 물질과의 전쟁에서 승리할 수도 있지만, 아직 수년을 더 기다려야 할 수 있다. 염려스러운 점은 물리학자들과 우주론 연구자들의 모든 노력이 이와 관련된 결과를 집으로 가져오는 데 집중하고 있는 사이, 새로운 결과가 나타났고 심지어 훨씬 더 어려워 보인다는 점이다.

우주의 특성에 대한 우리의 개념을 더 어렵게 만들 수 있는 당혹스러운 퍼즐이 또 나타난 것이다.

III

제5원소
Il quinto elemento

한 번이라도 어두운 길에 접어들면, 그 길이 영원히 운명을 지배할 것이다.

—

요다, 〈스타워즈: 제국의 역습(*Star Wars: The Empire Strikes Back*)〉

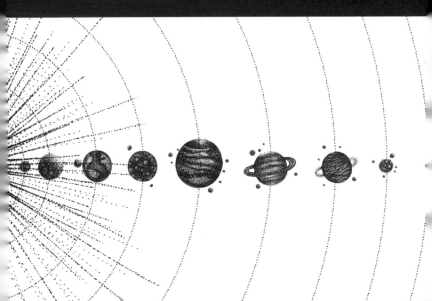

11

아인슈타인의 실수

L'abbaglio di Einstein

최초의 현대 우주론 모형은 정확한 출생연도가 있다. 알베르트 아인슈타인이 프로이센 과학 아카데미에서 발행하는 저널에 〈일반상대성이론에 관한 우주론적 고려〉라는 제목의 논문을 발표한 1917년이었다. 누군가가 일관성 있는 방식으로 우주의 전체적인 물리적 구조를 설명할 가능성이 생긴 것도 이때가 처음이었다. 아인슈타인이 불과 몇 년 전에 고안한 일반상대성이론은 사실상 우주의 물질적 내용을 구성하는 물질과 에너지의 분포를 통합된 전체로 취급하는 동시에, 시공간의 기하 구조도 정리할 수 있게 해줬다. 그렇다면, 망원경이 보여준 관측 내용과 일치하는 일반상대성이론의 방정식에 관한 답을 구할 수 있었을까?

　분명 아인슈타인은 찾은 것 같았다. 아인슈타인 이론의 형식주의*와 고집스럽게 잘못된 방향으로 향하는 것 같은 방정식과의 길고 어려운 싸움이었지만, 결국 아인슈타인이 이겼다. 아인슈타인은 관측 내용에 의해 지탱되고 뒷받침될 법한 우주 모형을 세웠다. 그 과정에서 일반상대성이론을 공식화했는데, 그 바탕에는 이미 오래전부터 이끌렸던 한 가지 개념이 있었다. 이 개념은 아인슈타인이 청소년 시절에 읽은, 에른스트 마흐(Ernst Mach, 1838~1916, 오스트리아의 물리학자)의 어딘지 모르게 위협적인 제목의 책《역학의 발달: 역사적·비판적 고찰》에 뿌리를 두고 있다.

　에른스트 마흐에 따르면, 뉴턴의 우주 개념은 다른 모든 것과 상관없이 존재하는 물리적 사건에 관한 일종의 추상적 사고 체계로서 무의미한 것이었다. 모든 입자의 운동은 우주의 나머지 모든 물질 존재와 상호작용할 때만 이해될 수 있었다. 특히, 물체의 관성(힘의 작용에 저항하는 물체 자체의 질량과 연관된 속성)은 우주의 전체 질량과 물체의 중력 상호작용의 결과여야 했다. (마흐가 한 것으로 추정되는 우스갯소리에 따르면, "지하철이 갑자기 멈췄을 때, 당신을 바닥에 쓰러뜨린 것은 고정

---

* 모든 물리법칙이 하나의 형식으로 설명될 수 있는 것을 이른다.

된 별"이다.) 아인슈타인은 마흐의 역학 개념에 흠뻑 빠져 **마흐의 원리**(Mach's Principle)라는 일반 원리로까지 발전시켰다. 그는 이 원리가 일반상대성이론의 형식주의에 자연스럽게 통합될 거라고 확신했다. 상황이 정말 그렇게 흘러갔다면, 우주 전체를 설명하는 물리 이론도 분명 마흐의 정신에 충실해야 했다. 그랬다면, 예를 들어 물질이나 에너지가 들어 있지 않은 텅 빈 우주를 설명하는 일반상대성이론의 방정식에 관한 답이 존재하지 않았을 것이다. 또한, 물체의 관성이 모든 질량 간의 작용과 반작용으로 거슬러 올라가야 하므로, 터무니없는 결과를 얻으려고 하는 것이 아니라면, 우주는 유한한 양의 물질을 포함하고 부피도 유한할 수밖에 없다.

아인슈타인이 우주 전체에 적용하려는 의도로 자신의 방정식에 손을 댄 지 얼마 지나지 않아, 우주에서 가장 합리적인 구조는 곡률이 일정하고 양수인 비유클리드 기하 구조를 갖는 공간, 즉 표면이 구형인 공간과 비슷한 구조여야 한다는 결론에 도달했다. 다만, 구체는 3차원 공간에 잠긴 2차원 표면인 데 비해, 아인슈타인의 우주는 우리의 일반적인 3차원 공간이 스스로 접혀 가상의 4차원으로 휘어진다. 아인슈타인의 우주는 마흐의 원리에 따라 유한한 양의 물질을 포함한 유한한 우주였다. 일반상대성이론은 물리적 관점에서 완전히 합리적인 방식으로, 별들이 무한하게 분포하는 뉴턴의 우주를 밀어냈다. 오래된 역학의 역설은 없던 것이 됐고, 우주는 물리법칙을 이용해 온전하게 처리될 수 있는 자급자족 시스템이 되고 있었다.

그러나 아직 한 조각이 부족했다. 아인슈타인은 우주의 구성이 완벽한 균형을 이루기를 바랐다. 우주를 구성하는 별들이 평균적으로 정적인 위치에 놓여야 했다. 역설적이게도 이러한 관점에서 보면, 아인슈타인이 연구한 우주 모형은 뉴턴이 추구한 것과 같았다. 중력이 사물을 영원히 변하지 않는 상태로 유지해주는, 별이 고정된 우주였다. 그러나 이것은 20세기 초 천문학자들이 보던 우주 그대로였다. 우주에 기원, 즉 시작이 있었고 진화하고 있다는 증거가 없었다. 사실 별의 분포만 거의 정적으로 보이는 것이 아니라, 우주가 우리 은하보다 훨씬 더 클 수도 없는 것 같았다. 우주의 형태와 그 내용물이 밀접하게 연관돼 있으므로, 우주 내부에 있는 물질의 양에 제한을 뒀다.

마흐의 원리 외에, 우주의 물질 분포가 거의 균질하고 모든 방향에서 서로 같다는 가설도 아인슈타인이 이끌었다. 이 가설은 현재까지 우주 모형의 기초가 되고, 가설 자체도 원리의 등급으로 격상해 **우주론 원리**(Cosmological principle)가 됐다. 그러나 아인슈타인에게, 이 정도의 가설로 해법을 찾은 것에 만족해하는 것은 산책 정도밖에 안 되는 것이었다. 비어 있지 않고 내부에 물질이 균질하게 분포한 우주가 움직이지 않는 상태로 있고 싶어 할 리가 없었다. 아인슈타인이 초반에 찾은 해결책들은 형태와 크기가 변하는 우주의 고집스러운 성향을 보여주는 것 같았다. 여기서 다시 한번, 리처드 벤틀리(Richard Bentley, 1662~1742, 영국의 신학자)의 독촉으로 뉴턴이 엄청나게 골머리를 앓다가 중력의 영향으로 물질이 붕괴하는 것을 막기 위해 신이 지속해서 개입한다는 가설을 세우게 만든 문제와 거의 똑같은 문제가 등장한 것이다. 아인슈타인이 고안한 탈출구는 의심할 여지 없이 당시 상식에 매우 부합했다.

아인슈타인은 우주의 안정성 부족 문제를 극복하려면 일반상대성이론의 핵심 방정식인 **장 방정식**(Field equations, 아인슈타인의 방정식이라고도 함)을 수정할 수밖에 없다고 판단했다. 아주 간단히 설명하면, 아인슈타인의 방정식은 시공간의 기하 구조를 물질과 에너지의 분포와 연결한 수학적 표현이라고 생각할 수 있다. 이 방정식의 답이 일반적으로 매우 복잡한 이유는 그 두 가지가 서로 영향을 끼치기 때문이다. 시공간의 기하 구조가 물질이 분포하고 움직이는 방식을 설정하고, 이와 동시에 물질의 분포도 시공간의 기하 구조를 변화시킨다. 장 방정식을 푸는 것은 탄성 그물망 위를 걷는 것과 다소 비슷하다. 조금씩 움직일 때마다 그물망의 변형을 평가하고 여기에 작용하는 모든 힘을 검토해야 한다. 그러나 특별한 경우, 예를 들어 문제가 어느 정도 대칭되는 것으로 나타날 때는 답을 구할 수 있다. 아인슈타인이 고안한 우주 모형이 그 답 중 하나였다. 가차 없는 물질의 영향력이 우주의 움직임을 불안정하게 만드는 것 같으므로, 아인슈타인은 우주의 기하 구조를 설명하는 장 방정식의 일부를 수정하고 시공간의 구조에 **장력**(Tension)과 같은 임의의 힘을 도입하는 방법을 생각해냈다. 장력은 탄성과 반대되는 힘으로, 물질이 수축해 붕괴하려는 경향을 막는 저항력이다. 이런 식으로, 아인슈타인은 결국 방정식의 정적인 답안을 찾아냈고, 그것으로 이야기는 끝났다고 생각했다.

아인슈타인이 도입한 것은 사실, 이미 알려진 물리적 효과를 공식화한 것이라기보다는 수학적 임시방편이었다. 장 방정식에 추가된 새로운 용어로, 일반상대성이론의 형식적 구조에 따른 제약을 받지 않으며, 오히려 한번 도입되자 우주론 모형의 안정성 문제를 해결할 뿐만 아니라 필수적인 요소로 보였다. 비록 논리적 관점에서 일반상대성이론이 좀 더 복잡하게 느껴지기는 했지만 애초에 간과된 것처럼 느껴지기까지 했다. 이 새로운 용어가 바로 **우주 상수**

(Cosmological constant)로, 그리스 문자 람다(Λ)로 표기하며 아인슈타인의 모형에서 우주의 전체 부피 및 물질의 내용과 밀접하게 연결돼 있다. 아인슈타인은 우주 상수를 빛의 속도나 만유인력 상수와 같은 새로운 자연 상수로 봤다. 그래서 일단 상숫값이 고정되면 자연은 우주의 크기나 그 내용을 결정할 선택권이 전혀 없었다. 또 한 가지 중요한 점은 아인슈타인의 우주 모형을 안정화하는 데 필요한 우주 상수가 실험실이나 태양계 내에서 접근 가능한 거리에 있는 한, 관측 가능한 물리적 효과를 일으키지 않는 것처럼 보인다는 것이었다. 따라서 수성 근일점의 세차 운동이나 태양 근처에서 빛의 휘어짐 관측(아인슈타인 이론의 승리를 확인하는 데 사용된 관측)은 장 방정식에 도입된 새로운 상수에 의해 영향을 받지 않는다. 우주 상수의 효과는 사실 우주론 규모에 해당한다. 즉, 전체 우주에 견줄 만한 거리의 수준에서만 해당하는 것이었다.

아인슈타인의 새로운 우주 모형은 당대 뛰어났던 모든 물리학자가 염원하던 바대로, 그 자체로 영원하며 유한한 공간으로 갇혀버렸다. 기하학과 일반상대성이론에서 도입한 물질 사이의 혁명적인 연결만 가능해졌다. 양자역학의 아버지 중 한 명인 막스 보른(Max Born, 1882~1970, 독일의 물리학자이자 수학자)은 다음과 같이 말할 정도로 이 모형에 열

광했다. "끝은 있지만, 경계는 없는 공간은 이제까지 생각해낸 세상의 속성에 관한 가장 위대한 개념 중 하나다. 그것은 마치 우주가 무한하다면 별들로 이루어진 천체들이 산산조각나지 않는 이유와 같은 불가사의한 문제를 해결한다. 그리고 관성이 빈 공간의 속성이 아니라 전체적인 별 시스템의 효과로 간주해야 한다고 가정하는 마흐의 원리에 물리적 의미를 부여한다."

그러나 일반상대성이론이 뉴턴의 기하학과는 아주 거리가 먼, 장엄하고 혁명적인 우주의 기하 구조를 확립하게 한 후, 아인슈타인이 우주를 정적으로 만들기 위해 찾은 답은, 굳이 뉴턴이 아니더라도, 이전 세기의 어느 물리학자라도 생각할 수 있는 답과 그다지 동떨어지지 않게 됐다.

돌이켜보면, 우주 상수(아인슈타인에게는 일종의 공간 기하학적 특성이었다)는 중력 상호작용의 새롭고 독특한 형태로 해석될 수도 있다. 사실, 뉴턴이 라틴어로 쓴 《자연철학의 수학적 원리(*Mathematical Principles of Natural Philosophy*)》에서 그 흔적을 찾을 수 있으니 완전히 새롭지는 않다.

다들 알다시피, 만유인력의 법칙은 질량이 부여된 두 입자 사이의 인력이 두 질량의 곱에 비례하고, 두 입자 간 거리의 제곱에 반비례한다. 뉴턴이 중력의 법칙에서 이 수학

공식을 어떻게 가정하게 됐는지는 과학 사가들의 문제다. 다만, 이에 관해 뉴턴과 영국 과학자 로버트 훅은 긴 논쟁을 주고받은 적이 있다. 로버트 훅은 물체 간 인력을 설명하기 위해 자신이 처음으로 이런 유형의 법칙을 제안했고 뉴턴이 자신의 법칙에서 영감을 얻었다고 주장했지만, 정작 뉴턴은 이를 부정하며 크게 분개했다. 어쨌든 거리의 역제곱 법칙은 아인슈타인이 출현하기 전까지 수 세기 동안 천체의 운동과 궤도를 훌륭하게 설명해냈다(극단적 조건이 아니라면, 지금도 신빙성 있는 법칙이다).

《자연철학의 수학적 원리》의 출판을 거의 20년이나 미룰 정도로 엄청난 수학 작업을 필요로 했던 뉴턴 연구의 결정적인 결과는, 천구의 질량에 의해 생성된 중력이 천구 중심에서 정확히 같은 크기의 입자를 생산한다는 것이었다. 간단히 말해서, 이 결과는 구형의 두 천체(예를 들어, 태양과 지구, 혹은 지구와 달) 사이의 상호작용을 다룰 때, 천체의 크기와 관련 없이 모든 것을 정확히 만유인력의 법칙에 따라 질량이 부여된 단순한 점(당연히 천체의 질량)으로 간주해도 문제가 없다는 걸 암시했다. 이로써 행성 운동에 관한 설명이 엄청나게 간략해졌고, 천문학자들은 만유인력의 법칙을 적용해 태양계의 천체 궤도를 정확하게 예측할 수 있게 됐다.

이쯤 되면 거리 역제곱의 관계가 천구를 점으로 취급해

중력 상호작용을 단순화할 수 있게 만들기 위한 수학적 관계일뿐 무슨 의미가 있는지 의문이 생길 수 있다. 뉴턴 본인도 그런 의문을 가졌고, 이 법칙이 유일하게 가능한 법칙이 아니라는 결론에 이르렀다. 또 다른 법칙이 하나 더 있었는데, 놀랍게도 이것밖에 없었다. 두 물체 간 힘이 두 물체 간 거리가 멀어질수록 감소하는 게 아니라, 거리에 비례해 **증가**한다는 것이다. 이러한 작용은 탄력, 즉 두 물체 사이에 연결된 용수철에 가해지는 힘과 완벽히 같다. 두 물체를 떨어뜨리려 하면 할수록 용수철은 회귀하려는 힘이 증가한다. (탄력에 관한 정확한 수학적 설명은 로버트 훅이 처음으로 발견했다.)

그런데 이러한 유형의 힘에는 또 한 가지 주목할 만한 특징이 있는데, 이 힘은 거리의 역제곱 법칙과 마찬가지로, 천체가 타원이나 원형 궤도로 움직이는 이유를 설명할 수 있게 해준다. 또한, 행성의 안정적인 궤도에 관한 필수 조건을 해석할 수 있는 법칙은 이 두 수학 법칙(물체 간 힘이 거리의 제곱에 반비례하는 법칙과 거리에 비례하는 법칙)뿐이다. 그렇다면 뉴턴은 왜 거리에 비례하는 탄성 유형의 중력의 법칙이 사용 가능한데도 이것을 포기하고, 거리의 역제곱 법칙만 사용했을까? 이것은 조금 확실치 않다. 다만 분명한 점은 뉴턴이 가정한 만유인력의 법칙 예측이 이후 몇 세기 동안 진행된 관측과 상당히 잘 맞아떨어졌다는 데 있다. 적어도 아인슈타인의 새로운 견해가 훨씬 더 정확한 예측을 만들어낼 때까지는 그랬다.

일반상대성이론의 장 방정식과 뉴턴의 중력 법칙을 함께 쓰면 상황이 흥미로워져, 중력장이 매우 강하지 않은 한 현실을 가장 잘 설명할 수 있게 된다. 공교롭게도, 아인슈타인이 자신의 방정식이 올바른 형식이라고 확신하게 만든 것도 약한 중력장에서 일반상대성이론이 한계에 봉착하면서 만유인력의 법칙을 다시 찾았을 때였다.

이렇듯 일반상대성이론이 한계에 맞닥뜨렸을 때 수정된 방정식(우주 상수를 도입한 방정식)을 이용하면 놀라운 결과가 나온다. 일반적인 뉴턴의 만유인력 법칙은 새로운 의미가 추가돼, 두 물체 간 거리와 비례해 증가하는 힘으로 수정된다. 즉, 처음 뉴턴에 의해 발견됐다가 나중에는 폐기된 탄성 유형의 힘이 그것이다. 새로운 힘을 물체 간 거리와 연결해주는 비례 상수(용수철의 경우에는 탄성 상수)가 바로 우주 상수다. 그런데 그보다 훨씬 더 특이한 것은 아인슈타인의 우주 상수와 탄력 간의 유사성이 탄력을 더는 인력으로 다루지 않고 **반발력**(Repulsive force, 척력)으로 보게 만드는 점이다. 이 새로운 힘은 두 물체가 멀어질수록 그것들을 더 많이 떨어뜨린다. 이제 두 물체 간에는 탄력이 아니라 **장력**

이 있게 되는 것이다.

이를 요약하면, 우주 상수가 존재하는 상황에서 일반상대성이론이 뉴턴의 한계를 극복하고자 할 때, 두 가지 유형의 힘과 마주하게 된다. 한 가지는 두 물체 간 거리의 역제곱으로 감소하는 일반적인 만유인력의 법칙이고, 다른 하나는 물체 간 거리에 비례해 증가하는 이상한 반발력이다. 이 두 힘의 상대적 크기는 각각 두 상수에 의해 조절되는데, 하나는 뉴턴의 만유인력 상수이고 다른 하나가 바로 우주 상수다. 아인슈타인이 가정한 우주 상수 체계 내에서의 반발력은 우주적 규모에서 중력의 균형을 맞추지만, 더 짧은 거리에서는 완전히 무시할 수 있는 수준이다. 일상적인 경험이나 태양계 차원에서는 이러한 반발력 같은 고전적인 힘이 관측된 적이 없어서 아인슈타인의 가설과 완벽하게 양립할 수 있던 것이다.

우주 상수의 도입으로 뉴턴의 만유인력 법칙이 수정된다는 사실은 아인슈타인이 직접 분명하게 밝혔다. 1917년에 발표한 논문에서, 아인슈타인은 역제곱 법칙에서 가능한 수정에 관한 논의로 시작해, "이 법칙이 진지하게 받아들여지기를 바라는 것이 아니라 나중에 논의될 내용을 보완하는 역할만 할 뿐"이라고 전제했다. 이 문장의 의도는 다음 쪽들에 수록된 우주 상수에 관한 소개를 대략 해주는 듯

하다. 그러나 나중에 아인슈타인은 뉴턴의 물리학을 이용해 우주론을 구성하려 노력한 물리학자들과 천문학자들에게 애를 먹였던 문제를 실용적인 차원에서 정당화하는 수단으로 사용한다. 이는 우주의 안정성 측면에서 항상 불거지는 문제였고, 1894년 휴고 폰 젤리거(Hugo von Seeliger, 1849~1924, 독일의 천문학자)의 연구에서 다시 부상했다.

젤리거는 우주에서 무한하고 균질한 물질 분포에 관한 뉴턴의 개념이 지탱될 수 없다고 지적했다. 그의 계산으로는, 공간에서 임의의 지점에 작용하는 중력(우주에 있는 모든 질량의 작용에 따른 결과)을 계산하려 하면, 질량의 분포가 무한할 때 그 결괏값이 불확실했다. 합리적이고 보편적인 값에 도달할 가능성이 없는 것이었다. 젤리거에 따르면 이 문제에서 두 가지 탈출구를 모색할 수 있는데, 하나는 우주에 물질이 무한하게 분포돼 있지 않다는 것이다. 이것은 올베르스가 제기한 어두운 밤하늘의 역설을 풀기 위해 제안된 방법의 하나였다. 그러나 앞에서 본 것처럼, 충분치 못한 제안이었다. 이러한 우주는, 코페르니쿠스적 관점을 채택하면 불편한 중심이 있어야 할 뿐 아니라 무한한 공간에 잠긴 별의 유한한 분포가 기체 내 입자 운동과 비슷한, 별의 우발적인 움직임에 의해 흩어져야 하기도 한다(흩어지는 별의 문제에 관한 암시는 위에서 언급한 막스 보른의 인용문에서 찾아볼 수 있다).

젤리거가 찾은 또 다른 가능성은 만유인력의 법칙이 우주론적 거리상에서 변경될 수 있다는 것이다. 젤리거의 방법은 뉴턴의 중력 움직임에서 조금만 벗어나도 무한한 물질 분포의 존재가 가능해지고, 그로 인해 무의미한 결과 없이 뉴턴이 추구한 체계의 안정성을 보장할 수 있다는 점을 보여줬다. 또 거의 비슷한 시기에 카를 노이만(Carl Neumann, 1832~1925, 독일의 수학자이자 물리학자)이 젤리거와 유사한 결론에 도달했다. 이러한 연구에 관해 알고 있던 아인슈타인은 한편으로는 만족스러운 우주론 모형을 구성하기에 뉴턴의 역학이 부적합하다는 점을 증명할 때 사용하고, 다른 한편으로는 우주 상수의 도입을 정당화하기 위해 사용했는데, 우주 상수가 고전 역학의 방정식에 초래한 변화가 아주 터무니없지는 않다는 점을 보여준 것이다. 아인슈타인은 새로 도입한 힘의 성격에 관해 자세히 설명하지 않았고, 반발적 특성도 명시적으로 드러내지 않았다. 아인슈타인의 관심은 우주 상수가 마흐 원리의 정신을 존중하고, 뉴턴 모형의 역설과 모순에서 벗어난, 유한하고 정적인 우주 모형을 얻을 수 있다는 것이었다. 이러한 전제들을 바탕으로 판단하면, 1917년도 아인슈타인의 모형은 전체적으로 성공을 거둔 것처럼 보였다.

그러나 아인슈타인의 우주 상수는 피로 물든 승리를 얻은 것 뿐이었다. 그의 우주론 모형의 문제점들은 모두 해결되지 않았고, 게다가 아직 최악의 상황이 오지도 않은 상태였다.

아인슈타인의 연구 결과가 발표된 직후, 네덜란드의 빌럼 드시터(Willem de Sitter, 1872~1934)는 일반상대성이론의 장 방정식을, 우주 상수를 도입해 수정하면 물질이 없을 때도 해를 구할 수 있다는 점을 증명했다. 즉, 텅 빈 우주를 설명하는 아주 합리적인 물리 방정식을 찾을 수 있었던 것이다.

이 말은 곧, 드시터의 방정식이 마흐의 원리를 아주 강하게 부정하는 것을 뜻했다. 아인슈타인은 물질이 없는 상태에서 시공간이 휘어질 가능성을 완전히 무시했지만, 드시터는 우주 상수가 0이 아니라면 휘어지는 우주를 얻을 수 있다는 것을 증명했다. 분명, 우리 우주는 비어 있지 않지만, 물질이 없어도 합리적인 수학적 해를 얻을 수 있다는 것 자체가 아인슈타인 모형의 확실성에 의문을 제기하기에 충분한 근거로 보였다.

그러나 드시터의 우주는 비어 있다는 것 외에도 한 가지 미심쩍은 특성이 있었다. 이 모형 속 시공간은 아인슈타인이 원했던 것처럼 시간과 관련 없이 정적인 거로 보였는데, 문제는 겉보기에만 정적이었다. 헤르만 바일(Hermann Weyl, 1885~1955, 독일의 수학자)은 이 모형을 상세하게 분석하던 중 이런 종류의 우주에서라면 관찰자가 명확한 후퇴운동으로 인해, 멀리 있는 물체의 도플러 효과를 느껴야 한다는 점을 발견했다. 다시 말해, 어떤 관찰자의 관점에서든 멀리 떨어져 있는 모든 광원이 적색이동을 띠어야 한다. 물론, 드시터의 모형은 물질을 확실히 포함하고 있는 우리 우주를 정확하게 설명할 수 없다. 그러나 물질이 너무 희박해 우주 상수와 비교해 그 밀도를 무시할 수 있을 때라면 이 모형은 아주 근사치가 될 수 있다. 그런데 우리가 이러한 조건에 놓일 수 있었을까?

아마 그 시기에 멀리 있는 성운의 적색이동에 관한 증거들이 쌓이기 시작하지 않았다면(1924년에 허블에 의해 성운이 우리 은하 밖의 은하라고 결정적으로 확인됐다) 수학적 호기심 정도로만 남았을 것이다. 이러한 의미에서 최초의 관측은 베스토 슬라이퍼(Vesto Slipher, 1875~1969, 미국의 천문학자)가 1912년부터 1917년까지 수집한 내용이라고 볼 수 있다. 슬라이퍼가 분석한 스물다섯 개의 성운 중 네 개를 제외하고 나머지 모두 붉은색 쪽으로 이동하는 스펙트럼, 즉 지구에서 멀어지는 것으로 관측됐다. 또 1924년에는 마흔한 개의 성운 중 서른여섯 개에서 적색이동이 발견되며 그 증거가 늘어났다. 이렇듯 적색이동하는 성운이 드시터의 모형에서 예측한 바와 일치하는 듯 보인다는 헤르만 바일의 지적이 있자, 아인슈타인은 충격을 받았다. 그가 1923년에 쓴 편지를 보면 "우주가 정적이지 않다면, 우주론의 의미는 지옥으로 가야 한다"라는 대목이 적혀 있다. 아인슈타인은 이미 마음속으로 우주 상수의 도입을 후회하기 시작했던 것으로 보인다.

그 사이, 정적이지 않은 우주 모형을 설명하는 일반상대성이론에 관한 새로운 방안이 나오기 시작했다. 알렉산드르 프리드만은 1922년부터 1924년까지(사망한 1925년 직전의 시기) 우주 상수 없이 우주에 균질한 물질 분포가 있다면 공간이 팽창하거나 수축해야 한다는 것을 보여줬다. 또 1927년에는 조르주 르메트르가 우주 상수가 0이 아니더라도 비슷한 동적인 움직임을 얻을 수 있다는 것을 보여줬고 말이다. 그렇게 계속해서 슬라이퍼가 수집한 관측 자료의 뒤를 이었고, 1929년 무렵 허블과 밀턴 휴메이슨(Milton L. Humason, 1891~1972, 미국의 천문학자)의 관측은 은하가 거리에 비례해 증가하는 속도로 지구에서 멀어지는 경향이 있다는 것을 명확하게 보여줬다. 이처럼 은하가 대체로 멀어지는 이상한 현상이 우리를 중심으로 일어난다는 가설을 세우지 않는다면, 이러한 자료에 부합하는 합리적인 해석은 공간이 팽창하고 있다는 것뿐이었다.

허블이 은하의 적색이동에서 도출한 법칙을 해석하기 위해 제안한 이론적 틀은 드시터의 모형이었다. 한동안 학자들이 우주의 팽창이 시작될 수 있게 한 물리적 원인으로 우주 상수를 언급했는데, 프리드만과 르메트르 연구는 오랫동안 무시됐다. 우선, 새로운 우주 가설을 공식화한 그 어떤 학자보다 더 센 발언권을 가졌던 과학자, 즉 우주 팽창 모형에 관해 꽤 냉담했던 아인슈타인으로부터 무시를 당했기 때문이다. 아인슈타인은 프리드만의 연구가 그냥 잘못됐다고 생각했고, 그의 연구 결과를 수록한 저널에 불만을 표하는 글을 쓰기도 했다. 아인슈타인은 프리드만이 생각을 재고해달라는 요청을 한 후에야 프리드만의 모형이 수학적으로는 정확하다고 인정했지만, 물리적 타당성에는 동의하지 않았다. 마찬가지로 르메트르의 모형에 관해서도 야박한 평가를 내렸다(1927년 솔베이 회의에서 아인슈타인이 르메트르의 물리적 감각이 혐오스럽다고 표현하기도 했다). 그러나 르메트르는 자신의 우주 팽창 모형(프리드만의 모형과 같음)이 슬라이퍼나 허블의 관측 자료와 완벽하게 일치한다고 믿었다.

결국, 1930년 아인슈타인의 정적인 모형에 대한 쿠데타가 발생했다. 아서 에딩턴(일식 관측으로 아인슈타인의 일반상대성이론이 승리하는 데 크게 공헌한 사람)은 우주 상수를 이용한 모형이 정적인 것은 맞지만 상당히 불안정하기도 하다는 점을 증명했다. 실제로, 아인슈타인의 우주는 연필심 끝으로 서서 균형을 잡는 연필과 같았다. 물질의 분포에 약간의 요동만 있으면 팽창이나 수축 방향으로 파멸적으로 쓰러진다. 이것은 물리적으로 말이 안 되고, 자연에서 구현되려면 뉴턴과 벤틀리의 모형과 같이 사전에 섬세하게 설정된 초기 조건이 필요한 모형이었다. 그 사이, 신의 개입과 같은 의존성이 물리학자들 사이에서 인기 없는 관행이 되면서, 아인슈타인은 정적인 세계관을 포기하고 마지못해 천천히, 공간이 팽창하며 우주가 과거의 어느 지정된 순간에 기원을 두고 있다는 새로운 우주론으로 전향했다.

당시 이러한 정황은 상당히 명확했다. 실제 우주가 물질을 포함하고 있고, 팽창하는 것으로 보였기 때문이다. 아인슈타인의 우주 모형은 물질이 포함돼 있고, 0이 아닌 우주 상수가 있었지만 팽창하지는 않았다. 드시터의 모형은 0이 아닌 우주 상수가 있으며 팽창하지만, 물질이 없었고 말이다. 프리드만과 르메트르의 모형은 팽창하고 물질을 포함하며, 우주 상수가 없어도 상관없었다. 불필요한 가설을 최소한으로 유지하려면, 알려진 우주에 관한 최고의 설명은 물질을 포함하고 우주 상수가 0인 프리드만과 르메트르의 팽창 모형이 분명 최선인 것으로 보였다. 그뿐만 아니라, 헤아릴 수 없이 많은 은하를 모든 방향에서 아주 먼 거리에 있는 것까지 관측한 결과, 우주가 유한하다는 개념은 꺾인 것 같았다. 이제 밉상이 된 마흐의 원리를 따를 필요성은 제쳐두고서라도, 일반상대성이론은 뉴턴 물리학의 역설을 거스르지 않고 무한한 물질 분포를 다룰 수 있게 해줬다. 자유 매개변수가 적고 더 자연스럽고 더 간단한 모형은, 물질의 밀도가 정확히 임계 밀도와 같고 시공간의 기하 구조가 대규모로 봤을 때 유클리드적인 것이었다. 즉, 평평하고 물질과 복사로만 구성되며 우주 상수가 0인 우주 모형이었다. 이러한 모형(프리드만과 르메트르가 발견한 일반상대성이론의 가능한 해법 중 하나)은 **아인슈타인-드시터의 모형**(Einstein-de Sitter model)으로 알려지게 됐고, 오래지 않아 선풍적인 인기를 얻으며 그 후 수십 년 동안 우주론 연구자들이 가장 많이 지지하는 모형으로 남았다.

불안한 우주를 안정시키기 위해 도입한 수학적 속임수였던 우주 상수는 더는 존재할 이유가 없는 것처럼 보였다. 개념의 역사에 도움이 안 되는 지식의 낭비였으며, 알베르트 아인슈타인 본인 또한 이 상수를 도입한 것을 가장 많이 후회하기도 했다. 아인슈타인은 1945년에 출간한 저서 《상대성이론의 의미(*The meaning of Relativity*)》에서 "중력 방정식에 우주 상수의 도입은, 상대성이론의 관점에서는 가능하지만, 논리의 단순성 차원에서 폐기돼야 한다. (…) 일반 상대성이론이 만들어지던 시대에 허블의 팽창 법칙이 알려져 있었다면 우주 상수를 절대로 도입하지 않았을 것이다. 요즘 장 방정식에 이 용어를 도입하는 것은 훨씬 더 부적절해 보이는데, 그 이유는 유일한 정당화, 즉 우주론 문제에 대한 자연스러운 해법으로 이끄는 기존의 정당화가 실패했기 때문이다"라고 썼다. 1947년에는 조르주 르메트르에게 "나는 이 용어를 도입한 후로 항상 양심의 가책을 느끼고 있었다. (…) 나는 그렇게 나쁜 일이 자연에서 일어난다고 믿을 수 없었다"라는 글을 남기기도 했다. 조지 가모프는 자신의 자서전에서 아인슈타인과의 토론 중, 이제 노인이 된 독일 물리학자가 일반상대성이론의 그 아름다운 방정식에 우주 상수를 도입한 일이 인생 최대의 실수였다고 고백했음을 밝혔다. 그래서 결국 우주 상수는 그렇게 막을 내렸을까?

12

가속
Accelerando

물리적으로 잘 정의된 모형을 기준으로 하면, 1930년대에는 관측 우주론의 임무가 아주 명확해 보였다. 시간의 경과에 따른(빅뱅 이후의 순간부터 현재까지, 그리고 미래 예측까지) 우주의 전반적인 진화를 설명하기 위해 해야 할 일은 우주 모형에 있는 물리적 매개변수를 실제 우주의 관측 결과와 연결 짓는 것뿐이었다. 일반상대성이론을 개선한 팽창 모형이 아주 매력적으로 여겨지게 된 이유는 두 가지 미지의 양에만 의존한다는 점이다. 이 두 가지 양 모두 원칙적으로 천체물리학적 측정을 통해 정의될 수 있어야 한다.

첫 번째 양은, 허블이 찾은 팽창 법칙에서 나온 비례 상수다. **허블 상수**(Hubble constant)로 알려진 이 물리적 양은 일정한 거리만큼 떨어져 있는 두 은하 사이를 멀어지게 하는 상대적인 속도를 설정하므로, 현재 우주의 팽창률이다. 우주론 원리(우주가 보는 방향에 상관없이 모든 관찰자에게 등방하다는 원리)에 따라, 특정 우주 시대에 허블 상숫값은 보편적이어야 한다. 우주의 어느 지역에서나 일정한 거리만큼 떨어져 있는 두 은하는 서로 같은 속도로 서로 멀어져야 하고, 허블의 법칙이 비례 법칙이므로 두 은하가 두 배의 거리로 떨어져 있으면 두 배의 속도로 멀어져야 한다.

두 번째 정의해야 하는 양은 우주의 평균 밀도다. 쉽게 말하자면, 대규모 차원에서 우주의 균질성을 감안할 때 어느 한 시대에 어느 곳에서나 밀도가 거의 같아야 한다. 평균 밀도의 평가는 무한할 가능성이 큰 우주 물질의 전체적인 함량을 측정하는 가장 합리적인 방법이다. 우주론 연구자들은 이러한 밀도를, 우주의 기하 구조를 유클리드적으로 만드는 임계 밀도와 관련 지어 표현하는 것이 편했다. 앞에서 이미 본 것처럼 임계 밀도는 세제곱센티미터당 약 10^{-29}그램 정도다. 공간 곡률이 없는 아인슈타인-드시터 모형에서의 평균 밀도는 정확히 임계 밀도와 같고, 우주 일부에서 관측된 은하들로부터 '계산해서' 구한 최초의 대략적인 추정치들은 이 가설을 뒷받침하는 것 같았다. 그러나 분명한 것은, 이 문제를 마무리하려면 훨씬 더 신중한 관측이 필요했다는 것이다.

어쨌든, 관측 프로세스의 윤곽은 잡혀 있었다. 우주론 연구자들은 허블 상수와 우주의 평균 밀도 측정에 집중해야 했다. 이 두 가지 양에 관한 지식만으로 개념을 잡을 수 있는 것이 상당히 많은데, 그중 우주 팽창의 진짜 **궤적** (traictory)을 설정하는 데도 사용될 수 있다. 현재 우주의 특정 팽창 속도는 과거와 미래의 다양한 움직임과 서로 독립적일 수 있다. 프리드만이 처음으로 파악한 바와 같이, 우주는 영원히 팽창을 계속하거나 스스로 붕괴할 수 있다. 팽창과 붕괴의 속도는 같으나, 두 작용의 구별은 평균 밀도가 임계 밀도보다 낮은지, 높은지에 따라 달라진다. 기본적으로, 우주에 포함된 물질의 평균 밀도는 팽창의 크고 작은 감속의 원인이자, 아주 먼 미래에 팽창이 완전히 멈추고 수축으로 반전시킬 수도 있다. 우주는 미친 속도로 출발했다가 서서히 속도를 늦추는 자동차와 같다. 허블 상수는 속도계에 표시된 속도고 말이다. 평균 밀도는 발로 브레이크 페달을 누르는 힘의 크기를 검사하다가 조만간 차가 멈출 수 있는지 그 여부를 결정하는 역할을 한다.

아마 몇십 년 안에 우주론 연구자들이 우주 진화의 위대한 계획을 파악하게 될 것인데, 이러한 방향을 설정한 사람이 바로 에드윈 허블이다. 1948년에 출시된, 팔로마산 (Mount Palomar)에 있는 5미터짜리 새 망원경은 허블의 도표를 점점 더 정밀하게 채우고, 그에 이어 우주의 팽창률을 세심하게 정의하기 위한 이상적인 도구였을 것이다. 동시에, 점점 더 먼 거리에서 관측한 은하들의 통계를 통해 우주에 있는 물질의 목록을 얻으려 했고, 결국 우주의 평균 밀도 추정치까지 얻게 됐다. 그러나 1949년, 허블은 관측을 시작한 지 채 몇 개월이 지나지 않았을 무렵 심장마비가 찾아왔고 이후 영영 회복하지 못했다. 허블은 1953년에 사망했지만, 그 바통은 이미 그 전에 젊고 총명한 천문학자 앨런 샌디지(Allan Sandage, 1926~2010)의 손에 넘어갔다. 이후 이 젊은 천문학자는 수십 년 동안 우주의 비밀을 캐내기 위한 천문학자들 투쟁의 상징이 됐다. 허블의 꿈을 그대로 이어받은 앨런 샌디지의 견해를 통해, 우주론은 사실상 이두 값의 측정으로 인해 축소됐다. 물론 수 세기 동안 물리학자와 천문학자들이 내세운 수많은 항변처럼, 이마저도 시간이 지나면서 너무 낙관적인 것으로 드러나기는 했지만.

원칙적으로 우주의 궤적을 조절하는 두 값을 알기 위해서는, 은하가 멀어지는(혹은, 적색이동) 속도를 거리와 관련지어놓은 그래프인 허블의 도표를 정밀하게 측정하기만 하면

된다. 이 관계는 허블이 발견한 법칙에 따라 정비례해야 하며, 그에 따라 허블 도표(75쪽 그림 참조)는 단순한 직선이어야 한다. 허블 상수는 이 직선의 기울기를 측정한 값일 뿐이다. 직선이 가파를수록 우주의 팽창률이 커지고 허블 상수도 커진다.

그러나 팽창 속도는 시간이 지나도 똑같이 유지될 수 있다. 우주에 포함된 모든 물질의 중력은 팽창을 제어하는데, 이는 곧 과거에는 우주가 더 빨리 팽창했고, 직선의 기울기가 시간이 지남에 따라 변했다는 말이다. 여기에는 아주 흥미로운 단서가 담겨 있다.

우리가 아주 먼 우주를 내다보는 건 시간을 거슬러 과거를 보는 것이기도 하다. 따라서 아주 먼 은하를 바라보면, 이 은하는 현재의 속도가 아닌, **그 당시의** 팽창 속도에 따라 멀어지고 있을 것이다. 이것은 허블 도표의 재구성을 점점 더 먼 거리로 확대하면 팽창 속도의 변화를 추적할 수 있다는 것을 의미한다. 즉, 허블 상수의 측정값뿐 아니라 우주의 감속 추정값 그리고 평균 밀도 측정값까지 얻을 수 있다.

물론 이것은 모두 이론상의 이야기일 뿐이고, 실제 상황은 그리 간단하지 않았다. 천문학의 한가운데에 가장 복잡한 실질적인 문제가 자리 잡고 있다. 바로 천체의 거리를 아는 것이다. 허블의 도표에 점 하나를 찍으려면 어느 한 은하의 적색이동만 측정하면 되는 것이 아니라, 그 거리도 알아야 한다. 그러나 천문학에서는 측정되는 모든 게 광원에서 방출된 빛이며, 이러한 정보를 이용해야 광원이 얼마나 멀리 떨어져 있는지 파악할 수 있다. 광원의 본래 밝기를 알면 모든 것이 간단하다. 겉보기 밝기는 거리의 제곱만큼 감소하므로(같은 광원이라도 2배 먼 거리에서 관측하면 1/4 수준으로 어둡게 나타난다), 은하의 본래 밝기를 알면 그 거리도 알 수 있다. 그리고 모든 은하가 정확하게 같은 빛을 방출한다면, 더 희미하게 보이는 은하는 더 멀리 떨어져 있을 것이고, 한 은하의 거리를 알게 되면 다른 모든 은하의 거리도 추정할 수 있다. 그러나 이러한 가설 중 진짜는 없다. 은하들은 모두 다르고, 일부는 본질적으로 아주 밝고, 일부는 덜 밝기도 하다. 게다가 실제로 빛을 얼마나 방출하는지를 알기도 아주 힘들다.

천문학에서 거리 측정의 문제를 해결하기 위한 전략 중 한 가지는 처음부터 진짜 광도가 알려진, 신뢰할 만한 기준 광원, 즉 **표준 광원**(Candela standard)의 유형을 연구하는 것이었다. 예를 들어, 윌리엄 허셜은 우리 은하 내 별들이 모두 시리우스의 별만큼 밝다는 잘못된 전제로 출발해 이 별들의 거리를 측정하려 했다. 허블은 실제로 보이는 밝기가 규칙적으로 요동하는 특성을 띤 변광성(變光星, 광도가 변하는 별)의 한 종류인 세페이드 변광성(Cepheid variable)*에 의존했다. 본질적으로 더 밝은 세페이드는 더 천천히 표면 밝기가 변하는데, 만약 두 세페이드가 리듬은 같지만 한쪽이 덜 밝다면 이 세페이드는 분명 더 멀리 있는 것이다. 허블은 은하에서 확실하게 세페이드를 식별해낼 때마다 표면 밝기의 변화 주기를 측정해 은하의 거리를 추정할 수 있었다.

그러나 세페이드를 활용한다고 문제가 사라지는 것은 아니었다. 현재 우리는 1929년 허블 상수의 첫 번째 추정이 크게 잘못됐다는 것을 알고 있다. 도표에서 선 기울기는 1메가파섹(약 326만 광년에 해당하는 천문학적 측정 단위)의 거리에 떨어져 있는 두 은하가 초속 약 530킬로미터 속도로 서로 멀어지고 있음을 의미한다. 이는 난감한 수치였고, 이것을 가장 먼저 안 것도 허블이었다. 우주가 계속 그 속도로 팽창한다면, 모든 은하 간 거리가 0인 가상의 순간부터 얼마만큼의 시간이 흘렀는지 추정할 수 있다(기차의 속도와 역에서부터 주행한 거리를 알면 출발 시각을 계산할 수 있는 것과 비슷하다). 허블 상수에 따르면, 팽창은 약 18억 년 전에 시작됐어

---

* 일반적으로 항성의 종족 I에 속하는 황색 거성으로, 수축과 팽창을 통해 밝기가 주기적으로 변한다. 세페이드 변광성의 주기를 측정하면, 별의 절대등급을 알 수 있고, 절대등급과 겉보기등급의 차이를 이용하면, 별까지의 거리를 계산할 수 있게 된다.

야 한다. 아주 오래전으로 보일 수 있지만, 사실 너무 최근이라는 점이 문제다. 일단, 우리는 지구의 나이가 적어도 40억 년이라는 것은 정확하게 알고 있다. 실제로 아인슈타인-드시터의 모형에서 예측한 불가피한 감속까지 고려해도, 우주의 나이가 더 줄어들어 10억 년을 조금 넘긴 정도가 된다. 1952년이 돼서야 독일 태생의 천문학자 발터 바데(Walter Baade, 1893~1960)가 이 문제의 근원을 찾았다. 세페이드에는 두 가지 유형이 있는데, 두 가지 모두 각자의 밝기 변화 주기와 고유의 밝기 간 관계가 있다. 그러나 이를 알았을 리 없는 허블은 이 둘을 같은 방식으로 다뤘던 것이다.

이후, 거리 측정 문제 개선과 새로운 표준 광원 등급의 도입으로 허블 상수의 측정 방법은 꾸준히 수정돼왔다. 1956년에는 샌디지와 바데가 구한 메가파섹당 초속 180킬로미터가 최상의 추정치가 됐고, 이후로 해를 거듭할수록 수치가 점점 더 낮아졌다. 1970년대부터 오랫동안, 정확한 값이 메가파섹당 초속 약 50킬로미터라는 결론에 도달한 샌디지와 거의 두 배의 값을 추정한 프랑스 천문학자 제라르 앙리 드보쿨뢰르(Gérard de Vaucouleurs, 1918~1995)가 열띤 논쟁을 벌였다. 은하들의 거리를 정의하기 위해 사용한 기술은 지극히 복잡하고, 중간 과정이 있는 섬세한 체계를 기반으로 했다. 어느 정도 확실한 수준으로 정의된 더 가까운 은하들의 거리는 더 먼 은하들에 사용될 새로운 거리 지표를 설정하는 데 활용됐다. 그런데 이러한 등급 구분 중 한 등급에서라도 오류가 있으면 그 여파가 일파만파 퍼져 최종 결과가 무효화될 수도 있다. 따라서 여러 천문학자가 서로 동떨어진 답에 이르게 되더라도 놀라울 게 없는 일이다.

결국, 허블이 처음 측정한 때로부터 70년 이상이 지난 후에야 우주의 팽창률에 관한 신뢰할 수 있는 추정치를 얻을 수 있었다. 2001년, 웬디 프리드먼(Wendy Freedman, 1957~ , 캐나다계 미국인 천문학자)이 이끄는 연구단이 허블 우주 망원경을 사용해 수년간 진행한 캠페인의 최종 결과를 발표했다. 프로젝트 진행의 주요 동기 중 하나였던 허블 망원경이 핵심이었는데, 정확하게 교정된 거리 지표들과 특히 에드윈 허블이 엄청나게 아끼던 세페이드의 거리를 활용해 우주의 팽창 속도를 측정하는 프로젝트였다. 이러한 관측의 정확성은 허블 상숫값에 대한 오랜 논쟁에 종지부를 찍었다. 요즘 천문학자들이 인정하는 측정값은 메가파섹당 초속 72킬로미터다(이 값의 오차는 메가파섹당 초속 8킬로미터이다). 이제 우리는 샌디지가 찾으려고 애썼던 두 수치 중 하나는 어느 정도 믿음을 갖고 말할 수 있게 된 것이다.

허블이 정리한 프로젝트를 완성하기 위해 남은 것은 우

주 감속의 범위를 설정하는 것뿐이었다. 그러나 이러한 관점에서 볼 때 그간의 상황은 상당히 복잡해졌다.

우주에 물질(혹은 사방에 뿌려져 있는 빅뱅의 잔류물인 흑체의 전자기 복사)만 있다면, 우주의 팽창은 당장 멈춰야 한다. 중력은 인력이므로, 물리법칙에 따르면 피할 수 없는 결론이다. 일반상대성이론의 특성상 이러한 우주에서 공간의 기하학인 물질의 평균 밀도와 팽창의 동적인 경향성 사이에 명확하고 모호하지 않은 관계가 있어야 한다. 밀도가 임계 밀도보다 낮으면 우주의 곡률은 음수이고 영원히 팽창해야 한다. 반면, 밀도가 임계 밀도보다 높으면 우주의 곡률이 구체와 같은 양수이고 미래에는 수축해야 한다. 그 중간에는 밀도가 임계 밀도와 정확하게 일치하는 유클리드 우주가 있다.

이런 맥락이라면, 팽창의 감속은 우주의 평균 밀도와 그에 따른 우주 기하 구조의 척도가 될 것이다. 우주의 궤적은 중력의 힘만 적용되는 공중에 던져진 돌과 같다. 초기 속도를 알면, 아무 모호함 없이 완벽하게 궤적에 대해 정리할 수 있다.

그러나 우주 상수가 정말 아인슈타인의 실수여야만 이 모든 것이 유효하다. 0이 아닌 값을 그대로 두면 상황이 매우 복잡해진다. 우주적 규모에서만 작용하고, 젤리거의 고전적인 견해와 이후 아인슈타인의 상대론적 견해에서 볼 때 우주를 안정시켰어야 하는 이상한 반발력이 작용하게 된다. 그러나 안정될 것이 전혀 없다면, 우주가 팽창하므로 아주 먼 거리에 반발력을 도입하는 일은 자체 중량의 희생양인 돌을 로켓에 태워 날리는 것과 다를 바 없는 개념 전환이다. 미래의 우주에는 피할 수 없는 감속만 있는 게 아니다. 실제로 팽창이 가속할 수 있다. 그리고 기하 구조, 물질의 밀도, 우주의 운명 사이에 연결이 끊어진다. 물질에서 가해지는 인력과 우주 상수로 도입된 반발력 사이에 어떤 관계가 있는지 정확하게 알지 못하는 한, 더는 아무도 확실하게 우주의 궤적을 예측할 수 없다.

우주 상수의 존재는 우주의 나이 추정에 극적인 결과를 가져올 것이다. 그 결과 중 하나는 우주가 일정한 속도와 감속으로 팽창한다는 것을 확실히 아는 것이고 말이다. 또 한 가지는 이 감속이 갑자기 가속할 가능성을 생각하는 것이다. 만약 우주 상수가 0이 아니라면, 우주의 팽창이 처음에는 감속했다가 나중에는 가속했을 수 있다. 이것은 팽창이 시작된 순간을 추정하기 위해 현재의 팽창 속도에 관한 지식(허블 상수)만 사용하고 팽창이 계속 느려졌다고 가정하면 잘못된 결과에 이르게 된다는 것을 의미한다. 사실 우주는 우리가 생각하는 것보다 훨씬 더 오래됐을 수 있다.

역사적으로 이것은 아인슈타인의 우주 상수가 무대 밖으로 나가려고 애쓴 이유 중 하나였다. 우주의 팽창 속도에 관한 허블의 초기 추정들이 20억 년 미만의 터무니없이 어린 우주를 암시하는 듯 보이자, 막다른 골목을 빠져나오기 위한 제안들이 나왔는데 그중 하나는 0이 아닌 우주 상수를 다시 꺼내 들어 지구의 지질학적 나이와 양립하는 나이를 얻는 것이었다. 그러나 바데가 허블의 초기 추정치들을 수정하고, 이후 조금씩 추정된 팽창 속도가 합리적인 수치로 내려가자 우주 상수의 부활이 불필요해진 듯 보였다. 그런데 그게 끝이 아니었다.

천문학자들은 별의 나이를 측정하는 방법을 다양하게 생각해냈다. 별 대부분은 태양처럼 핵융합 반응을 통해 수소를 태워 헬륨으로 전환해 생명을 유지한다. 이 과정이 진행되는 기간은 별의 초기 질량에 의해 좌우되는데, 별의 질량이 클수록 반응이 빨리 진행된다. 질량이 큰 별은 몇백만 년 안에 수소를 고갈시킬 수 있지만, 작은 별은 더 오래, 수십억 년 동안 탈 수 있다. (태양의 예상 수명은 약 100억 년이며, 이미 절반쯤 살았다.) 이제, 거의 같은 시기에 형성된 별들이 대거 모여 있다고 상상해보자. 시간이 흐르면서 별 중 가장 무거운 것부터 연료가 떨어질 것이다. 따라서 어느 특정 시대가 되면, 별들의 무더기에서 특정 질량 이상의 별들은 사라질 것이다. 초기에 질량이 무작위로 분포했다고 가정하면, 살아남은 별 중 질량이 가장 큰 별은 이 별들의 무리가 형성된 때부터 지나간 시간을 매우 정확하게 나타낼 것이다.

이러한 해당 사항들을 충족하는 별 무더기가 실제로 존재한다. 이 별 무더기의 이름은 **구상성단**(Globular cluster)으로, 수십만에서 수백만 개의 항성으로 이뤄진 구형 덩어리

구상성단　　　　　© NASA

로 나선은하의 헤일로에 넓게 퍼져 있다. 천문학자들은 구상성단 내에서 가장 무거운 별을 찾아 구상성단의 나이를 추정할 수 있다(수소를 태우는 별 중 더 무거운 별이 더 밝기 때문에 비교적 간단한 일이다). 이 기술을 활용하면서 구상성단이 우주 구조가 형성되던 초기 단계로 거슬러 올라가야 할 만큼 매우 오래된 물체라는 것을 알게 됐다. 그런데 당연한 말이지만, 우주 자체가 가장 오래된 구상성단보다 젊을 수는 없다. 이러한 점을 고려했을 때, 현재 우주의 나이가 최소 120억 년 이상이라는 점을 알 수 있다.

이러한 결론을 뒷받침하는 다른 증거도 있다. 태양과 비슷한 질량의 별들은 연료가 떨어지면 부풀어 올라 일시적으로 거대해지고 붉게 변한다. 그다음에는 외부 층이 우주로 날아가고 놀라울 정도로 밀도가 높은 물질의 핵인 **백색왜성**(White Dwarf)만 남는다. 백색왜성은 에너지 생산 체계가 없고, 우주로 이미 죽은 별의 잔열만을 방출한다. 마치 불꽃이 꺼진 후 서서히 식어가는 불씨 같다. 형성된 때부터 시간이 많이 지나면 지날수록 더 많이 차가워진다. 우주에서 관측된 가장 차가운 백색왜성은 그 온도를 고려하면 적어도 120억 년 전에 생성된 것으로 추정할 수 있다.

일부 우주론 모형에서 우주의 나이가 우주에서 가장 오래된 구상성단이나 가장 차가운 백색왜성보다 적다고 보는 것은, 우주의 나이가 지구의 나이보다 적다고 보는 모형만큼이나 터무니없어서 더는 말할 가치도 없다. 그러나 샌디지가 주장한 바와 같이 허블 상숫값이 메가파섹당 초속 50킬로미터로 나왔을 때, 그런 일이 아인슈타인-드시터 모형에서 실제로 일어났다. 임계 밀도와 같은 밀도일 때, 예상 감속은 우주의 나이가 우주 내에서 관측된 가장 오래된 별들의 나이와 간신히 비슷한 정도밖에 되지 않았다. 허블 상숫값이 조금이라도 더 높았더라면(예를 들어, 제라르 앙리 드보쿨뢰르가 예측한 바와 같은 메가파섹당 초속 100km), 그 상황은 더 나빠졌을 것이다. 우주론 모형에서 예측한 우주의 나이와 직접 측정된 나이 간의 이러한 균열로 인해 평균 밀도 추정치를 하향 조정할 수밖에 없었다. 이는 다른 한편으로는, 임계 밀도에 도달하기 위한 충분한 물질이 없다는 것(암흑 물질도 포함)을 점점 더 명확하게 보여준 다른 천체물리학적 관측 내용과도 일치했다. 따라서 이대로 간다면, 우주의 곡률은 음수이고 영원히 팽창할 운명에 놓인 것처럼 보였다.

이것은 아인슈타인-드시터 모형의 단순성이나, 평균 밀도가 임계 밀도와 같아야 한다는 새로운 급팽창 모형의 예측과도 일치하지 않았다. 하지만 다른 한편으로는 (아인슈타인의 정적인 우주의 예에서 배운 것처럼) 우주가 실제로 만들어진 방식을 규정한 것은 이론적 편견이 만들어낸 잘못된 것이 아니었다. 그러나 저밀도 모형이 우주에서 가장 오래된 물체의 나이를 설명하는 데는 심각한 문제가 있었다. 1995년 무렵, 웬디 프리드먼의 연구단에서 수집한 최초의 자료들이 샌디지와 드보쿨뢰르의 역사적인 수치들 사이의 중간값이 허블 상숫값 쪽으로 기울기 시작하자, 다들 무언가 문제가 있다는 점을 분명히 눈치챘다. 우주 팽창이 항상 감속하고 있고, 물질의 평균 밀도가 임계 밀도의 20~30퍼센트라면(이제 모든 관측에서 이 수치를 나타내고 있다), 메가파섹당 초속 72킬로미터의 허블 상수는 우주의 나이가 약 110억 살이라고 암시했다. 이는 너무 적었다. 이제 합리적인 우주의 나이를 얻는 단 한 가지 방법은 우주의 팽창이 가속됐다는 가설을 세우는 것이었다.

누군가 상당히 자연스럽게 위기에 빠진 우주론 연구자들의 수호자로 우주 상수를 복귀시킬 것을 촉구하기 시작했다.

지난 몇십 년간, 우주의 팽창이 계속 감속했는지(고전적 우주론 모형에서 예측한 바처럼), 혹은 어느 특정한 시점에 가속하기 시작했는지(우주 상수가 결국 0이 아니라는 의미)를 직접적으로 파악하려는 온갖 시도는 가공할 만한 현실적 난관에 부딪혀 산산조각나고 말았다. 팽창 속도의 변화를 감지하려면 우주의 역사를 충분히 멀리 거슬러 올라가야 한다. 즉,

점점 더 멀리 있는 물체를 봐야 할 필요가 있다. 허블의 도표는, 곡선의 기울기에서 변화가 보이기 시작할 만큼 먼 거리까지 가지 않는 한 거의 완벽한 직선으로 보였다. 이러한 변화는 허블에 이어 샌디지의 초기 계획에서처럼 감속의 크기를 측정하는 데 사용될 수 있었다. 또한, 가속 팽창과 호환될 수 있는 다른 과정을 추적할 수도 있었다.

실질적인 문제는 당연히 멀리 보려고 하면 할수록 은하가 더 희미해져서 관측하기가 어려워진다는 것이었다. 그뿐만 아니라, 충분히 신뢰할 만한 거리 지표를 찾기도 어려워진다. 그래서 어쩔 수 없이 표준 광원의 교정에 점점 더 많은 중간 과정을 추가해야 하고, 그 결과 오류가 발생할 위험이 증가하고 결론도 매우 취약해지게 됐다.

1990년대 즈음, 두 천문 연구 그룹이 허블 도표를 넓은 거리 범위에 걸쳐 단 한 번에 다룰 방법을 제안했다. 이 생각은 완전히 새로운 유형의 표준 광원 **Ia형 초신성**(Type Ia supernova)에 의지하는 방법이었다.

초신성은 일부 별의 수명을 끝낼 정도의 재앙 같은 폭발로, 아주 밝은 특성을 띤다. 초신성에서 방출되는 에너지는 초신성이 들어 있는 은하 전체의 에너지를 초월할 수 있으므로, 아주 먼 거리에서도 볼 수 있다. 그리고 Ia형 초신성은 아주 특별한 조건에서만 생성되는, 정말 놀라운 특징을 갖고 있다. 이 조건을 들여다보려면 일단 쌍성계(즉, 중력에 의해 연결된 아주 가까이에 있는 두 별)부터 살펴야 하는데, 두 별 중 하나는 이미 수소가 고갈돼 백색왜성이 된 상태다. 엄청난 중력을 지니고 있어서 고밀도로 치밀한 이 별의 잔해는 다른 상대 별에서 뜯겨 나온 물질을 자양분 삼아 성장한다. 그러나 어느 특정 시점에 질량이 너무 커지면, 백색왜성을 지탱하는 균형이 깨지고 백색왜성은 격렬한 폭발을 일으킨다. 이런 폭발이 일어날 때 Ia형의 초신성이 생기는 것이다.

이처럼 독특한 초기 조건으로 인해 모든 Ia형 초신성은 아주 유사한 특징을 갖게 된다. 특히, 폭발 중 도달하는 최대 밝기가 상당히 좁은 범위의 값으로 집중된다. 천문학자들은 폭발 후 밝기가 감소하는 속도가 도달했던 최대 밝기와 긴밀하게 관련돼 있다는 것을 알아냈다. 따라서 초신성에서 방출되는 빛의 시간적 변화를 관측하면 폭발의 실제 광도를 유추할 수 있고, 겉보기 밝기와 대조해 그 거리까지도 추론할 수 있다. 허블이 세페이드 변광성을 다룰 때와 다소 비슷하지만, 초신성은 훨씬 더 먼 거리에서도 볼 수 있다는 점에서 차이가 있다. 그래서 초신성은 모든 우주론 연구자의 주된 관심사다.

문제는 단 한 가지, 초신성이 희소하고(전형적인 나선은하에서 천 년에 2~3개 정도 나타난다), 무엇보다 다음 폭발이 언제

어디서 일어날지 알 수 없다는 것이다. 아무리 뛰어난 관측 기술도 우연에 의존해야 하는 형편이다. 초신성이 존재했다고 추정될 수 있는 밝기 변화가 포착될 때까지 장기간 어마어마한 수의 은하를 관측해야 한다. 그러다 초신성 관측이 확인되면, 거리와 적색이동을 구할 수 있다. 물론, 허블 도표에 점도 하나 추가되는 것이고.

1998년, 이러한 형태의 프로젝트에 착수한 두 국제 연구단(초신성 우주론 프로젝트Supernova Cosmology Project와 고적색이동 초신성 연구팀High-z Supernova Search Team)이 놀라운 발견으로 큰 행운을 잡았다. 수십 개의 초신성을 관측해, 우주가 처음 빛을 떠나보내기 시작한 때부터 불과 수십억 년밖에 되지 않았던, 엄청나게 넓은 범위의 거리에 걸쳐 허블 도표를 재구성해냈다. 우주 팽창의 궤적을 확인하려고 나선 70여 년 전에 시작된 긴 여정의 마침표였다. 그러나 결론은 여러 세대의 우주론 연구자들이 가정했던 것과는 사뭇 달랐다.

가장 큰 적색이동이 발견된 초신성들은 허블 도표가 감속 팽창하는 우주의 흐름을 보일 것이라고 예상했던 것보다 너무 희미해 보였다. 관측 자료를 철저하게 분석하기 위해 예외적인 관측 오류는 배제했다. 그리고 수많은 이론적 특성에 관한 설명(초신성이 진짜 표준 광원이 아니라거나, 시간이 흐르면서 밝기가 변하는 등의 진화 과정을 거쳤다는 등의 이론)도 부적절하다고 여겨졌다. 기나긴 여정 중에 초신성의 빛을 흡수할 수 있는 신비한 우주 먼지와 같은 임의의 체계 같은 것들이 있을 수 있지만, 이런 작동 체계가 신빙성을 갖추기에는 너무 인위적이었다. 다양한 각도로 상황을 검토한 후 남은 설명은 단 하나, 적색이동이 큰 초신성의 빛이 예상보다 훨씬 더 멀리 떨어져 있어서 의아할 정도로 희미하다는 것이었다. 그리고 초신성을 그렇게 멀리 가게 만든 것은, 초신성의 빛이 지구 쪽으로 이동하기 시작할 때 우주의 팽창이 억제된 게 아니라 가속했기 때문이라는 결론에 도달했다. 이 말은 곧 우주 상수가 건재하다는 것을 의미했다.

이 소식은 우주론 학계 밖에서도 일대 파장을 일으켰다. 자체적인 중력의 영향으로 팽창이 느려진다는 우주의 불가타 성서(가장 권위 있는 라틴어 성경)가 부정된 것이니 말이다. 지난 몇십 년간 인기를 끌었던 모든 책을 다시 써야 했고, 대학 교과서도 갱신해야 했다. 권위 있는 잡지 《사이언스(Science)》는 두 초신성 사냥단의 발견을 1998년의 가장 중요한 사건이라고 발표했다. 천문학에 관련된 사건 중에서만이 아니라 절대적으로 중요한 일이었다.

우주 가속 팽창의 발견은 당연히 놀라웠다. 그러나 우주론 연구의 진화를 가까이서 추적했던 사람에게는 아주 특별히 놀라운 일까지는 아니었다. 근래 몇 년 전부터, 가장 최근에 수집한 우주론 관측 자료를 설명하기 위해 0이 아닌 우주 상수를 활용하는 것이 천천히 그 지지자들을 모으고 있었다. 우선, 허블 우주 망원경의 관측 자료에서 추론한 우주의 나이를 가장 오래된 구상성단과 조화시키는 데 문제가 있었다. 그리고 대규모로 물질의 분포를 관측한 결과에서 뚜렷하게 나타난 저밀도 역시 곤란한 문제였다. 보이지 않는 물질이 대량 존재한다는 점까지 참고해도, 우주의 기하 구조를 평평하게 만들었을 임계 밀도에 도달하려면 필요한 밀도의 최소 70퍼센트가 여전히 부족했다. 물론, 우주의 평탄성이 교리는 아니다. 반드시 공간의 기하 구조가 유클리드적이어야 하는 것은 아니었으므로, 이론 우주론 연구자들은 몇 가지 난관이 있어도, 저밀도 우주와 조화될 수 있는 급팽창 모형을 만들었다. 그러나 정말 임계 밀도에 도달하게 하려면, 어딘가에서 잃어버린 밀도를 찾아야 했다. 그렇게 우주 상수는 다시 한번 구출될 수 있었다.

아인슈타인이 자신의 방정식에 람다(Λ)라는 용어를 도입했을 때, 그는 Λ가 공간의 기하학적 특성과 관련된 새로운 물리 상수라고 여겼다. 자연이 시공간의 구조에 흔적을 남겨 우주가 어떻게, 얼마나 휘어지는지 보여주는 우주론의 척도와 같은 것으로 여긴 것이다. 아마 아인슈타인은 그 그리스 문자가 종잇조각에 표시된 기호일 뿐, 필요가 없어지면 연필 한 획으로 없앨 수 있는 것으로 여겼을 것이다. 그러나 상황은 그리 간단치 않았다.

실제로 얼마 지나지 않아, 다른 관점에서 보면 우주 상수가 완전히 다른 의미를 취할 수 있다는 것을 알게 됐다. 중학생도 할 수 있는 간단한 대수 연산(방정식의 한쪽에서 반대쪽으로 항을 이동하는 것)으로 우주 상수가 더는 시공간 기하 구조를 바꾸는 것만이 아니게 됐다. 일반상대성이론의 정신(형태와 내용물 사이의 불가분 관계)이 수학적 차원에서 실질적인 것, 즉 우주의 새로운 구성 성분으로 변형됐다. 바로 에너지의 형태였다.

이런 식으로 보면, 우주 상수는 우주를 구성하는 조리법에 추가된 재료였다. 우주에는 원자만 있던 게 아니었다. 찾기 힘든 암흑 물질만 있었던 것도 아닐 테고 말이다. 공간의 구조에 균질하게 침투하고, 반발력의 근원으로 작용할 정도로 아주 비범한 특성을 띠는 에너지의 한 형태도 존재했다. 그러나 아인슈타인의 상대성이론의 결론 중에는 물질과 에너지 사이에 완전한 등가성도 있었다. 따라서 우주 상수와 관련된 에너지는 우주의 전체 밀도에 역할을 했을 것이다. 바로 이 점을 고려해야 했다.

1999년과 2000년 사이에, 우주배경복사의 관측 결과로 우주의 기하 구조가 결국 거의 완벽하게 유클리드적이라는 것이 논쟁의 여지 없이 입증되자, 우주 상수를 제거하기가 불가능해졌다. 우주 상수에 유리한 증거가 너무 많았다. 우주는 이상한 중력 반발의 추진력으로 가속했다. 우주의 구조에서 수집한 물질의 밀도는 우주를 평평하게 만드는 데 필요한 값의 30퍼센트 미만만 설명할 수 있었지만, 이제 우주가 정말 평평하다는 것을 알게 됐다. 부족했던 70퍼센트는 우주 상수와 관련된 에너지, 우주의 가속 팽창을 일으켰을 가능성이 가장 큰 원인이기도 한 에너지가 있어야만 달성할 수 있었다.

거의 한 세기 동안 우주론 연구자들이 매달린 퍼즐의 답을 찾은 것 같았다. 하지만 안타깝게도 퍼즐에서 나온 모습은 너무 이해하기 힘들었고, 아주 흉측하기까지 했다. 우주의 균형을 맞추려면 알려지지 않은 유형의 암흑 물질만 필요한 것이 아니었다. 우주 상수가 정확히 그러한 값을 갖게 된 이유도 설명할 수 있어야 했다.

이때부터 물리학자와 우주론 연구자들은 그 설명을 찾기 위한 악몽에 시달렸다. 아마 고대부터 사상가들에게 공포를 불러일으켰던 그 무엇인가와 관련이 있을 것이다. 그 무엇은 다름 아닌 진공이다.

13

빈 공간

Il dominio del vuoto

진공으로부터 동시에 느껴지는 매력과 공포는 어떤 식으로든 인간 사고의 역사 전체에 스며들어 있다. 그 어떤 형태의 물질이나 에너지가 전혀 없는 공간을 생각할 수 있을까? 그리고 물질적인 성분의 모든 흔적이 제거될 수 있다면 그 후 남는 것은 무엇일까? 빈 공간 그 자체가 그 무엇일 수 있을까? 그리스의 뛰어난 사상가들은 이러한 문제에 관해 오랫동안 고심하다가 진공이 자연에서 구현될 가능성 자체를 자신들의 이론에서 배제하기에 이르렀다. 이러한 아무것도 없는 것에 대한 반감은 서양에서 심지어 어휘에도 그 흔적이 남아 있다. 현재 우리가 물질적인 모든 것의 총체를 나타낼 때 사용하는 단어인 **우주**(cosmos)는 원래 완벽한 질서를 의미하는 그리스어에서 유래했다. 최대의 무질서를 의미하는 그 반의어는 **혼돈**(chaos), 즉 무(無)였다. 한편, 동양 전통 사상에서 진공은 거부할 수 없는 매혹적인 대상이자, 인간이 아무리 열망해도 닿을 수 없는 완벽한 상태였다.

그러나 서양 과학사는, 원하든 원하지 않든 동양의 신비주의보다 그리스 철학의 개념에 더 의지한다. 그리스인들은 우주 공간에서 진공을 삭제하기 위해, 물질세계를 구성하는 네 가지 성분 외에 다섯 번째 성분의 존재를 가정했다. 모든 공간에 퍼져 있지만 보이지도 잡히지도 않는, 미묘하고 탄력적인 자연의 물질, 즉 에테르였다. 에테르의 개념은 다양한 형태로 20세기 초까지 끊임없이 과학적 사고에 영향을 끼쳤다.

고전 과학자들은 에테르가 매질 역할을 할 물질적 수단이 전혀 없어 보이는 곳, 예를 들면 행성 간 공간 속이나 공기를 완전히 제거한 실험실의 보호막 너머에, 빛 신호와 열 신호를 전파하는 매개체일 뿐이라고 생각했다. 빛이 파동이라면, 기계적 응력(凝力)*으로 전파되는 음파와 유사하게

---

* 분자 또는 이온 사이에 작용해 고체나 액체 따위의 물체를 이루게 하는 인력을 통틀어 이르는 힘이다. 응집력 때문에 물체는 일정한 부피와 무게를 갖는다.

무형의 매질에서 유발된 진동을 통해 이동해야 한다. 아마 뉴턴에게 심각한 문제가 된 원거리 중력도 에테르의 존재를 활용했다면 설명이 잘 됐을 것이다.

그러나 에테르의 개념은 실질적으로나 개념적인 면에서 수많은 어려움에 맞닥뜨렸다. 그 어떤 방식으로도 관측되지 않고 직접적으로 그 특성을 파악할 수도 없었다. 존재할 수 없다는 가정을 바탕으로 하거나, 이미 예상했던 과제를 해결하려 할 때 나타날 수밖에 없는 모순이 자주 발견되면서 부정적인 쪽으로 정의되곤 했다. 관측 가능성이 전혀 없다는 것을 정당화하려면 에테르는 끝없이 투명해야 했다. 아니면, 절박한 심정이었던 어느 천문학자가 그랬던 것처럼, 어두운 하늘의 역설을 설명하기에 충분할 정도로 빛을 흡수할 수 있어야 했다. 지구의 움직임에 뚜렷하게 저항하지는 않으므로 극도로 미약하고 희소해야 하지만, 동시에 응력에 영향을 받지 않을 정도로 강해야 빛이 그 내부에서 엄청나게 빠른 속도로 이동하는 것을 설명할 수 있다. 절대 공간에 관한 뉴턴의 짐작과 일치하는 지점까지는 완전히 정적이어야 한다. 혹은, 밀도가 높아져 구조를 형성하고 소용돌이 속에서 나선운동을 할 수 있어야 데카르트 체계의 물체 간 작용을 설명할 수 있다.

끝없는 철학적 논쟁에 지친 19세기 과학자들은 체념하듯 에테르의 개념을 피할 수 없이 명백하지만 모호하고 당혹스러운 사실로 받아들이게 됐고, 저명한 학자들은 아예 생각조차 하지 않으려고 했다. 그러던 1887년, 앨버트 마이컬슨(Albert Michelson, 1852~1931)과 에드워드 몰리(Edward Morley, 1838~1923)라고 하는 두 미국 과학자가 드디어 추측이 아닌 실험을 통해 에테르가 사라질 수 있다는 사실을 증명했다.

이들의 실험은 감지할 수 없는 가상의 매질을 통해 태양을 도는 지구의 움직임을 명확히 하기 위해 계획된 것이었다. 실현하기는 복잡하지만, 개념적으로는 간단한 생각이었다. 지구를 가로지르는 에테르 바람이 존재한다는 가정하에, 여러 방향으로 전송된 빛이 서로 다른 여러 시간대에서 반사돼 돌아오는 속도를 측정해 에테르에 대한 지구의 상대적인 운동을 분석하는 실험으로, 배가 해류 방향이나 그 반대 방향으로 움직이는 속도를 측정하는 것과 조금 비슷하다. 그러나 마이컬슨과 몰리는 기대했던 결과물을 전혀 관측하지 못했다. 이 말은 곧, 이동하는 에테르가 지구 주변에서 어떤 식으로든 지구에 의해 끌려가고 있다는 것을 의미할 수 있다(그래서 지구가 실제로 주위를 둘러싸고 있는 에테르에 비해 안정적인 것이다). 혹은, 아주 단순하게 생각하면, 에테르가 전혀 없다는 뜻일 수도 있고 말이다.

그러고는 채 20년이 지나지 않아, 알베르트 아인슈타인은 에테르가 어디에나 있고 정적이며 절대적이라는 구태의연한 개념에 치명적인 일격을 가했다. 아인슈타인은 상대적인 개념으로만 물체의 운동을 정의할 수 있다고 생각했다. 그런 그에게 최고의 특권이 부여된 기준 체계인 에테르는 실질적인 물리적 의미가 없었다. 빛은 관찰자의 운동 상태와 상관없이 고집스러운 속도로 빈 공간에 유유히 전파되는 것이다.

그렇게 서양 사상의 역사에서 가장 난해하고 오래된 개념 중 하나가 결정적으로 증발하고 말았다. 그러나 '무'의 개념에 대한 과학계의 투쟁은 끝나지 않았다. 고대 그리스인들처럼 아인슈타인에게도 진공의 개념은 상당히 거슬렸다. 뼛속까지 스며든 관념 때문에, 공간의 속성이 공간 내 물질 분포와 무관하다는 생각은 할 수 없었다. 초기 일반 상대성이론은 완전한 진공이 물리적 의미를 지닐 수 있다는 가능성을 배제한 듯 보였다. 그러나 얼마 지나지 않아 드시터가 물질이나 에너지가 없어도 0이 아닌 우주 상숫값이 있으면 우주론적 해를 반드시 찾을 수 있다는 것을 증명했다.

그 해 안에는, 바로 알아챈 사람이 아무도 없었지만, 현대 물리학에서 가장 거대한 문제 중 하나, 즉 진공 에너지에 합당한 가치를 부여하는 문제에 관한 시작이 담겨 있었다.

진공의 특성에 관한 이해가 어떻게 현대 물리학자들의 문제로 돌아왔는지(우주론과 우주의 진화에 관한 연구에까지 가지를 뻗은 문제) 알아보려면, 양자역학으로 설명되는 미시적 세계로 뛰어들어야 한다.

고전 과학자들에게 진공은 뺄셈으로 정의됐다. 즉, 공간 영역에서 물질 전체를 제거했을 때 남은 것이 진공이었다. 진공을 현실 세계에 구현하는 것은 상당히 어려운 문제인데, 실험실에서는 용기에서 최대한 효율적으로 기체를 빨아들이는 방식으로 단순화했다. 완벽한 진공에 도달할 수 있을 거라는 생각은 실질적으로 불가능해 보였고, 지향해야 할 이상적인 목표일 뿐이었다. 그러면 어쨌든, 공간은 아주 작은 마지막 한 영역까지 파괴도 제거도 되지 않는 에테르가 스며든 채로 남아 있을 것이다.

에테르를 없애기 위해 그렇게나 오랫동안 고생한 현대 물리학이 사실상 완전한 진공 상태에 도달하는 것이 불가능하다고 확인한 일은 상당히 역설적이다. 만약 어느 한 영역의 공간에서 모든 입자를 제거하는 데 성공한다 해도, 우리에게 부여된 과제 중 일부만 해결된 것이다. 아인슈타인은 물질과 에너지에 아무런 차이가 없으므로, 그 부피 내에 존재하는 모든 형태의 에너지도 제거해야 한다고 생각했다. 예를 들어, 전자기 복사까지 모두 제거해야 한다. 그러나 절대 영도 이외의 온도 상태에서는 에너지 양자(광자), 즉 해당 온도에서의 특징적인 흑체 복사가 분포해 있는 것으로 예측된다. 아울러 열역학 법칙은 절대 영도에 도달할 가능성 자체를 배제하므로, 공간의 어떤 영역에도 어쩔 수 없이 최소한의 광자가 포함돼 있어야 한다.

그러나 완전 진공 상태의 달성은 훨씬 더 근본적인 수준에서는 배제된다. 공간 영역에서 물질이나 에너지의 흔적을 모두 제거했다는 주장은 그 공간 안에 있는(혹은 아무것도 없는 공간) 에너지에 관해 완벽하게 안다고 주장하는 것과 같은 말이다. 이것은 양자역학의 초석 중 하나인 하이젠베르크의 불확정성의 원리를 노골적으로 위반하는 것이므로, 불가능한 일이다. 실제로 이 원칙을 바탕으로 하면, 공간의 부피에서 모든 형태의 에너지를 제거했다는 주장만할 수 없는 게 아니다. 우리가 물질의 흔적을 모두 지우려고 아무리 노력해도, 양자의 불확실성을 이용하고, 불확정성의 원리로 허용되는 에너지의 양을 '빌려' 밝혀진 입자가서로 같은 부피 내에 계속 존재한다는 점을 인정해야 한다. 우리가 얼마나 꼼꼼하게 청소했는지는 중요치 않다. 우리가 진공을 만든 영역은 미시적 수준에서 계속 물질과 에너지로 채워질 것이고, 우리는 절대 그곳에 아무것도 없게 할 수 없다. 이것을 진공의 **양자 요동**(Quantum fluctuation)이라고 하며, 우주의 각본에서 빠질 수 없는 부분이다.

진공이 실제로는 입자로 채워져 있다는 사실이 받아들이기 어려워 보일 수 있다. 그러나 확정적인 개념이 된 모든 과학적 가설처럼, 이 또한 실험을 통해 증명됐다. 1948년, 네덜란드의 물리학자 헨드릭 캐시미어(Hendrik Casimir, 1909~2000)는 진공에서 전자기장의 양자 요동이 측정 가능한 효과를 발생하는지 확인하기 위한 독창적인 방법을 고안했다. 그는 완벽하게 반사되고 서로 평행하게 놓인 두 개의 금속판이 진공 영역에서, 즉 물질이 전혀 없고 절대 영도인 곳에 점점 가까워질 때 어떤 일이 일어날지 상상했다. 캐시미어는 두 금속판 외부 공간에는 임의의 주파수를 가진 전자기파가 우글거리고, 내부 공간에는 두 판 사이의 공간에 완벽하게 맞는(두 금속판 사이에 파동이 정확히 정수 횟수만큼 진동하는) 전자기파만 있을 거라고 가정했다. 캐시미어에 따르면, 금속판의 외부와 내부에 있는 에너지 간 불균형이 힘을 발생시킨다. 그때 외부에 있는 더 많은 파동이 두 판에 더 큰 압력을 가해 서로 가까워지게 민다. 이러한 힘의 존재는 절대 영도에서도 빈 공간이 '가상'의 광자로 가득 차 있다는 사실의 증거였다.

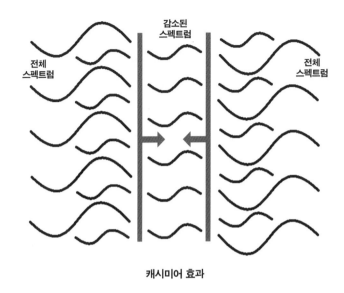

**전체
스펙트럼**

**감소된
스펙트럼**

**전체
스펙트럼**

캐시미어 효과

캐시미어의 가설을 실험하는 일은 말도 안 되게 복잡해 보였다. 실험실의 조건이 이상적이어야 할 뿐 아니라(높은 진공과 절대 영도에 최대한 근접한 온도), 두 금속판도 미세한 간격으로 떨어져 있어야 했다. 그래야 두 판의 내부 영역에서 충분한 수의 파동이 제거돼 판에 가해지는 압력이 인지될 수 있을 정도의 불균형 상태가 될 수 있다. 그러나 판 사이의 간격이 아주 좁아도 알짜힘(Net force)*은 간신히 측정할 수 있는 수준이었을 것이다(이해를 돕자면, 두 판 사이의 간격

* 합력(合力)이라고도 하며, 물체에 작용하는 모든 힘의 합이다. 알짜힘은 실제 물체에 작용되는 힘의 크기와 방향을 나타낸다.

이 수천 분의 1mm일 경우 압력은 0.5mm짜리 물방울의 무게에 의해 가해지는 압력과 같다). 그러나 1996년 물리학자 스티브 러모로(Steve Lamoreaux)가 처음으로 실험실에서 캐시미어가 거의 50년 전에 했던 예측을 실험으로 구현했다. 이 실험은 원래의 설계에서 세부사항을 약간 변경했지만(예를 들어, 금속판의 면 사이의 완벽한 평행을 위해 두 판 중 한 판을 구형 표면으로 교체했다), 최종적인 결과는 캐시미어의 예측과 완벽하게 일치했다. 마치 두 판 주위의 진공이 광자를 들끓게 하는 것처럼 보였다.

진공의 양자 요동과 기본 입자들의 상호작용은 다른 측정 가능한 효과를 유발하는데, 예를 들면 **램 이동**(Lamb shift)이라고 하는 수소 원자 내 전자의 에너지 준위가 약간 변화한다든가, 거리에 따라 입자 간 기본 상호작용이 다르게 나타나는 현상이 발생한다. 이 기본 상호작용의 변화는 **진공 분극**(Vacuum polarization)이라는 과정에 의한 현상이다. 진공 분극은 진공에서 에너지를 빌려 자발적으로 생성된 입자와 그 반대 전하를 지닌 반입자 쌍이 입자 주위로 이동해 원래 전하의 분포나 흐름을 부분적으로 변화시키는 현상이다. 현재는 실험적으로 확인된 바가 없지만, 1974년 스티븐 호킹이 가설을 세운 **블랙홀의 증발론**도 진공 요동에 관한 또 다른 낯선 징후다. 이 경우, 블랙홀의 '가장자리'(빛도 비켜 갈 수 없는 이른바 **사건의 지평선**(Event horizon) 근처에서 생성되는 입자-반입자 쌍은 때때로 다른 운명을 만날 수 있다. 두 입자 중 하나는 블랙홀에 '빠지고', 반대 방향으로 나온 다른 하나는 탈출에 성공하는 경우다. 외부의 관찰자가 보기에 이 효과는 블랙홀에서 '방출'된 입자의 효과다. 에너지 보존의 법칙에 따른다면, 블랙홀은 질량이 감소해야 하고, 지속적인 입자 생산을 통해 서서히 '증발'해야 한다.

공간의 한 영역을 완전히 비울 수 없다는 것은 사실상 현대 물리학에서 진공의 개념이 변형돼, 단순히 물리적 체계에서 이론적으로 도달할 수 있는 최소 에너지 상태를 나타내는 쪽으로 정리되고 있다. 전자기 복사의 양자적 설명을 예로 들어보자. 이 설명에서는 복사의 주파수에 비례하는 에너지를 전달하는 양자(광자)가 존재한다고 본다. 각각의 광자는 주파수 f(진동수)에서 hf 에너지를 방출하며 진동하는 진동자에 의해 생성된 파동으로 나타낼 수 있다. 여기서 h는 플랑크 상수라고 하는 비례 상수다. 절대 영도를 제외한 모든 온도에서 막스 플랑크가 발견한 흑체 복사의 법칙(플랑크 법칙)에 의해, 일정한 수의 광자가 다양한 주파수로 분포돼 있다. 허용 가능한 최소 온도인 절대 영도에 도달할 수 있다고 가정하면, 어떻게 될까? 양자역학적인 답변은 진동자의 에너지가 정확히 0이 되지 않는다는 것이다

(불확실성의 원리에 관해 언급한 내용을 생각하면 놀라운 답은 아니다). 각 진동자는 hf/2의 에너지를 계속 방출할 것이다. 이 잔류 에너지의 존재(명칭은 **영점 에너지**Zero-point energy고, 1913년 알베르트 아인슈타인과 오토 슈테른Otto Stern, 1888~1969이 처음으로 이론화했다)가 어떤 부피의 빈 공간이든 일정한 양의 에너지를 지참금처럼 가지고 있게 한다.

진공과 관련한 에너지의 존재는 사실 실생활에서는 아무런 영향을 끼치지 않는다. 에너지는 교환이 가능할 때에만 실질적인 의미를 띤다. 예를 들어, 물리계가 고에너지 상태에서 저에너지 상태로 전환될 때(무게를 가진 무언가가 특정한 높이에서 추락할 때처럼) 에너지를 얻을 수 있다. 그러나 진공 상태는 인지 가능한 최소 에너지 상태이고, 에너지가 0이 아닌지는 별로 중요치 않다. 중요한 점은 더 낮은 수준으로 내려갈 수 없다는 것이다.

그러나 중력이 작용하면 상황이 달라진다. 사실 진공 에너지도 다른 형태의 에너지와 마찬가지로 중력 효과를 만들어낸다. 분명, 이렇게 우주에 완벽하게 균질한 방식으로 분포된 에너지가 있으므로(진공은 우주의 모든 지점에서 정확하게 서로 같은 특성을 띤다), 지엽적인 현상을 일으키지 않는다. 예를 들면, 물질이 은하처럼 밀도가 높아져 구조를 형성하는 방식을 직접적으로 발생시키지는 않는다. 그러나 우주에 존재하는 모든 진공 에너지의 **총합**은 우주론적 수준에는 엄청난 영향을 끼친다.

그 영향이라는 것이 무엇인지 파악하려면, 일반 물질과 근본적으로 다른, 진공과 관련된 에너지의 특성을 자세히 분석해야 한다. 일단, 피스톤에 기체 형태의 일반 물질이 채워져 있다고 생각해보자. 피스톤을 팽창해서 기체가 더 많은 부피를 차지하게 하려고 특별히 할 일은 없다. 즉, 외부에서 에너지를 공급할 필요가 없다. 실제로 기체의 압력은 자연스럽게 필요한 추진력을 제공한다. 이것은 팽창 후 기체가 피스톤을 누르는 데 필요한 약간의 에너지를 잃는다는 것을 의미한다(실제로 기체 온도가 낮아질 것이다). 이제 사고실험의 두 번째 단계로 넘어가보자. 피스톤 안에 기체가 없고, 양자 물리학이 허용하는 한, 완전히 비어 있다고 상상해보자. 즉, 피스톤 안에 영점 에너지만 들어 있는 것이다. 이때부터는 상황이 근본적으로 달라진다. 이제 피스톤을 팽창시키려면 외부에서 에너지를 공급해야 한다. 사실, 주어진 진공의 부피와 관련된 에너지의 양은 항상 같아야 하므로(다른 진공보다 '더 비어 있는' 진공은 없다), 부피를 두 배로 팽창하면 에너지의 양이 두 배가 되고, 부피가 세 배가 되면 에너지도 세 배가 된다. 따라서 양자 진공은 팽창을 거스르려는 경향이 있다. 즉, 에너지 밀도가 **일정**하고 **음의**

압력을 갖는 물질처럼 작용한다.

일반상대성이론의 관점에서 볼 때, 일반 물질과 아주 다른 특성을 띠는 이러한 성분의 존재는 판을 완전히 뒤집어 놓는다. 양자 진공의 기이한 행태를 파악하기 위해 아인슈타인의 방정식에 수정 사항을 도입하는 것은 형식적 관점에서 우주 상수의 도입과 절대적으로 같다. 원래 아인슈타인이 가정한 우주 상수는 시공간 고유의 기하 구조적 속성이었다. 반면, 진공 에너지는 제거될 수 없는 시공간 에너지로 볼 수 있다. 실질적인 결과는 바뀌지 않는데, 완전히 **진공**(현대적인 의미로)인 우주는 일종의 반발력에 의해 통제받는 팽창의 대상이다. 팽창은 기하급수적이다. 시간이 흐르면서 점점 더 희석되는 일반 물질과 달리, 진공 에너지의 밀도는 일정하고, 그에 따라 팽창 속도는 우주의 크기에 비례해 증가한다. 진공은 여전히 고전적인 유형이지만(즉. 물질과 복사가 모두 없는 상태) 우주 상수가 팽창을 가속하도록 추진력을 제공하는 드시터의 모형에서 예측한 것과 정확하게 같은 유형의 작용을 한다.

진공 에너지의 중력 효과를 이해하게 된 것은 엄청난 결과를 가져왔다. 우주 상수가 더는 장 방정식에 추가된 단순한 임시 수학 용어가 아니게 된 것이다. 이제 실질적인 의미를 띠게 됐고, 현대 물리학에서 일반상대성이론에 이어 우주론 모형들의 필수 성분으로 여기지 않을 수 없게 됐다.

수십 년 동안 주요 학술 모임과 과학 학회에서 소외당했던 우주 상수는 가속 팽창이 우주에 없어서는 안 될 성분이 되기(약간 혼란스러운 점이 있었지만) 훨씬 전인 1980년대 초반에 진공 에너지로 위장해 뒷문을 통해 우주론으로 되돌아왔다. 당시 상황은, 자연에 존재하는 기본적인 힘들을 통합하는 엄청나게 복잡한 문제에 관한 답을 찾기 위해 물리학자들이 골머리를 앓고 있었다(그리고 여전히 끝나지 않았다).

자연에 존재하는 네 가지 힘 중, 물리학자들이 1960년대에 성공적으로 통합한 것은 전자기력(전자기 상호작용)과 약한 핵력(약한 상호작용)뿐이었다. 최종 이론은 셸던 글래쇼(Sheldon Glashow, 1932~, 미국의 물리학자)와 압두스 살람(Abdus Salam, 1926~1996, 파키스탄의 물리학자), 스티븐 와인버그가 함께 개발한 **전기-약 이론**(Electroweak theory)이었는데 상당히 만족스러운 이론이었고, 겉보기에는 다른 두 힘을 서로 같은 기본 상호작용의 두 양상으로 복원했다. 즉, 전자기 상호작용과 약한 상호작용을 결합하는 상위의 대칭이 존재하고, 현재 우주의 낮은 에너지에서만 깨진 것처럼 보이는 것이다.

글래쇼가 처음 제안한 모형은 실제 세계를 구성하는 입

자가 질량을 갖는 이유를 제대로 설명할 수 없었다. 특히 상호작용을 전달하는 보손은 모두 질량이 없는 것으로 밝혀졌다. 광자의 경우(전자기 상호작용을 전달하는 보손)에는 적용이 됐지만, W와 Z 보손(약한 상호작용을 매개하는 보손)의 경우는 달랐다. 아직 아무도 관측한 적은 없지만, 이 입자들도 광자처럼 질량이 없다면 분명 약한 힘이 전자기 상호작용처럼 먼 거리까지 작용하는 힘이었어야 한다. 그러나 실제 상황은 전혀 그렇지 않았다. 살람과 와인버그가 이 모형을 구하고 W와 Z 보손에 질량을 부여하기 위해 생각해 낸 탈출구는 그 몇 해 전 제프리 골드스톤(Jeffrey Goldstone, 1933~)과 피터 힉스(Peter Higgs, 1929~)라는 두 영국의 물리학자가 다른 이유로 개발한 **힉스 메커니즘**(Higgs mechanism)을 끌어들이는 일이었다.

이 두 물리학자가 내놓은 개념은 이론상 진공 상태(즉, 최소 에너지 상태)를 수정해 에너지의 변화에 따라 대칭이 달라지도록 하는 것으로, **자발적 대칭 깨짐**(Spontaneous symmetry breaking) 과정으로 알려졌다. 이 현상은 일반적인 세계와 유사점이 있는데, 예를 들어 단단한 표면에 수직으로 놓은 가는 원통형 금속 막대를 생각해보면 이해하기 쉽다. 이 물리적 구성에는 특정한 대칭이 있다. 막대를 수직축 중심으로 회전시키면 시스템의 상태가 완전히 변하지 않은 상태로 유지된다. 이번에는 막대의 상단 끝에서 아래로 압력을 가한다고 생각해보자. 처음에는 아무 일이 일어나지 않지만, 압력이 어느 정도 커지면 막대가 갑자기 구부러질 것이다. 우리는 막대가 구부러질 수 있는 무한한 방향 중 어느 쪽으로 구부러질지 예측할 수 없다. 그러나 이 새로운 물리계 구성이 대칭이 아니라는 것쯤은 안다. 실제로 이제 막대를 수직축 중심으로 회전시키면, 튀어나온 부분이 가리키는 방향이 바뀌게 된다.

힉스 메커니즘(자발성 대칭 깨짐)에서도 비슷한 작용이 일어난다. 어느 특정 물리계가 처음에는 높은 대칭성을 유지하며 최소 에너지 상태에 있다고 가정해보자. 그런데 이때 물리계 외부의 일부 매개변수(예를 들어, 온도)가 변경되면, 물리계는 갑자기 이전 대칭성이 사라지고 새로운 최소 에너지 상태로 전환된다. 전기-약 모형을 힉스 메커니즘에 통합하면 거의 마법처럼, W와 Z 보손이 질량을 얻고 광자는 질량이 없는 상태가 되는, 대칭이 깨진 새로운 최소 에너지 상태를 만들 수 있다. 이러한 성공을 위해 치러야 할 대가는 이 체계가 작동될 수 있게 하는 새로운 물리적 장, 즉 새로운 입자인 **힉스 보손**(Higgs boson)과 관련된 **힉스장**(Higgs field)의 도입이었다. 예측된 질량을 지닌 W와 Z 보손은 실제로 1980년대 제네바 유럽 입자물리연구소에서 카를로

루비아(Carlo Rubbia, 1934~ , 이탈리아의 입자물리학자)와 시몬 판데르메이르(Simon van der Meer, 1925~2011, 네덜란드의 입자물리학자)가 이끄는 연구팀에 의해 관측됐고, 전기-약 모형의 유효성을 훌륭하게 확인해냈다(글래쇼와 와인버그, 살람, 루비아, 판데르메이르 모두 서로 다른 시기에 노벨상을 수상했다). 반면, 힉스 보손은 관측된 적이 없어서 학자들이 광적으로 쫓는 사냥감이었으나, 2012년 유럽 입자물리연구소의 LHC 입자 가속기에서 진행된 실험에서 그 존재가 확인됐다.

세 번째 기본 힘인 강한 상호작용과 다른 두 힘의 통합은 더 어려운 것으로 드러나면서, 1970년대에는 이른바 **대통합 이론**(Grand Unified Theory, GUT)을 구현하는 모형들이 번성했다. 힘 사이의 대칭을 실현하는 체계는 필연적으로 원시 우주의 고에너지 조건의 시험대가 필요했고, 이로 인해서 이론물리학자들의 관심은 우주론으로 향했다.

앨런 구스는 1970년대 후반 대통합 이론의 퍼즐을 풀 수 있는 모형 연구에 총력을 기울이던 물리학자 중 한 사람이었다. 그는 이 문제의 특정 측면에 관심을 두기 시작했는데, 빅뱅 후 10^{-35}초 무렵 에너지가 전기-약 작용과 강한 상호작용 간 대칭이 깨지게 할 정도로 낮아져 이 두 성분이 분리됐을 때 우주에서 무슨 일이 일어났는지를 알고자 했다. 이론물리학자들이 고안한 계획이 팽창 우주의 맥락에 놓이게 되자, 어떤 문제가 감지됐다. 대칭이 깨진 후 이 모형의 최소 에너지 상태 수치는 무작위로 선택됐는데(앞에 든 예에서 금속 막대가 구부러지는 방향과 같다), 여기까지는 문제가 없었다. 문제는 이 수치가 직접적인 인과 관계가 없을 정도로 아주 멀리 떨어진 공간의 영역에서 다를 수 있다는 것이었다. 그래서 각자의 최소 에너지값을 지니고 인접해 있는 수많은 영역이 탄생했다. 이것을 시각화하자면, 임의의 형태로 여러 구역으로 나뉜 밀밭이 있고, 각 구역에는 이삭들이 다른 방향을 향한 채 바닥에 짓눌려 있는 모습을 상상해볼 수 있다. 여러 구역 사이의 경계는 이삭이 누운 방향의 갑작스러운 변화를 나타낸다. 원시 우주에서도 장의 최소 상태가 약간씩 다른 방식으로 선택된 영역 간의 경계가 불연속성, 즉 **결함**의 생성으로 표시돼 있었을 것이다.

이러한 결함 중 앨런 구스를 비롯한 다른 물리학자들을 상당히 혼란스럽게 만든 것은 환상 속에만 존재하는 동물 같은 이상한 입자로, 자연에서 누구도 본 적이 없는 **자기홀극**(Magnetic monopole), 즉 작은 자석 같은 것인데, 흔하게 존재하는 북극과 남극이 다 있는 것이 아니라 하나의 극만 갖고 있다. 앨런 구스와 다른 학자들의 계산을 바탕으로 하면, 원시 우주에서 전기-약 작용과 강한 상호작용 간의 대칭이 깨지고 우주는 일반 물질을 구성하는 양성자만큼 풍부한 자기 홀극으로 채워졌어야 한다. 물리학자들이 거의 모든 곳을 뒤졌음에도 단 하나의 자기 홀극도 발견되지 않았기 때문에 심각한 문제였다.

앨런 구스는 이 난관에서 벗어나기 위해 한 가지 개념을 생각해냈다. 그는 대칭이 깨지는 순간, 즉 우주의 특정 영역(나중에 관측 가능한 우주로 진화할 지역)에서 힉스장이 순식간에 최소 에너지 상태로 떨어진 것이 아니라, 1초 미만의 아주 짧은 찰나 바로 그 상태에 갇혀 있었을 것이라고 가정했다. 그 시점만 최소 에너지 상태가 아니었다. 물리학자들은 이 상태를 **가짜 진공**(False vacuum)이라 부른다. 즉, 물리계가 자연 상태인 최소 에너지 상태에서 멀리 떨어져 있는 겉보기 균형 상태다. 가짜 진공에서 최소 에너지 상태로 '굴러'가기 전에 힉스장은 잠재 에너지 같은 것을 공급받았을 것이다. 우주론의 관점에서 이 조건은 우주에 거대한 진공 에너지나 우주 상수를 부여하는 것과 같다. 이 척력에 의해 우주는 가속하는 방식으로 팽창하기 시작했을 것이고 크기가 기하급수적으로 증가했을 것이다. 앨런 구스는 **급팽창**이라는 이름을 붙인 체계를 우연히 발견했는데, 이것은 팽창이 매우 빨라 우주의 밀도에 있는 모든 불균질성을 완화하고, 우주의 기하 구조를 거의 완벽하게 유클리드적으로 만들었다. 그리고 무엇보다 꺼려지던 자기 홀극을 관측 가능한 우주에서 흔적도 없을 정도로 매우 낮은 밀도로 희석해 버렸다(이는 앨런 구스에게 동기부여가 됐다).

자기 홀극의 문제 해결 외에, 급팽창은 다른 관점에서 봤을 때도 상당히 만족스러워(빅뱅 모형의 평탄성 문제와 지평선 문제를 해결하고, 은하가 형성되기 시작한 원시 불균질성이 존재하게 된 동기 파악 등) 현대 우주론의 초석이 됐다. 또한, 우주의 초기 순간에 입자와 복사의 존재를 신빙성 있게 설명할 수 있었다. 가짜 진공에 갇혀 있던 아주 짧은 단계가 지난 후, 급팽창을 유발한 힉스장이 마침내 최소 에너지 상태에 도달했고, 가속 팽창이 중단됐으며 잠재 에너지가 모든 물질을 생산하고 우주 온도를 (빅뱅 모형에 따르면) 가벼운 핵을 합성하는 데 필요한 상태까지 가열했다. 실제로 급팽창은 문자 그대로 무(혹은 물리학자의 입장에서 표현하자면 진공)에서 우주 전체가 탄생할 수 있게 만들었다. 고전적인 빅뱅 모형에서 설명할 수 없던 초기 조건은 급팽창을 통해 일관성 있는 물리적 체계의 일부가 됐다.

급팽창 모형은 원시 우주에서 진공 에너지가 엄청난 역할을 했을 것이라고 가정했지만, 계속 그렇게 대단한 상태를 유지하게 두지는 않았다. 매우 짧은 초기 가속 팽창 기간 후, 우주는 빅뱅 모형에서 설명한 평온한 진화를 다시 시작해야 했고, 그로 인해 진공 에너지값이 우주의 다른 구성 성분, 즉 물질과 전자기 복사와 비교하면 무시할 수 있는 수준이 돼야만 했다. 1980년대와 1990년대 초, 급팽창 모형에 관한 연구가 급격히 발전하자, 우주론 연구자들은 급팽창 이후 잔류 진공 에너지가 정확히 0이라고 가정하고, 우주 상수에 관한 기본 견해를 계속 고수했다. 당시까지만 해도 현재의 우주에 우주 상수의 증거는 전혀 없었다. 가짜 진공이 지배적이었던 1초도 안 되는 극히 짧은 초기 순간을 제외하고, 팽창은 항상 감속하는 것이라야 했다. 급팽창을 구현한 상세한 체계는 명확하지 않았지만, 그것이 무엇이든 진공 에너지가 정확하게 0의 값을 취하게 했다고 가정했다(예를 들어, 초대칭에 기반을 둔 일부 모형).

그러나 현재 천체물리학적 관측상 진공 에너지는 0이 아니고, 우주는 최근 들어 급팽창 중일 때보다 덜 격렬하게 가속하기 시작한 것으로 드러났다. Ia형 초신성을 표준 광원으로 활용해서 얻은 허블 도표에 따르면, 진공 에너지의 밀도는 임계 밀도의 약 70퍼센트 정도다. 그러니까 우리가 우주의 최소 에너지 상태의 '절대' 값을 아주 잘 알고 있는 것처럼 보인다. 그러나 이것은 문제를 해결하는 것이 아니라 이런 문제를 하나 더 만들어냈다. 진공 에너지가 관측에서 얻은 값과 정확히 일치하는 이유를 설명할 수 있을까?

안타깝게도 이 질문에 대한 답은 냉정하게 '아니오'다.

제5원소

진공 에너지의 이론적 계산은 사실 수십 년 동안 이론물리학자들을 괴롭혀왔다. 가장 기본적인 전자기장의 영점 에너지의 경우를 생각해보자. 진공 영역의 모든 지점과 관련된 최소 에너지(앞에서 말한 hf/2)를 합하면 관측 결과와 명백하게 충돌하는 무한대의 결괏값이 나온다. 물론, 실제로는 계산에서 우주에 있는 모든 기본 장(전자기장뿐 아니라 다른 모든 장 포함)의 최소 에너지를 고려해야 하므로 훨씬 더 복잡하다. 그러나 이것은 도움이 되지 않는다. 기본 상호작용의 통합을 위한 견고한 이론적 틀이 없으면 사실상 현재로서는 확고한 답을 구할 수 없다. 최악인 점은 현재까지 얻은 모든 추정치가 우주론 모형이 요구하는 값과 비교했을 때 상당히 잘못됐다는 거다. 임계 밀도와 같은 밀도를 가진 진공 에너지가 전체 밀도의 약 70퍼센트를 차지하는, 유클리드적 기하 구조의 우주를 보여주는 관측이 믿을 만하다면, 1세제곱미터 부피에 들어 있는 진공 에너지는 100와트 전구를 단 1초 동안 켜두는 데 필요한 에너지보다 약 천억 분의 1보다 적어야 하는 결론이 나온다. 진공 에너지가 우주론 관점에서는 중요하지만 어쨌든 작은 에너지다. 그러나 이론물리학자들이 추정한, 최대 10^{120}배까지 더 큰 진공 에너지와 비교하면 사소해진다. 우주 상수를 도입한 것이 아인슈타인의 최대 실수였다면, 진공 에너지값의 계산은 아마 역사상 가장 잘못된 물리적 예측일 것이다. 어떤 이론이든 근본적인 상호작용에 관한 유일하고 완전한 그림에 도달하려는 야망이 담긴 이론이라면 이보다 훨씬 더 잘해낼 수 있다는 것을 증명해야 한다.

우주 상수는 적어도 두 가지 방식으로 해석될 수 있고(현대 양자론적 견해에 따른 진공 에너지나 아인슈타인의 초기 개념에 따른 공간의 기하 구조와 연관된 자연 상수), 이 두 방식이 개별적으로, 나란히 공존할 수 있다는 것은 앞으로의 상황을 복잡하게 만들 수밖에 없다. 가속 팽창이 발견되기 전까지는, 기하 구조적 용어와 진공 에너지로 만들어진 용어, 이 두 가지가 정확하게 반대되는 것이 아니라 일치할 수 있으므로(아직 알려지지 않은 어떤 이유 때문이다) 서로를 완전히 상쇄할 수 있다는 희망이 있었다. 이제, 예상치 못한 상쇄가 작은 부스러기, 즉 가속 팽창의 관측 내용을 설명하는 데 필요한 진공 에너지값을 남기는 이유를 설명해야 한다.

진공 에너지의 문제는, 기본 물리학의 큰 골칫거리이기도 하지만 우주 성분 목록에 알려지지 않은 추가적인 성분을 도입해, 빅뱅 모형의 성공을 일부라도 훼손할 수 있다. 이미 수수께끼가 된 암흑 물질보다 훨씬 더 불가해한 구성 성분의 존재는 우주 전체의 그림에 관한 불확실성을 증가시키고, 우주의 진화에 관해 장기적인 예측을 하는 우리의 능력을 혹독한 시험대에 올려놓는다. 어떤 면에서 우리는 현재 고전 물리학자들이 에테르를 둘러싸고 겪어야 했던 상황과 비슷한 혼란 상태에 있다. 결국, 진공에 관한 공포 감에는 그만한 이유가 있다.

14

불확실한 운명

L'incerto destino del cosmo

최근 들어서 과학이 관측 가능한 우주의 진화가 시작된 물리적 조건에 관해 어느 정도 뚜렷한 관점을 갖기 시작했지만, 만물의 기원은 인류가 오랫동안 가장 크게 마음을 빼앗긴 주제였다. 그러나 수 세기 동안 일관된 논란은 그 대칭의 문제, 즉 우주 최후의 운명에 관한 것이었다. 우주가 끝이 난다면, 언제 어떻게 끝날까?

이제 어느 정도는 진화 초기의 우주 상태에 관해 파악하기 시작했고, 우주의 깊은 곳을 탐사하고, 우주의 경계까지 밀고 나갈 수도 있으며, 우주 인생의 다양한 시기에 만들어진 은하를 비롯해 아주 먼 퀘이사와 현재 우주의 골격을 구성하는 거대한 섬우주의 초창기 흔적까지 관측하면서 시간을 거슬러 올라갈 수도 있다. 우리의 명민한 장비들은, 지금 우리가 볼 수 있는 모든 것의 기원이 된 거대한 불꽃의 잔해, 즉 우주배경복사의 약한 광자도 수집할 수 있다. 우리의 물리 이론과 수학적 모형, 측정 기술이 도달한 수준은 가장 먼 과거에 세상이 어떻게 돌아갔는지에 관한 상당히 정확한 그림을 가지고 있다는 것을 확신하게 해준다.

그러나 조금 더 들어가 우주의 운명에 관한 궁금증을 품는다면, 우주의 과거를 다룰 때보다 훨씬 더 과감한 추론이 필요하다. 실험적으로 결과를 확인할 기회는 주지 않은 채, 아주 먼 미래까지 존재하는 모든 진화를 상상해야 하는, 우리의 이론 모형들의 예지력을 시험대에 서게 하는 작업이다. 현재 우리의 지식이 이 일을 할 정도의 수준을 갖췄을까?

일반상대성이론과 오늘날의 우주론 모형이 출현하기 전까지, 존재하는 모든 것의 미래를 예측하는 작업은 거의 해결할 수 없어 보였고, 과학 조사에서 대부분 외면당했다. 19세기, **열역학 제2법칙**(Second law of thermodynamics, 모든 형태의 에너지가 지속적이고 불가피한 분해 과정을 거쳐야 한다는 것을 암시하는 법칙)의 발견이 수많은 과학자가 우주의 모든 내용물이 **열죽음**(Heat death)이라고 하는, 서서히 멸종되는 운명에 처했다는 결론을 내리자, 이 질문에 관한 관심이 촉발됐다. 그러나 우주 전체의 진화에 관한 문제를 펼쳐놓을 일관된 사고의 틀이 없었으므로, 결론을 둘러싼 논쟁이 지금까지 광범위하게 펼쳐지고 있다. 예를 들어, 이 열역학 제2법칙(고립된 물리계에 적용)을 물질의 무한한 팽창에 적용 가능한지, 또 어느 선까지 적용할 수 있는지도 분명치 않았다.

1917년에 나온 아인슈타인의 모형은 기하학적인 관점에서 우주가 닫혀 있고, 대규모 차원에서 물질의 운동과 관련해서 정적이며, 사실상 영원히 지속할 수 있다고 봤다. 그러나 이 모형은 우주의 팽창이 발견된 후 거의 곧바로 버려졌다. 그 직후부터 위세를 떨치고 대체로 20세기 내내 유행했던 모형들(프리드만과 르메트르가 공식화한 모형)은 우주의 운명을 크게 두 범주로 나눴다. 우주가 무기한으로 연장된 시간 속에서 무한하게 팽창하거나, 단순한 물리적 평가들을 바탕으로 정의할 수 있는 한 시대에 스스로 붕괴할 수 있다고 봤다. 우주가 미래에 어떻게 작동할지는 본질상 한 가지 매개변수에 의해, 즉 임계 밀도에 대비되는 물질의 전체 함량에 의해 조절될 것이다. 우주론 연구자들은 우주의 총 밀도와 그에 따른 궁극적인 운명에 관한 정보를 제공하는 특정 기호인 매개변수 오메가(Ω)를 만들었다. 이 기호는 그리스 문자의 마지막 문자로, 항상 모든 것의 끝을 상징하는

데 사용됐다. 1과 같은 값의 Ω는 두 행위를 구분하는 기준이다. Ω보다 낮은 값은 영원히 팽창하는 우주를 의미하고, 더 큰 값은 붕괴할 운명에 처한 우주를 의미한다. 현재의 우주에 있는 물질의 평균 밀도와 Ω 매개변수의 측정은 모든 것의 운명을 단호하게 드러낼 것이다.

Ω 값에 관한 가장 명확한 개념이 나오기 전까지는 두 운명이 모두 같은 가능성을 가진다. 우주론 연구자들은 고밀도 우주에서 거대한 마지막 폭발, 즉 초기 빅뱅과 유사한 지옥 같은 대함몰(Big Crunch)이 일어나게 될 거로 추측했다. 팽창이 멈추고 수축으로 전환하면(Ω 값에 따라 몇십억 년 후, 혹은 엄청나게 먼 미래에 일어날 수 있다), 우주의 영상은 거꾸로 돌아가는 듯한 느낌을 줄 수 있다. 은하의 적색이동은 **청색이동**(Blueshift)으로 전환될 것이고, 우주 온도는 떨어지는 것이 아니라 오르며, 우주를 채우고 있는 물질은 더 조밀해지기 시작할 것이다. 세상 모든 것의 운명은 초기 순간과 비슷한 거대한 용광로 속으로 다시 떨어져 산산이 부서져 기본구성으로 돌아갈 것이다. 일부에서는 수축 과정이 진행되면 밀도가 무한대로 증가할 수 없고, 어떤 물리적 체계에 의해 붕괴가 '반동'으로 이어져 다시 팽창으로 전환할 거라고 가정하기도 한다. 이 가정에 따르면, 최후의 거대한 복사 수조에서 파괴되고 재처리된 모든 우주 물질은

붕괴의 운명에 처한 후 완전히 새로운 우주를 구성할 준비를 하게 된다. 그런 식으로 어쩌면 우주가 영원히 계속될 수 있다. 순환적 과정을 통해 수많은 죽음과 부활의 에피소드를 훼손 없이 지나갈 수 있는 이런 형태의 우주는 여러 학자 중, 특히 조르주 르메트르를 매료시켰다. 그는 이와 관련해, 자신의 유골 잿더미에서 부활하는 신화 속 새 이름을 따서 **피닉스 우주**(Phoenix universe)라는 용어까지 탄생시켰다. 우주배경복사의 존재를 예측한 초기 모형 중 일부가 바로 이러한 유형의 각본을 바탕으로 탄생했는데, 그 모형에서는 초기 열의 존재가 이전의, 어쩌면 무한대 이전에 있었던 수축 단계의 유산이라고 봤다.

그러나 우주론 연구자들은 임계 밀도에 도달하기에 우주에 있는 물질이 충분치 않다는 점을 점차 깨닫게 되면서 팽창이 영원히 진행되는 모형을 선호하게 됐다. 이에 따르면, 우주는 불가피하게 더 비워지고 더 차가워지면서 아주 슬프고 우울한 운명을 맞게 될 것이다. 대함몰의 번뜩이는 마지막 섬광에 적힌 부활의 약속과는 매우 다른 최후의 몸부림을 치게 될 운명인 셈이다. 먼 미래에는 한때 자신들의 빛으로 우주의 어둠 속에 점을 찍었던 은하 중에서 거대한 중앙 블랙홀만 남게 될 것이다. 더는 새로운 별이 탄생하지 않을 것이다. 초거대 질량 블랙홀의 중력에서 어떤 식으로든 살아남은 별들은 은하 간 공간을 표류할 거고 말이다. 이 별들도 하나씩 블랙홀이나 중성자별, 혹은 백색왜성으로 변하면서 죽음을 맞이해 꺼져버린 불씨처럼 식어갈 것이다. 우주배경복사도 점점 더 냉각해 도달할 수 없는 한계인 절대 영도에 가까워질 것이다. 그렇게 되면 그 어떤 형태의 에너지도 추락하지 않을 수 없다. 사물 사이의 공간은 점점 더 벌어지고 더 비워질 것이다. 더 멀리 내다보면, 블랙홀도 호킹이 가정한 과정에 따라 완전히 증발할 것이고, 심지어 양성자도 붕괴할 수 있다(현재까지 실험으로 확인되지는 않았지만, 대통합 이론 중 일부 견해는 그렇게 전망한다). 한때 우주였던 곳은 안정적인 입자(전자, 반입자, 중성자)와 절대 영도에서 한 걸음 떨어진 흑체 복사만 있는 거대하고 황량한 황무지가 될 것이다.

우주의 최종적인 운명에 관한 이 두 각본을 마주한 우주론 연구자들은 아마 각자 개인적으로 마음이 끌리는 쪽이 있을 것이다(미국의 시인 로버트 리 프로스트Robert Lee Frost의 시 〈불과 얼음〉 중 '어떤 이는 세상이 불 속에서 끝날 거라고 말하고, 어떤 이는 얼음 속에서라고 말한다.(…)'라는 구절은 매우 인기 있는 인용문이 됐다). 불과 얼마 전까지도 매개변수 Ω의 정확한 측정에 따라 선택이 갈릴 수 있다고 여겨졌다. 그러나 현재는 우주의 끝을 판단하기가 그리 녹록지 않다는 것이 명확해졌다. 우주 상수(혹은, 진공 에너지) 영역이 펼쳐지면서 사실상 상황이 근본적으로 바뀐 것이다.

이와 관련한 우주의 운명에 관한 첫 번째 의심은 우주의 초기 순간에 시작됐을 가속 팽창 기간, 즉 급팽창 때문에 생긴 문제다. 급팽창 모형의 장점 중 하나(사실 급팽창이 우주에 관한 현재의 비전에 중요한 요소가 된 동기 중 하나가 이것이다)는 이 모형이 우주의 기하 구조를 유클리드 기하 구조에 매우 가깝게 만들 수 있다는 점이다. 그렇다면 관측 가능한 우주는 거의 완벽하게 평탄해야 하는데, 이것은 우주의 밀도가 임계 밀도에 가까워야 하고 매개변수 Ω 와 거의 일치하게 될 것이다. 이러한 예측은 실제로 20세기 말부터 우주배경복사의 관측으로 점점 더 신뢰가 높아지면서 확인이 됐다. 문제는 Ω (미래에 우주가 취할 두 움직임을 구별하는 역할을 하게 될 값)가 극단적으로 일치하는 값에 가까워진 것이 오히려 우주가 미래에 어떤 진화를 하게 될지 예측하기 어렵게 만들 수 있다는 점이다. 우주의 기하 구조가 매우 휘어져 있다면 (즉, Ω 값이 어떤 의미에서든 일치에 가까운 수준에서 상당히 멀어졌다면), 우리는 이 문제를 명확하게 풀어낼 수 있다. 하지만 급팽창이 우주를 '평탄화'시키는 정밀도 수준이 매우 높아서 그 값의 차이를 명확하게 결정하는 일이 어렵다. 우리는 Ω 가 1의 값에서 벗어나는지, 그렇다면 얼마나 벗어나

느지 결코 판단하지 못할 수 있다.

분명 이는 실체의 문제라기보다는 원리의 문제다. 모든 물리적 측정은 불확실성의 영향을 받고, 우리는 결코 임의로 매개변수 Ω 값을 급팽창에 따라 우주의 기하 구조에 설정된 평탄성 수준과 대적할 수 있는 지점까지 감소시킬 수 없다는 사실을 인정해야 한다. 모든 새로운 기하 구조 측정은 점점 더 완전히 평탄함에 가까워지는 우주의 상을 보여줄 수 있고, 이것이 우리가 할 수 있는 최선일 수 있다.

그러나 이 문제는 여전히 매우 복잡하고, 우주 상수의 존재와도 관련이 있다. Ω 값 하나만 놓고 보면, 이제 우주의 운명에 그리 큰 영향을 끼치는 조정자 역할을 하기가 민망해진다. 팽창을 지연시키는 물질도 진공 에너지만큼 총 밀도에 영향을 끼치는데, 진공 에너지의 반발력은 폐쇄적인 우주 모형이 1보다 큰 Ω 값으로 인해 우주를 절대 붕괴하지 않고 영원히 팽창하게 만들 수 있다. 그렇다 보니 고전 우주론 모형이 주장한 바와 달리, 기하 구조의 문제는 미래의 진화 문제에서 분리된다. 물질의 밀도와 진공 에너지 밀도의 현재 추정치는 우주의 평균 밀도가 임계 밀도에 가깝지만, 우주의 운명은 물질의 밀도를 낮게 보는 고전 모형에서 추측한 것보다 훨씬 더 극적으로, 앞으로 점점 더 가파르게 팽창하는 양상을 보여주는 것처럼 보인다(물론, 질적인 면에서는 상황이 아주 다르지 않을 수 있다). 그러나 진공 에너지의 본질에 관한 불확실성 때문에 이러한 예측은 완전히 틀렸을 수 있다.

실제로, 우리는 우주가 어떻게 끝날지 더는 알지 못하게 될 수도 있다.

우주론적 관측으로 도출된 진공 에너지가 0이 아닌 이유와 동시에 크기도 예상보다 10^{120}분의 1 수준으로 작은 이유를 설명할 수 없다는 것은 단순히 기본적인 상호작용을 통합하려는 이론에 위기가 찾아왔다는 신호가 아니다. 이것이 의미하는 바는 우주의 진화와 관련된 관점에서도 당혹스러운 결과를 낳았다. 이유는 진공 에너지의 비정상적인 물리적 특성과 관련이 있다.

물질의 밀도가 우주의 팽창으로 감소하는 반면(기체가 들어 있는 피스톤의 부피를 팽창했을 때, 기체가 점점 희박해지는 것과 약간 비슷하다), 진공 에너지의 밀도는 항상 같게 유지된다. 이러한 사실이 처음에는 아무런 영향도 끼치지 않는 것처럼 보이지만, 그렇지 않다. 조만간 물질의 밀도는 진공 에너지의 밀도가 얼마든, 그보다 더 낮아지는 지점까지 내려가는 시대가 올 것이 분명해 보인다는 점이다. 그 시점에 반발력이 팽창의 경로 결정에서 우위를 점하고 가속 단계가 시작된다. 우리가 아는 바로는, 오늘날 물질의 밀도와 진공 에너지의 밀도는 비슷하다(각각 임계 밀도의 30%와 70% 수준). 이 말은 곧 가속 단계가 현재와 터무니없을 정도로 가까운 시대에 시작됐다는 것을 의미한다. 선험적으로 설명할 수 없어서 물리학자들이 상당한 의혹을 품고 바라보는 우연의 일치다.

사실, 진공 에너지값이 이론상 추정으로 제시된 값이었다면(잘못된 값), 우주는 훨씬 더 일찍 가속 단계에 들어갔어야 한다. 기본적인 이론에서 예측한 엄청난 우주 상숫값에 따른 팽창은 순식간에 우주 전체를 암흑의 사막으로 만들 정도로 갑작스러웠을 것이다. 진공 에너지를 아주 작게 만든 체계(완전한 0은 아니다)가 우주가 가속 단계에 들어서기 전 별과 은하가 성장할 수 있을 정도로 아주 평온하고 긴 팽창 단계를 조성한 것처럼 보인다. 살아남은 진공 에너지 부스러기로 인해, 감속 팽창 단계(물질에 의해 시작되는 단계)와 가속 팽창 단계(진공 에너지에 의한 단계) 사이의 전환이 이뤄졌고, 이 일은 추정된 바에 따르면 약 50억 년 전에 진행된 것으로 보인다. 50억 년 전은 우주적 차원에서는 비교적 가까운 시기다. 그런데 왜 훨씬 그 이전이나 훨씬 더 나중이 아니었을까? 진공 에너지값이 약간만 바뀌었어도 상황은 엄청나게 바뀌었을 것이다.

물리학자 대부분은 어떤 이론의 특성이 설명할 수 없이 정밀하게 설정된 듯 보이면 난감해한다. 진공 에너지값은 정말 부자연스러워 보인다. 우주의 인생 대부분에서 진공 에너지는 물질의 빈도에 비하면 무시할 수 있는 수준이라 완전히 감춰져 있었다. 그러다가 최근에서야 관측 가능한 결과들을 나타내기 시작했다.

기이한 조합으로 보이는 것을 설명하고, 진공 에너지의 본질을 둘러싼 어둠을 설명하기 위해 다양한 대안이 모색됐다. 제안된 대안 중 하나는 우주 상수가 결국 일정하지 않다는 거였다. 이 가설은 급팽창에 기원을 제공했을 장과 비슷한 장(어쩌면 서로 같은 장)을 이용했다는 것을 의미한다. 우주에서 관측된 진공 에너지는 이 장의 위치 에너지일 것인데, 그 값(전통적인 우주 상수와 달리)은 일시적이다. 이것은 경사면을 따라 천천히 구르는 물체의 위치 에너지와 비슷한 방식으로, 팽창이 진행하면서 변화한다. 이 체계를 구현하기 위해 도입된 이 가상의 장은 그리스인들이 진공의 존재를 의미하는 다섯 번째 성분을 가리키기 위해 사용하던 용어인 **퀸테센스**(Quintessence)로 명칭이 바뀌었다.

퀸테센스장(Quintessence field)을 바탕으로 한, 이 가설은 현시대와 가속 단계의 시작 사이의 이상한 우연의 일치 문제를 누그러뜨린다. 장 에너지는 시간이 흐르면서 변화할 수 있는 동적인 양이므로, 우주의 기원에서 신비하게 진행된 어떤 규칙을 들먹이지 않고도 적당한 때에 원하는 값을 제공하는 작동 체계를 구현할 수 있다. 반면, 이러한 모형은 다른 관점에서는 만족스럽지 않아 보이는데, 관측 내용을 설명하는 데 필요한 가설이 배가된다는 측면에서, 무엇보다 단순성이 가장 큰 문제다.

어쨌든, 이 설명이든 저 설명이든 견고한 물리적 논증이 뒷받침해주지 못하니 결국 우주 상수의 문제와 가속 팽창의 관측에 관한 정교한 이론적 추측이 범람하게 됐다. 수많은 가설이 쏟아져 진공 에너지에 관한 개념을 일반화할 정도였고 말이다. 우주 물리계에서 벌어지는 어마어마한 양의 중력 이상 현상을 해석하기 위해 도입된 암흑 물질로 인해 발생했던 바와 상당히 유사한 **암흑 에너지**(Dark energy), 즉 유일하게 관측할 수 있는 효과가 오늘날 우주의 팽창을 가속하는 것뿐인, 알려지지 않은 에너지 형태에 관해 이야기하기 시작했다.

우주 상수는 가장 단순한 유형의 암흑 에너지다. 그러나 그 옆에는 이제 매우 단순한 것부터 매우 복잡한 것까지, 수많은 것들이 있다. 최소한 '단순한' 우주 상수에서 임의 형태의 암흑 에너지로의 전환에는 압력과 에너지 밀도 사이의 관계를 조절하는, 문자 w로 표시하는 새로운 매개변수가 필요하다. 압력과 밀도의 비율이 −3분의 1보다 작은 모든 유형의 암흑 에너지는, 가속 팽창을 설명할 수 있는 반발력을 행사한다는 의미에서 우리에게 적합하다. 예를 들어, 우주 상수에서 압력과 에너지 밀도의 비율은 −1이다. 그러나 이것은 존재 가능한 수많은 값 중 하나일 뿐이다. 그것만으로는 충분치 않았는지, 이 비율이 우주의 진화 중에 바뀔 수 있어서 모든 것이 훨씬 더 불확실해졌다. 이러한 유형의 각본이 허용하는 자유가 암흑 물질(중력에 의해 연결된 구조에 필요)과 암흑 에너지(가속 팽창을 설명하는 데 필요)의 역할을 동시에 수행할 수 있는 유일한 구성 성분인 **암흑 유체**(Dark fluid)에 관한 존재 가능성을 탐구하도록 이끌었다.

w값을 정확하게 알지 못하는 한, 우주의 미래에 일어날 진화를 예측하는 것은 불가능하다. 이것을 천체물리학 관측을 통해 알아내려는 시도는 현재 가장 단순한 암흑 에너지의 경우, 즉 우주 상수와 양립할 수 있다는 점을 보여준다. 그러나 측정의 불확실성 때문에 다른 값들을 배제할 수는 없다. 예를 들어, 암흑 에너지는 −1보다 작은 w값을 가질 수 있는데, 이 값은 우주론 연구자들이 **팬텀 에너지**(Phantom energy, 유령 에너지)라는 이름을 붙일 정도로 이상한 결과다. 물리적 직관과 달리, 팬텀 에너지의 밀도는 우주가 팽창함에 따라 조금씩 **증가**한다. 마치 피스톤을 팽

창시키면 내부에 있던 기체가 희석되는 것이 아니라 **밀도가 더 높아지는 현상**과 같다. 단 한 번의 전례도 없는 이러한 현상은 우주의 운명에 치명적인 결과를 가져올 것이다. 팬텀 에너지로 유발된 가속 팽창은 우주가 **빅립**(Big Rip, 대략 '거대한 균열'이라 해석할 수 있는 사건)이라는 것을 당하게 될 정도로 극적일 것이다. 그리고 이 빅립으로 인해, 어떤 거리는 미래의 유한한 시간에 무한하게 될 것이다. 이런 일이 일어나기 전에, 공간적 분리가 엄청나게 빠른 속도로 커져 물체들이 결합한 상태를 유지시킬 정도로 빠르게 진행되는 물리적 상호작용이 없을 정도가 될 것이다. 결국, 은하들은 산산조각나기 시작하고, 뒤이어 행성계를 비롯해 원자와 핵 그리고 입자의 결합 체계까지 부서지기 시작할 것이다. 각 입자 주위의 지평선은 점점 더 좁아지고, 모든 입자가 서로 완전히 격리된 상태를 유지할 거고 말이다. 저밀도 우주에서 열죽음도 암울했지만, 이것은 그보다 훨씬 더 황량한 그림이다. 그러나 우리는 정말 그렇게 될지 그 가능성이 얼마나 되는지 모른다. 현재 우주의 운명을 둘러싼 불확실성의 수준을 파악할 때, 현재의 측정으로는 빅립 유형의 각본이 우주적 차원에서는 비교적 가까운 시간인 약 220억 년 후에(우주가 아주 평화롭게 잠들기에는 충분한 시간이기는 하다) 일어날 수 있다는 가능성을 배제할 수 없다.

그러나 매개변수 w가 다른 값을 갖게 되면 시간이 흐르면서 암흑 에너지의 밀도가 감소할 가능성도 있다. 이 경우, 현재의 가속 팽창은 미래에는 감속 팽창으로 돌아서고, 심지어 최종적인 수축과 대함몰을 일으키는 지점에까지 이를 수 있다. 또한, 원시 우주에서 짧은 급팽창 단계가 진행되는 동안 벌어진 것처럼, 퀸테센스장이 현재 가짜 진공에 갇혀 있다는 각본도 가정할 수 있다. 미래의 전환이 가짜 진공 상태를 변경할 수도 있고, 장이 가짜 진공에서 다른 에너지 진공으로 바뀔 수도 있다. 암흑 에너지의 본질에 관한 확실성이 없는 한, 그 어떤 작용이든 가능할 수 있다. 심지어 우리는 영원히 이 문제를 해결할 수 있을 정도로 충분한 측정을 할 수 없다는 가정도 가능하다.

진공의 움직임이 발생하는 기작을 명확히 할 정도로 이론적 지식이 거대한 도약을 해야만(아마 기본 힘에 대한 통합 이론에 포함시키는 것이다) 현재 우리 우주의 미래를 감싸고 있는 안개를 걷어낼 수 있다.

한편, 우주론 연구자들은 관측을 통해 암흑 에너지의 매개변수를 추론하기 위해 가능한 모든 방법을 찾고 있다. 아마 우리가 무엇을 다루고 있는지를 더 잘 알게 되면, 그 속성을 명확하게 하는 데 결정적인 직관을 가질 수 있을 것이다. 그러나 암흑 에너지의 영향을 관측하는 것은 매우 어려운 작업이다. 암흑 에너지는 그 특성상 파악이 어렵고, 우주 전체에 균질하게 퍼져 있어 중력에 의해 연결된 구조에 자취를 남기지 않는다. 암흑 에너지를 끌어내는 유일한 방법은 우주 전 역사를 따라가 우주의 팽창 속도와 가속도의 변화를 재구성해보는 것뿐이다. 유망한 방법은 여러 가지가 있지만, 목표 달성은 아직 멀었다.

확실한 방법 중 하나는, 점점 더 정확하고 훨씬 더 먼 거리로 측정 범위를 넓혀 허블 도표를 촘촘하게 채우는 것이다. 초신성을 사냥하다가 팽창이 가속하고 있다는 것을 처음 발견한 두 연구단이 시작한 행보를 이어가는 것이다. 미래에는 우주 궤도에 진입할 수 있는 더 강력한 망원경이 점점 더 멀어져 가는 초신성을 관측하고, 우주 인생의 대부분에 걸친 팽창의 경향을 더 상세화한 영상을 제공해줄 수 있다.

지난 몇 년 동안, 우주배경복사에 관한 연구가 우주의 진화를 관장하는 대부분의 매개변수를 정확하게 측정하는 데 매우 중요한 역할을 했지만, 암흑 에너지에 관해 더 많은 것을 파악하는 데는 거의 쓸모가 없었다. 그 이유는 재결합 시대에 우주배경복사가 원시 플라스마에 일어난 물리적 과정의 징후가 있는 우주 광구를 떠났을 때, 암흑 에너지의 밀도가 물질과 복사의 밀도에 비하면 여전히 완전히 무시할 수 있는 수준이었다는 점에 있다. 따라서 이 밀도가 우주배경복사의 온도 요동에 끼치는 영향은 무시할 수 있다.

그러나 우주론 연구자들은 우주배경복사가 우리에게 도착하기 위해 우주를 따라 이동해야 하는 긴 여정을 이용하는 방법도 찾아냈고, 그 방법을 이용해 암흑 에너지를 추적해보려 했다. 우주의 팽창 속도에 변화가 생기는 동안, 고밀도 영역(예를 들면, 은하단이 형성되고 있던 지역)을 통과하고 있던 광자는 인식 가능한 방식으로 '표시'됐다. 광자의 파장은 **늘어났고**, 그 결과로 생긴 적색이동은 암흑 에너지가 없는 우주에서 관측되는 것에 추가됐다. 우주론 연구자들은 이러한 효과(**통합 작스-울프 효과**integrated Sachs-Wolfe effect라고 한다)를 인식하고 구분하기 위해 우주배경복사의 온도 요동과 현재 우주의 은하 분포를 교차 대조하는, 아주 정교한 분석 기술을 개발해야 했다. 이 길은 상당히 유망해 보이고, 우주 내 암흑 에너지의 존재에 관한 독립적인 확인이 이미 다양하게 진행되고 있다.

아주 흥미로워 보이는 또 다른 방법은 중력 렌즈 효과를 활용하는 것이다. 이 기술은 은하단의 질량을 측정하는 데 성공적으로 적용돼 해당 구조에 암흑 물질이 존재한다는 압도적인 증거를 제공했을 뿐 아니라, 최근 몇 년 동안 훨씬 더 드넓은 우주 영역에서의 암흑 물질 분포에 관한 3차원 지도를 만드는 데 사용됐다. 보이지 않는 물질의 존재로 인한 빛의 휘어짐은 우주의 틀을 형성하는 구조의 연결망을 매우 상세하게 재구성할 수 있게 해준다. 동시에, 이 연결망의 진화에 암흑 에너지가 끼치는 영향도 밝힐 수 있게 해준다. 사실, 암흑 에너지가 은하와 같은 소규모 구조에 직접적인 중력 영향을 끼치지는 않지만, 일반적인 팽창에 가하는 반발력은 물질의 밀도를 더 많이 희석시키고, 결과적으로 그러한 구조가 형성되는 속도를 변경한다. 따라서 중력 렌즈 효과를 바탕으로 한 관측과 이론적 시뮬레이션 간 비교는 서로 다른 암흑 에너지 모형을 구분하는 데 필요할 수 있다. 미래에는 이러한 유형의 조사가 진공 에너지의 속성에 관한 중요한 제약 조건이 될 것이라 예상된다.

그리고 현재 시점에서 실질적으로 구현되려면 아직 먼 것 같은, 매우 미래적인 방법이 하나 더 있다. 우리가 멀리 있는 은하를 관측할 때, 은하는 특정한 적색이동을 띠는 것처럼 보인다. 그러나 그 은하를 아주 오랫동안 관측한다면, 우주의 팽창 속도가 변하고 있으므로 적색이동도 변할 것이다. 적색이동의 변화는 우주의 구성, 특히 암흑 에너지의 존재와 그 물리적 특성과 직접적인 관련이 있다. 1960년대에 앨런 샌디지는 당시의 분광 기술로 적색이동의 변화를 관측하는데, 그 시간이 얼마나 걸릴지 궁금했다. 그가 얻은 답은 무장해제 수준인 수천만 년의 시간이었다. 그런 식의 관측으로는 아무것도 할 수 없을 것 같았다. 그러나 지난 몇십 년간 기술의 진전으로 상황이 바뀌었다. 우리는 아직 인간의 시대에서 멀리 떨어져 있는 은하의 적색이동이 변화하는 것을 볼 수 없지만, 몇십 년 안에는 할 수 있을 것이다. 현재의 진행 속도라면, 몇 세대 후의 천문학자들은 적색이동의 변화를 '직접' 관측할 수 있다는 가능성이 증명돼, **실시간 우주론**(Real-time cosmology)이라고 부를 수 있는 새로운 유형의 과학이 도입됐다. 이러한 유형의 관측은 암흑 에너지 퍼즐을 푸는 데 빠져 있던 중요한 조각들을 우리에게 선물할 수 있을 것이다.

우리는 천체물리학자와 우주론 연구자들이 개발한 다양한 기술 중 어느 것이 결정적인 공헌을 할지는 아직 모른다. 다양하고 수많은 관측을 종합해야만 암흑 에너지를 충분히 밝힐 수 있고, 그 물리적 매개변수와 시간의 흐름에 따른 진화를 측정할 수 있을 것이다. 그런데 월등한 이론적 진보가 없으면 이러한 관측이 일관된 견해로 구성되기 어려운, 단순한 자료 수집으로 남게 될 가능성도 크다. 어쩌면 조만간 우리의 기본적인 지식에 광범위한 변화가 일어나, 최근 몇 년 동안 수집된 증거들을 재고해야 할지도 모른다. 혹은 우리 우주가 지금과 같이 보이는 이유를 모두 이해할 수 없다고 인정할 때까지, 아주 오랫동안 어둠 속을 더듬어야 할 수도 있다.

그렇다면 수 세기 동안 그리고 현재에도 놀라울 정도로 효율적으로 작용해온 과학을 이해하는 방법을 찾아내지 못한 씁쓸한 패배가 될 것이다. 그러나 상황은 정말 이상하게 돌아가기 때문에 우리가 다른 방법을 찾지 못할 수도 있다. 그렇다고 우주를 파악하는 작업을 포기할 수 있을까?

15

어둠을 해석하는 법

Il migliore dei mondi possibili?

우주론 연구자들은 우주 가속 팽창의 원인을 파악하기 위해 다시 한번 기본적인 상호작용을 연구하는 물리학자들과 같은 길을 걸어야 했다. 진공 에너지 문제에 대한 답은 사실 수십 년 전부터 지구에서 가장 명석한 학자들까지도 골머리를 앓았던, 훨씬 더 보편적인 문제의 답에서 찾을 수 있었다. 이미 알려진 모든 상호작용을 통합한 프레임에서 다루는 이론의 공식화, 아마도 기본적인 물리적 매개변수가 현재와 같은 값을 갖게 된 이유를 설명하는 것(이른바 **모든 것의 이론**Theory of everything, TOE)이 해결책일 것이다. 결정적인 결과가 없는 현재로서는 굉장히 어려운 작업임이 분명하다.

자연에 존재하는 네 가지 상호작용 중 두 가지(전자기 상호작용과 약한 상호작용)는 우리 우주의 낮은 에너지에서 무너진 것으로 보이는 대칭을 그대로 반영하는 단일 상호작용(전기-약 작용)으로 축소됐다.* 강한 상호작용을 대통합 이론(혹은 GUT)에 포함시키는 것이 훨씬 더 복잡한 것으로 밝혀졌고, 현재 보편적으로 수용되고 실험적으로 검증된 모형이 존재한다고 할 수 없다. 이론적 모형을 시험하는 데 필요한 에너지가 너무 고에너지라 현존하는 가속기뿐 아니라(지금까지 제작된 가장 강력한 가속기인 LHC도 몇 분의 일 더 낮은 크기의 에너지값에만 도달할 수 있다) 미래에 제작될 수 있는 가속기에서도 재현하기가 어렵다. 현재의 기술이 상상할 수 없을 정도로 발전하지 않는 이상 불가능하다(기존 유형의 가속기가 대통합 이론의 다양한 제안을 검증하려면 가속기의 둘레가 우리 은하의 둘레와 같아야 하는 것으로 추정된다). 그러나 대통합 이론의 에너지가 초기 우주에서는 달성이 됐을 것이므로, 적어도 미래의 우주 관측에서 이 모형이나 저 모형의 정확성에 관한 단서를 얻을 희망은 가질 수 있다.

그러나 이러한 난관 속에서도 네 가지 힘 중 세 가지의 통합은 부분적으로나마 성공했다고 할 수 있다면(통합을 조

---

* 2013년, 유럽 입자물리연구소 LHC 강입자 가속기 실험을 통해 힉스 보손의 존재가 확인되면서 전기-약 작용 모형의 이론적 유효성이 증명됐다.

절하는 대칭 체계에 관한 이해와 양자 수준에서의 기본적인 힘의 장들을 다룰 가능성에 관해서만), 중력 상호작용을 추가하는 것은 또 다른 문제다. 중력을 다른 상호작용들과 통합하려면, 약한 전자와 강한 전자의 상호작용에서 성공한 것처럼, 일단 중력을 양자역학의 형식론에 통합해야 한다. 이 문제, 즉 **중력의 양자화** 문제는 아직 답을 찾지 못했다. 중력은 아직 완전히 명확하지 않은, 아주 특별한 처리가 필요한 것으로 보인다.

네 가지 상호작용을 통합한 양자 이론의 부재가 우주의 진화를 알아내는 데 장애가 되는 이유는 여러 가지다. 사실, 우주의 물리적 조건을 설명하면서 시간을 거슬러 올라가면, 위기에 놓인 에너지들이 통합된 에너지가 돼야 한다. 따라서 우리는 빅뱅 이후 1초가 훨씬 안 되는 극히 짧은 시간대에 머물러 있어야만 원시 우주에서 일어난 일을 설명할 수 있는 확고한 물리적 배경을 가질 수 있다. 우리가 주의를 기울여야겠다면 빅뱅 직후 10^{-12}초 무렵으로, 통합의 시대까지 거슬러 올라가고, 어느 정도 모험을 즐기고 싶다면 모형 대부분에서 말하는 급팽창 단계도 끝난 10^{-35}초로 거슬러 올라가면 될 것이다. 그러나 더 이전의 시간으로 돌아가고 싶다면, 현재로서는 추측에 그칠 수밖에 없다. 오늘날 우주에서는 중력의 작용 영역과 다른 힘들의 영역이 멀리 떨어져 있다(중력은 대규모로 작용하지만, 다른 상호작용들은 짧은 거리에서나 중요하다). 그러나 빅뱅 직후의 순간에 우리는 원자나 아원자 거리에서, 혹은 당시 관측 가능한 우주 전체에 해당하는 규모에서의 중력 작용을 무시할 수 없다.

그러므로, 예를 들어 상호작용의 통합이나 중력의 양자적 처리와 관련된 문제를 생각하지 않고는 급팽창을 일으킬 수 있는 체계에 관한 완전한 이론적 틀을 가질 수 없다. 또는, 아직 실험적인 검증을 거치지 않은 통합 모형의 맥락에서 윔프의 역할에 가장 유력한 후보가 나온다는 점을 고려하지 않고는 암흑 물질의 문제를 밝힐 수 없다.

우주 상수나 진공 에너지의 문제도 우리가 기본 물리학의 몇 가지 측면에 관한 이해가 부족하다는 징후일 수 있다. 16세기 천문학자들은 궤도가 원형이어야 하고, 지구가 우주의 중심에 있다는 편견을 포기하지 않으려고 프톨레마이오스 모형(지구 중심으로 달과 태양, 고정된 별들이 지구 주위를 돈다는 모형)을 이용해 행성 운동을 파악했고, 우주에 주전원을 채워 넣었다. 어쩌면 우리도 그 천문학자들과 비슷한 처지에 놓인 것일 수 있다. 진공 에너지값을 계산하는 것이 원리상으로는 간단해 보이지만(모든 기본 장의 영점 에너지가 영향을 끼친 값을 합산해야 한다), 몇 가지 세부사항은 여전히 우리 시야에서 벗어나 있다. 그리고 지금까지 이 계산에서 중력의 존재가 완전히 무시됐는데도, 실질적인 결과는 정확히 우주론적 수준에서, 즉 중력을 무시할 수 없는 체계에서는 재앙이 된다. 따라서 분명히 이 문제의 진정한 근원은 이 문제에 대한 두 가지 관점(중력적 관점과 양자적 관점) 간 조화가 부족하기 때문일 수 있다. 그리고 이러한 점 때문에 암흑 에너지의 속성을 이해하려는 시도가 이제 우주론 연구자뿐 아니라, 특히 이론물리학자들까지 끌어들인 것이다. 이것을 현대 물리학의 가장 어려운 난제라고 보는 사람들이 많다.

이 난제를 해결하기 위해 지난 몇 년간 제안된 가장 도전적인 해법들은 현재 우주론뿐 아니라 기본 물리 이론에 관한 연구가 포함된 조건들의 상징적인 그림을 보여주고 있다.

우주 상수의 수수께끼를 풀 수 있는 확실한 방법 중 하나는 일반상대성이론의 예측에서 부분적으로라도 벗어나 중력 상호작용에 관한 설명을 되돌아보는 것이다. 그렇게 할 경우, 팽창의 가속화는 반발하는 방식으로 작용하는 새로운 성분의 존재에 의한 것이 아니라, 지금까지 가정된 것과 다른 중력 작용의 결과일 것이다. 이러한 접근법의 문제는 일반적으로 우주 규모의 중력 수정이 지난 세기에 수집된 모든 우주 관측뿐 아니라, 예를 들어 태양계 행성 운동의 관측과 같이 더 짧은 거리에 대한 엄격한 실험적 제약이 있어도 호환이 돼야 한다는 것이다. 그리고 어쨌든, 어느 정도 임시적인 중력의 변화로 제한을 두지 않으려면, 기본적인 상호작용에 관한 아주 일반적인 설명의 맥락에서 이러한 것들이 드러나야 한다. 하지만 앞에서 말한 것처럼 아직은 갈 길이 멀어 보인다.

　이론적 관점에서 가장 큰 동기를 가진 중력의 변경은 네 가지 기본 상호작용의 통합 모형에 도달하기 위해 제안된 주요 시나리오에서 나타나는 것들이다. 끈 이론은 무엇보다 물질의 기본 성분이 입자가 아닌, 악기의 현과 유사한 진동 주파수를 가진 끈 모양의 물체라고 가정하는 복잡한 물리-수학적 구조를 취하고 있다. 끈 이론의 일부를 구현하면 우리가 일상적인 경험에서 관측하는 3차원 이상 공간 차원의 존재를 예측할 수 있다(대부분의 공식에서 총 10개의 공간 차원이 존재하지만, 그보다 더 높은 규모 차원의 숫자가 매겨진 버전도 있다). 일반적인 세 개의 차원은 우주론적 팽창을 거쳐 거시적 규모에 도달한 유일한 차원인 데 비해, '추가(extra)' 차원들은 '압축', 즉 미시적 차원의 기하 구조로 싸여 있어서 현재까지도 관측 범위 내에서 벗어나 있다. 전자기 상호작용과 핵 상호작용뿐 아니라 기본 입자는 세 가지 일반 차원으로 제한되는 반면, 중력은 다른 차원으로도 전파될 수 있다. 우주 모형들의 이러한 특성은 실제 세계에서 관측되는 물리적 움직임들을 설명할 수 있는데, 예를 들어 다른 상호작용에 비해 중력은 추가 차원으로 '스며들' 수 있기 때문이다.

일부 모형에서 추가 차원의 존재는 중력 상호작용에 미약한 변화가 있었고, 우주 차원의 거리에서 반발적 움직임이 나타났다는 것을 의미한다. 그리고 이것이 우주 관측에서 나타난 다른 변칙에서, 굳이 이런저런 말을 덧붙이지 않아도 가속 팽창을 설명할 수 있다(예를 들어, 암흑 물질의 존재를 가정할 필요성이나, 우주를 평평하게 만드는 임계 밀도에 도달하기 위해 충분한 물질과 에너지를 찾기가 어렵다는 점 등).

최근 우주론 연구자 폴 스타인하트(Paul Steinhardt, 1952~ , 미국의 이론물리학자)와 닐 튜록(Neil Turok, 1958~ , 남아공 태생 캐나다의 물리학자)이 제안해 크게 논란이 된 모형은, 끈 이론에 의해 예측된 추가 차원을 활용해 현재 우주에서 관측되는 가속 팽창을 설명하고, 급팽창 체계를 배제할 뿐 아니라 고전 빅뱅 모형에서 제시된 무한한 밀도의 초기 조건을 제거함으로써 우주의 모든 것을 포괄하는 관점을 취한다. 이 개념은 아주 큰 규모의 공간에 잠긴 두 개의 3차원 공간의 충돌을 기반으로 한다. 두 3차원 공간 중 하나(흔히 이론물리

학자들이 **브레인**^{Brane}이라고 부른다)는 바로 우리 우주가 될 수 있
다. 모든 상호작용(중력 제외)이 이 브레인에 국한돼 있으므
로, 다른 3차원 브레인의 존재나 중간 차원의 존재에 대한
직접적인 증거를 찾을 수 없을 것이다. 심지어 다른 브레인
은 우리와 미시적인 거리에 떨어져 있다(두 브레인 모두를 포함
하는 초차원 공간에서 측정된 분리가 브레인 간 거리를 의미함). 즉, 우
리가 접촉할 수 없는 일종의 평행 우주인 셈이다.

그러나 다른 우주의 존재는 우리의 진화에 물리적으로
간접적인 영향을 끼칠 것이다. 이 관점에 따르면, 우리가
지금까지 **빅뱅**(Big Bang)이라고 부른 사건은 사실 두 브레
인 사이에서 발생한 가상 붕괴의 산물이다. 충돌에서 방출
된 엄청난 에너지가 우리 우주가 진화한 초기 조건, 즉 물
질과 전자기 복사가 균질하게 분포된 환경을 만들었고, 미
세한 양자 요동에 의해 변질됐다. 또한, 두 브레인은 자신
들이 잠겨 있는 초차원 공간을 통해 전파되는 인력을 느끼
게 되는데, 이 인력은 둘 중 한 브레인에 속한 관찰자의 관
점에서, 우주적 거리에서 작용하는 척력의 양상으로 감지
되는 것이다. 따라서 가속 팽창을 설명하기 위해 군이 암흑
에너지의 존재를 꺼내 들 필요성이 사라지게 된다.

스타인하트와 튜록이 처음에 제안한 모형은 **에크파이로
틱 모형**(Ekpirotic model, 스토아학파의 우주론을 가리키는 용어로,

'불에서 나온 것'이라는 의미의 그리스어에서 파생했다)이라는 것이었고, 이후에 브레인들이 단 한 번이 아닌 무한대의 횟수로 충돌하고 분리되는 모형으로 진화했다. 즉, 완전히 다른 물리적 틀을 기반으로 하지만 고전적인 폐쇄 모형의 '피닉스 우주'와 유사한, 우주의 **순환 모형**이다. 관측의 관점에서, 브레인의 충돌을 바탕으로 한 순환 우주의 작용이 고전적인 빅뱅의 작용과 완벽하게 일치할 것이라는 점에 주목해야 한다. 즉, 이 개념은 현재 수용된 우주론 모형에 대한 논박이 아니라, 재해석한 것이라고 봐야 한다. 그러나 스타인하트와 튜록은 미래의 우주론적 관측(예를 들면, 우주배경복사의 편광 관측)과 급팽창 모형의 미묘한 차이를 부각해 우주의 진화에 관한 두 견해 중 어느 것이 더 현실에 가까운지 확립할 수 있을 거로 생각했다. 하지만 순환 모형의 경우, 매력적으로 여겨질 수 있지만 어쨌든 아직 검증되지 않은 물리적 가설을 바탕으로 하고 있고, 고전 우주론 모형이나 급팽창과 달리 아직 장기간의 평가를 거치지 않았다는 점을 염두에 둬야 한다.

요약하면, 암흑 에너지를 제외하기 위해 제안된 중력 수정 가설은 흥미롭지만 완전히 성숙하지 않은 물리적 이론, 즉 실험적으로 검증해야 할, 모호하고 어려운 경우가 많은 예측을 제공하는 이론적 가설이라고 결론을 내릴 수 있다.

또한, 이러한 해법은 어떤 물리적 체계에 의해 우주 상수가 정확히 0이어야 하는지를 알려주지 않는다는 점을 밝혀야 하고 말이다. 가속 팽창은 다른 방식으로 설명될 테지만, 기본 상호작용 이론에서 나온 부자연스러운 진공 에너지값의 문제는 건들지도 못한 채, 미래에 나올 해답을 기다리며 보류해둘 수밖에 없다.

중력의 작동 체계를 직접적으로 변경하지는 않지만, 일반상대성이론을 우리 우주에 적용하기 위해 선택한 것이 잘못됐다고 가정하는 접근법에 대해서도 비슷한 이의가 제기될 수 있다. 예를 들어, 가속 팽창이 지금까지 적절한 방식으로 고려되지 않았던, 물질 분포의 비균질성에 의한 현상이라는 개념이 제시됐는데, 이 접근법보다 더 근본적으로 우리가 우주론 원리를 포기해야 할 시점에 이르렀고(우주가 모든 관찰자에게 평균적으로 서로 같게 보인다는 사실), 우리의 위치가 평균보다 훨씬 더 빈 우주 영역의 중심 부근에 놓이게 됐다고 주장할 수 있다. 이것이 사실이라면, 관측된 가속도는 암흑 에너지의 이상한 특성에 의존하지 않고도 설명이 된다. 그러나 이러한 것들은 우주론 연구자 대부분이 의혹을 품고 있는 추론적인 해법이다. 저울이 이 해법 쪽으로 기울게 하는 강력한 증거가 없으므로, 현재로서는 단순한 연구 가설일 뿐이다.

그리고 특히 추가 차원의 존재를 바탕으로 한 이론과 관련된 원리적인 문제가 한 가지 더 있다. 이들 모형 대부분이 제시하는 추가 차원의 존재가 현재의 조사 능력뿐 아니라 미래에도 거의 검증이 불가능해 보이는 작은 규모에 국한돼 있다는 점이다. 물론, 실험적으로 접근할 수 있는 그보다 조금 더 큰 추가 차원의 가설도 제시된 것이 많다. 이것이 사실이라면, LHC 입자 가속기는 가까운 미래에 그 존재의 흔적을 밝힐 수 있을 것이다. 그러나 현재로서는, 직접적인 실험 정보도 없는 상황이라 이 모든 가설이 흥미롭기는 하지만 증명되려면 아직 멀었다고 생각해야 한다. 그렇다면 본질적으로 실험적 검증의 가능성에서 점점 더 멀어지는 것 같은 이론적 구성을 거북스러운 마음으로 바라볼 수밖에 없다.

관측이 완전히 불가능한 추가 차원의 존재가 과거의 물리학자들(직접 조사한 세상에 굳게 묶여 있던 사상에 지배받던 학자들)을 떨게 만들었던 각본에 문을 열어준 것처럼 보인다. 만약 그렇다면, 물리학과 우주론에 관한 최근의 다른 추측들은, 우리가 우리 우주의 확인되지 않은 어떤 물리적 특성을 명백하게 이해할 수 있을 거라는 독창적인 개념 자체를 위기에 빠뜨릴 것으로 보인다.

볼테르의 풍자 소설 《캉디드(*Candido*)》에서 주로 논란이 되는 것은 천진난만한 주인공의 스승인 팡그로스(Pangloss)라는 가상의 인물이 보여준 낙관적인 시각이다. 팡그로스에 따르면, 세상에서 일어나는 모든 일은 최선을 위한 것이다. 가장 비극적인 사건도 광범위한 전체 계획의 일부이며, 가상으로 생각할 수 있는 모든 것 중 우리를 가장 유리한 결과로 이끌기에 가장 적당한 사건들이다. 우리는 존재 가능한 모든 세상 중 가장 좋은 곳에 살고 있다. 팡그로스라는 인물이 고트프리트 라이프니츠(Gottfried Leibniz)의 철학적 개념의 캐리커처라는 것은 많이 알려져 있다. 라이프니츠는 세상을 자비의 여신이 최적화한 체계로 보았고, 세상에서 일어나는 모든 일은 전체적인 선을 최대화하기 위해 (혹은 악을 최소화하기 위해) 무한한 양자택일의 갈림길에서 계속 선택된 것이라고 여겼다.

모든 가능한 물리적 조건이 구현되는 수많은 우주가 실제로 존재할 수 있고, 우리가 관측하는 우주가 근본적으로 다른 결과를 낳는 엄청나게 많은 시도 중 하나일 뿐이라는 생각은 라이프니츠에게 철학적 가설일 뿐이었다. 그러나 볼테르의 아이러니에도 불구하고, 이 개념은 현대 물리학과 우주론에서 실질적인 가능성이 됐다(어쩌면 불가피했을 수도 있다). 다시 말해, 양자 진공의 이상한 특성에 기원을 둔 가능성이 된 것이다.

앨런 구스의 급팽창 모형이 공식화된 후 몇 년 동안, 기본적인 개념은 효과적이고 흥미롭지만 세부적인 체계는 완벽하지 않다는 것을 깨달았다. 앨런 구스는 가상의 장(힉스 체계가 구현하는 장과 유사하다)이 대칭이 깨져 있는 동안 가짜 진공 상태(우주 상수가 엄청난 값이라는 의미를 지님)에 묶여 있을 때, 원시 가속 팽창 단계가 시작됐다고 생각했다. 이 체계의 문제는, 이 가상의 장이 가짜 진공에 한번 놓이면, 그 안에 갇혀 머물게 될 위험이 있다는 점이다. 급팽창 단계가 끝날 수 있도록 가상의 장을 '실제' 진공 상태로 되돌리기가 무척 어렵다. 다시 말해, 원시 가속 팽창에서 고전 빅뱅 모형의 감속 단계로 전환되기가 무척 어렵다는 말이다.

이 문제를 분석한 안드레이 린데(Andrei Linde, 1948~ , 소련 태생 미국의 이론물리학자)와 폴 스타인하트, 안드레아스 알브레히트(Andreas Albrecht, 1957~ , 미국의 이론물리학자), 세 물리학자는 급팽창을 구현하는 데 가짜 진공에 장을 가둘 필요가 전혀 없다고 결론 내렸다. 어느 순간 우연히 가상의 장이 진짜 진공 상태에서 멀어지기만 하면 됐다. 실제로, 급팽창은 약한 경사면과 같은 위치 에너지가 있는 장과 경사면의 높은 지점에 장을 배치하는 체계, 두 가지만 있으면 얻을 수 있다. 이것만 준비되면 게임 끝이다. 장이 경사면을 따라 천천히 미끄러지기 시작해 최소 에너지 상태로 향한다. 그런데 하강하는 동안 우주가 팽창을 가속하는 데 필요한 반발력을 제공할 수 있는 잠재 에너지를 충분히 갖게된다. 급팽창을 만들 정도의 시간 동안 하강이 지속하기만하면 되는 것이다.

믿을 수 없을 정도로 우아한 체계였다. 사실, 적절한 위치 에너지를 지닌 장의 존재가 가정되기만 하면, 이 장이조만간 최소 에너지 상태에서 멀어질 가능성이 매우 크다. 언제나 그렇듯, 장 에너지가 요동해 최소 에너지값으로 고정되지 않고 돌아다니며 예측할 수 없이 멀어져 가게 하는것은 하이젠베르크의 불확정성 원리였다. 우주가 시작되는데 특별한 초기 조건 같은 것은 필요하지 않았다. 물질이나복사가 전혀 없는 일종의 원시 양자 '거품'에서 시작해, 가상 장 에너지가 진공값 근처에서 아무 방향으로나 점프하면서, 입자와 별, 은하 그리고 우주론 연구자들로 가득 찬거대한 우주가 건설될 수 있었다. 사실, 하나가 아니라 무한하게 많은 우주가 탄생했다.

장 에너지가 자유롭게 요동할 가능성이 허용되기만 하면, 사실상 어떤 식으로도 완전히 다른 진화의 대상이 되는 공간 영역의 탄생을 막을 수 없다. 이 공간은 다양한 수준의 급팽창을 겪으면서, 장이 빠른 속도로 최소 에너지 상태에 도달했는지, 혹은 거대한 폭발이 일어날 수 있을 정도로 오랜 시간 동안 위치 에너지의 경사면을 따라 미끄러졌는지에 따라, 더 광폭하거나 덜 광폭하게 팽창한다. 이러한 견해에 따르면, 우리 우주는 근본적으로 다른 속성을 가진 헤아릴 수 없이 많은 다른 거품으로 채워진 아주 방대한 우주, 즉 **다중우주**(Multiverse) 혹은 **메가버스**(Megaverse) 속의 '거품'에 지나지 않는다. 급팽창이라는 체계 자체가 다른 거품들의 경계를 우리의 지평선 저 멀리, 우주론 연구자들이 그 거품들의 존재를 전혀 관측할 수 없도록 아주 멀리 밀어버렸다는 것은 말할 필요도 없다.

1980년대 중반, 린데가 고안해 **카오스 급팽창**(Chaotic inflation)이라고 명명한 이런 가설은 물리학자와 우주론 연구자 사이에서 빠르게 인정받을 정도로 설득력이 있었다. 급팽창이 확고한 이론적 틀에 기반을 둔 것은 아니었지만, 대량의 실측 증거들이 뒷받침하고 있었다. 다른 그 어떤 모형도 적절하게 설명하지 못한 문제들, 즉 우주의 평탄성이나 믿을 수 없는 균질성, 밀도의 원시 요동의 존재 그리고 우주가 팽창한다는 사실 자체가 원시의 가속 팽창 시기를 빼놓으면 이해하기 어려워진다. 그리고 급팽창을 허용하면, 카오스 급팽창 시나리오의 소용돌이 속으로 빨려 들어가지 않을 수 없게 된다.

다음 단계는 이 거품 우주의 생성 과정이 영원히 끝나지 않는다는 것을 이해하는 것이다. 매 순간, 물론 바로 지금, 이 순간에도 우리 지평선 밖에는 우리 우주를 탄생시킨 것과 똑같은 과정이 시작되고 있는 진공 영역이 있을 것이다. 그 지역에서도 양자의 요동이 팽창을 위한 추진제 역할을 하기에 충분한 양의 에너지를 장에 제공했을 것이다. '실제' 우주, 즉 다중우주는 무한하게 클 뿐 아니라 영원할 것이다. 우리 우주는 특별한 역사와 운명을 가진 비참한 작은 우주에 지나지 않을 것이다. 우리는 공간과 시간 속에 존재하는 모든 것의 아주 작은 부분에만 접근해 관측하고, 과학적 조사를 할 수 있게 된다.

이론물리학자들이 급팽창 체계에 관해 내린 놀라운 결론(1950년대 공상과학 소설과 아주 비슷해 보일 수 있다)은 지난 몇 년 동안 네 가지 기본 상호작용의 통합 이론을 연구하는 과학자들이 도달한 결론과 얽히게 됐다. 이들의 접점은 끈 이론에서 도달한, 상당히 무장해제된 결과였다. 최근에 나온 공식에 따르면, 이론상의 진공 상태(즉, 최소 에너지 상태)가 무엇인지는 선험적으로 예측할 수 없다. 엄청난 숫자가 있을 것이고(10^{500} 내외), 이 값들이 구현될 가능성은 서로 같을 것이다. 상상할 수 없을 정도인 이 넓이의 가능성은 **landscape**, 즉 서로 높이와 형태는 다르지만 모두 똑같은 위엄을 지닌 봉우리와 언덕이 대량으로 들어차 있는 **풍경**을 의미하는 이름으로 개명됐다.

끈 이론이 제시하는 풍경의 존재에서, 영원한 급팽창으로 가정된 무한한 우주까지의 행보는 짧다. 사실상 이론적으로 예측된 수많은 진공 상태에 객관적인 현실을 부여하는 것이 바로 카오스 급팽창 체계일 수 있다. 각 진공 상태는 다중우주를 채우는 수많은 소우주 중 하나에 생명을 불어넣었을 수 있다. 그리고 각 소우주에서는 진공 에너지의 크기가 달라 우주 상숫값이 다를 수 있다. 그보다 더 놀라운 것은, 물리적 법칙도 완전히 다르고, 규칙도 다르며 자연 상수와 초기 조건도 다를 수 있다는 것이다. 어떤 일이든 일어날 수 있다. 우주의 완전한 무정부주의 같기도 하고, 발밑에 땅이 흔들리는 것처럼 불안한 각본이다. 모든 가능성이 현실이 되면, 아무것도 진정으로 현실적이지 않다.

그러나 끈 이론의 혼란한 풍경과 급팽창의 통합 속에서 기회를 보는 사람이 있다. 우주 상수의 문제를 영원히 제거하려고 기회를 노리는 것이다. 이 개념은 우주에서 관측된 물리적 조건의 타당성을 판단할 때 관찰자의 존재에서 설정된 한계를 반드시 고려해야 한다는 이른바 **인류 원리**(Anthropic principle)*를 이용한다.

약간 다른 맥락에서, 지구라는 행성의 평균 온도를 생각

제5강 소

하면 논제의 핵심을 파악할 수 있다. 우주의 광대함과 다른 별이나 행성의 존재를 모르는 물리학자는 원리적으로 우리가 측정할 수 있으리라고 예상하는 모든 값 중에서 왜 평균 온도가 10도에서 20도 정도인지 의아해할 수 있다. 물리법칙에서는 그보다 훨씬 더 낮거나 훨씬 더 높은 온도를 아무렇지 않게 허용할 것이다. 사실 선험적으로는 이러한 수치가 나올 가능성이 훨씬 더 크다. 그래서 관측된 값이 오히려, 숨어 있는 신비한 기준(우리가 존재할 수 있도록 특별히 조정된 기준일 것이다) 같은 것을 제시할 정도로 의심스러워 보일 수 있다. 반면, 근본적으로 다른 온도 조건이 조성됐을 수 있지만, 지적 생명체는 절대 출현할 수 없는(적어도 우리가 마시는 물과 같은 액체가 필요한 생명체는 불가능하다) 우주에 다른 장소가 엄청나게 많다는 것을 안다면, 관측 결과가 전혀 놀랍지 않다. 그러니까 가능성은 거의 없어도, 지구에서 측정한 온도는 인간의 종에 속하는 지적인 관찰자가 측정했어야 한다. 이 온도 이면에는 숨겨진 물리적 원칙 같은 것은 없다(지적인 프로젝트도 당연히 없다). 측정을 할 수 있는 누군가가 있다는 명백한 전제 조건에 의해 걸러진 무수한 무작위 실

---

* 이 원리는 명칭과 달리 인간의 존재와는 직접적인 관련이 없다. 이 원리를 적용하는 데는, 우주 자체를 관측하고 그 조건에 의문을 제기할 수 있는 감각을 지닌 유기체의 유형을 포함한 우주면 충분하다.

현만 있을 뿐이다.

우주 상수의 문제를 해결하기 위한 인류 원리의 활용은 1980년대 말경, 물리학자 스티브 와인버그가 처음으로 제안했다. 앞에서 든 예시에서, 온도는 와인버그의 개념에서 우주 상수가 되고, 지구는 우주 전체가 된다. 와인버그에 의하면, 우주 상수가 조금만 더 컸다면 우리가 아는 우주가 존재하지 않았을 것이라는 점을 고려했을 때 관측된 우주 상숫값이 작은 것이 그다지 이상할 것이 없다. 우주 상숫값이 그렇게 작다면, 우주는 급속도로 냉각되고 진공 상태가 될 때까지 기하급수적으로 팽창해 별과 은하가 발전되지 못하게 될 것이고, 우주 상숫값에 관한 심오한 질문을 던질 수 있는 지적인 생명체의 출현도 불가능했을 것이다.

분명, 와인버그의 생각에 의미가 부여되려면, 우주 상수가 임의의 매개변수라고 가정해야 할 뿐 아니라, 엄청난 수의 가능 수치가 어딘가에서 구체적으로 실현돼야만 한다. 그리고 결과의 다양성에서 시작해, 생명체는 결과적으로 만들어진 우주의 특성이 적합한 곳에서만 출현할 수 있다. 카오스 급팽창이 무한한 우주의 공존을 가정하고, 끈 이론에서 진공 상태의 무한한 풍경이 등장한 덕분에, 와인버그의 인간 중심적 논제가 드디어 실질적인 적용 가능성을 얻게 됐다.

여기서 조금 더 나아갈 수 있다. 우주 상숫값뿐만 아니라 다른 자연 상숫값도 같은 방식으로 '설명'될 수 있다. 우리가 관측하는 값들은, 서로 조합된 값이 생명체에게 적합한 우주의 출현과 우연히 호환됐기 때문에 존재하는 것들이다. 볼테르가 조롱한 라이프니츠적 낙관주의와 "하늘 아래 큰 혼란이 있을 때가 최고의 상황이다"라는 마오쩌둥의 좌우명이 뒤섞인 상태라고 할 수 있다.

그러나 이 해법을 받아들이기 힘들어하는 사람들도 있다. 기본 상숫값을 합리적으로 확실하게 예측하고, 우주에서 발생하는 모든 사건을 일관성 있게 설명할 수 있기를 바라는 물리 이론의 꿈은 우리의 세계가 양자 세계의 기본적인 불확실성에서 발생했다는 것 외에 특별한 이유가 없는, 특정 하위 조건에서 시작됐다는 견해와 마주하면서 산산조각이 난 것처럼 보인다.

다른 한편으로, 이러한 상황은 우주의 특별한 위치에서 점점 멀어지는 인류의 거리 두기가 한 걸음 더 진척된 것으로 볼 수 있다. 정말 소중한 우리의 우주는 다른 것에 비하면 전혀 특별할 것 없는 가능성의 바다를 표류하는 뗏목일 뿐일 수 있다. 그리고 물리학 이론의 예측능력은 단순히 방향을 잘못 잡았을 수 있다. 이런 일이 처음은 아닐 것이다. 케플러는 태양계에 여섯 개의 행성이 있고(그의 시대에는 행성의 수가 그렇게 알려져 있었다), 다른 궤도가 아니고 정확히 그 궤도를 차지하고 있는 이유를 알아내려 엄청난 노력을 쏟아부었다. 그러나 만유인력의 법칙 출현으로 그의 의문이 잘못된 문제였으며, 우리 태양계의 구조가 완전히 우발적인 초기 조건의 결과물일 뿐이라는 것이 명확해졌다. 새로운 뉴턴의 물리학에서 정말 중요한 것은 우연한 세부사항이 아니라, 근본적인 질문, 즉 한때 연관성이 없는 것으로 여겨졌던 현상들이 우주 어디에나 적용되는 중력의 법칙이라는 단 하나의 지침으로 통합돼 있다는 결론이 나왔다는 점이다. 아마 우리는 케플러의 태양계와 같은 방식으로 우리 우주를 보는 데 익숙해지고, 근본적인 하나의 현실에서 발생하는 다수의 우발적인 우주에 관한 통합적인 전망에 집중해야 할 것이다.

그러나 수용하기 어려워 보이는 것은, 원리상으로도 우리는 결코 우리의 지평선 밖에 있는 우주 영역을 직접 관측할 수 없다는 점이다. 그리고 우리 우주의 물리적 구조와 관련된 몇 가지 골치 아픈 문제에 대한 설명을 관측 불가능한 지역에서 찾아야 한다면, 우리는 과학 조사 능력에 관한 기본적인 한계를 안고 살아야 하고, 우리 우주의 환경적 특성 몇 가지를 간접적으로나마 파악한 것에 만족해야 한다는 사실을 받아들여야 할 것이다.

그러나 이것도 그저 단점의 문제일 수 있다. 우주에 관한 연구가 우리에게 가르쳐준 것이 한 가지 있다면, 미래에 어떤 놀라운 일이 벌어질지 알 수 없고, 우리가 이해할 수 없는 것이 있다고 단언할 수 없다는 점이다. 오귀스트 콩트는 우리가 별의 구성에 관해 절대 알 수 없을 것이라고 말했을 때 매우 불행한 예측에 빠져 있었다. 우리는 그런 실수의 희생양이 되지 않도록 각별한 주의를 기울여야 한다.

오늘날 우리가 우주에 관해 아는 것은 지난 세기의 어느 물리학자에게는 몹시 터무니없어 보일 수 있고, 케플러나 갈릴레오의 시대에 살던 사람에게는 완전히 당혹스러운 이야기다. 우리의 지식에 채워야 할 공백이 아직 너무 많지만, 우리는 엄청난 진전을 이뤘다. 수십억 년에 걸친 우주의 진화를 설명할 수 있고, 우주의 작용을 조절하는 체계를 적어도 일부는 파악했으며, 공간적, 시간적으로 엄청나게 먼 물체를 관측했다. 이 정도만 해도 놀라운 업적을 이룬 것이다. 천문학과 우주론의 역사는 우리가 우리를 둘러싸고 있는 어둠을 더 잘 해석하는 법을 조금씩 배워왔고, 우리가 사는 세계의 예상치 못한 새로운 측면을 꾸준히 발견해왔다는 사실을 상기시킨다.

그 모든 난관에도 우리 자신에게 자신감을 불어 넣어줘야 한다. 우주에 관한 다양한 상상은 이제 막 시작됐고, 누

군가 별 너머 어둠 속을 들여다보며 새로운 길을 찾을 수

있을 때까지 계속해야 할 여행의 또 다른 여정일 수 있다.